Ralf Kirsch · Uwe Schmitt

Programmieren in C

Eine mathematikorientierte Einführung

Mit 24 Abbildungen und 13 Tabellen

 Springer

Dr. rer. nat. Ralf Kirsch
Dr. rer. nat. Uwe Schmitt
Fachrichtung 6.1 Mathematik
Universität des Saarlandes
Postfach 15 11 50
66041 Saarbrücken

E-mail: kirsch@num.uni-sb.de
    schmitt@num.uni-sb.de

Bibliografische Information der Deutschen Nationalbibliothek

Die Deutsche Nationalbibliothek verzeichnet diese Publikation in der Deutschen Nationalbibliografie;
detaillierte bibliografische Daten sind im Internet über http://dnb.d-nb.de abrufbar.

Mathematics Subject Classification (2000): 68-01, 68N15, 65Y99

ISBN   978-3-540-45383-3   Springer Berlin Heidelberg New York

Springer ist ein Unternehmen von Springer Science+Business Media

springer.de

Umschlaggestaltung: WMXDesign GmbH, Heidelberg
Herstellung: LE-TeX Jelonek, Schmidt & Vöckler GbR, Leipzig
Satz: Datenerstellung durch die Autoren unter Verwendung eines Springer TeX-Makropakets
Gedruckt auf säurefreiem Papier   175/3100YL - 5 4 3 2 1 0

Eine Einleitung in Frage und Antwort

Welches Ziel hat das Buch, und an wen richtet es sich?

Ziel dieses Buches ist die Vermittlung von Grundlagen der Programmierung unter besonderer Berücksichtigung mathematischer Aufgabenstellungen und den hierfür charakteristischen Aspekten der Softwareentwicklung. Die Umsetzung mathematischer Konzepte zu einem lauffähigen Programm wird meist anhand von einfach nachzuvollziehenden Beispielen demonstriert.

Da solche Kenntnisse nicht nur für angehende Mathematiker von Interesse sind, wendet sich das Buch an alle, die sich mit der rechnergestützten Bearbeitung mathematischer Probleme beschäftigen. Dies sind z.B. Naturwissenschaftler und Ingenieure, aber auch Teilnehmer entsprechend ausgerichteter wirtschaftswissenschaftlicher Studiengänge.

Muss ich schon Programmiererfahrung oder spezielle mathematische Vorkenntnisse haben, um den Inhalt nachvollziehen zu können?

Programmierkenntnisse setzen wir überhaupt nicht voraus. Wir nehmen lediglich an, dass die Leserinnen und Leser etwas Erfahrung im Umgang mit dem PC unter WINDOWS oder LINUX haben. Hinsichtlich der Auswahl der Beispiele und der mathematischen Vorkenntnisse haben wir uns darum bemüht, dass das Buch vom ersten Semester an verwendet werden kann. Was an Mathematik vielleicht noch nicht bekannt ist, wird – vor allem in den ersten Kapiteln – an Ort und Stelle erklärt.

Wozu eine „mathematikorientierte" Einführung?

Das Erlernen einer Programmiersprache ist für die meisten Studierenden einer mathematisch-naturwissenschaftlichen oder technischen Disziplin, üblicherweise innerhalb des ersten Studienjahrs, ein etablierter Bestandteil des Studienplans.

Bei der Vorbereitung einer solchen Vorlesung fiel uns auf, dass die einführenden Lehrbücher zur Programmierung fast gar nicht auf die speziellen Aspekte der Programmierung in Zusammenhang mit mathematischen Aufgaben eingehen. So wird z.B. erklärt, *wie* Gleitpunktzahlen in Programmen verwendet werden, aber nicht, *was* eine Gleitpunktzahl eigentlich ist und *wann* Verfälschungen der Ergebnisse durch Rundungsfehler auftreten können. Auf der anderen Seite existiert sehr viel Literatur zur Programmierung von mathematischen Algorithmen, besonders zur Numerik. Diese erwarten aber in der Regel vom Leser gewisse Vorkenntnisse in einer höheren Programmiersprache.

Diese Lücke möchten wir mit dem vorliegenden Buch schließen: Wir verbinden das Erlernen einer Programmiersprache mit der Darstellung von Herangehensweisen, die recht typisch für die Behandlung mathematischer Aufgabenstellungen sind. Das bietet u.a. folgende Vorteile: Die einführenden Vorlesungen können ohne Umschweife mit der Vermittlung und Diskussion der Verfahren beginnen und die Studierenden können sich bei der Bearbeitung der praktischen Programmieraufgaben ganz auf die spezifischen Aspekte der numerischen Verfahren konzentrieren. Techniken wie Ein- und Ausgabefunktionen oder das Speichermanagement stehen dann als Handwerkszeug bereits zur Verfügung. Außerdem haben wir die Erfahrung gemacht, dass das Experimentieren mit Programmen dem Verständnis von Begriffen wie Stabilität und Kondition dienlich ist und so die theoretische Betrachtung unterstützt.

Warum wird ausgerechnet C behandelt?

Es sind didaktische und ganz praktische Gründe, die uns bewogen haben, bei der Ausbildung auf eine prozedurale Programmiersprache zu setzen und C auszuwählen.

Aus didaktischer Sicht denken wir, dass man als Anfänger zuerst eine prozedurale Programmiersprache lernen sollte. Prozedurale Sprachen vermitteln ein Grundverständnis für die Funktionsweise eines Computers, der Wechsel von einer prozeduralen Sprache zu einer anderen besteht dann zu 90 % aus dem Lernen neuer „Vokabeln", denn wichtige Konzepte wie Zeiger, Funktionen und Strukturen kommen in fast allen prozeduralen Sprachen vor. Der Zeitraum von einem Semester ist unseres Erachtens nach zu kurz, um Einsteigern eine objektorientierte Sprache wie C++ adäquat zu vermitteln.

Aus praktischer Sicht spricht für C, dass es eine sehr weit verbreitete prozedurale Sprache ist und es daher für eine Vielzahl von Aufgaben entsprechende C-Bibliotheken gibt. C ist darüber hinaus eine Teilmenge von Weiterentwicklungen wie z.B. C++, JAVA, oder C# und viele mathematische Softwarepakete bieten eine Schnittstelle für eigene C-Programme an. MATLAB ist hierfür ein bekanntes Beispiel.

Worauf legt dieses Buch besonderen Wert?

Dieses Buch ist weder ein weiterer klassischer C-Kurs noch ein Kompendium und soll auch keins von beiden sein. Vielmehr ist uns an der Vermittlung anhand von Beispielen gelegen, die wir, wo immer möglich und sinnvoll, gemeinsam mit dem Leser entwickeln und diskutieren.

Im Sinne einer überschaubaren Darstellung scheuen wir uns daher nicht, einige Feinheiten und abstrakte Details der Programmiersprache wegzulassen oder nur kurz anzureißen. Ziel ist, möglichst zügig zu den Techniken im mathematischen Kontext vorzustoßen und dabei den Umfang des Buches so zu halten, dass ein Durcharbeiten der wesentlichen Themen innerhalb eines Semesters möglich ist. Wir waren aber zugleich bemüht, ein Buch zu verfassen, das auch noch in fortgeschritteneren Phasen des Studiums zum Nachschlagen verwendet werden kann.

Ferner erscheint uns im Hinblick auf die Praxis wichtig, dass es mit der erfolgreichen Implementierung eines eigenen (Unter-)Programms oft nicht getan ist: Wir zeigen daher auch, wie man z.B. in Dateien gespeicherte Wertetabellen mit Hilfe von GNUPLOT visualisiert, wie man „fremden" FORTRAN-Programmcode in ein eigenes C-Programm einbindet und geben einen ersten Einblick, wie man Mehrdateiprojekte realisiert. Damit wollen wir u.a. vermeiden, dass sich Studierende erst im Rahmen ihrer Abschlussarbeit mit diesen Aspekten vertraut machen müssen. Aus demselben Grund haben wir bei der Themenwahl versucht, verschiedene spezielle Konzepte der numerischen Programmierung in einem Buch zu versammeln. Viele davon mussten wir selbst uns über Jahre selbst erarbeiten oder aus den verschiedensten Quellen zusammensuchen.

Wie ist das Buch aufgebaut?

Kapitel 1 stellt die Grundlagen für alles Weitere vor und soll gleichzeitig das Bewusstsein für einen wesentlichen Punkt schaffen: Programmierung beginnt nicht am Computer, sie wird dort zu Ende geführt. Die Vorstufen wie etwa die Modellierung und die Entwicklung von Algorithmen sind mindestens so wichtig wie die spätere funktionsfähige Realisierung auf einem Rechner.

Die folgenden drei Kapitel konzentrieren sich vornehmlich auf die Einführung der grundlegendsten Sprachelemente in C. Die Mathematik tritt hier meist nur in Form einfacher Beispielprogramme auf und einige Beispiele sind rein didaktischer Natur. Die Aufgabe dieser Kapitel besteht darin, möglichst rasch so viel C-Vokabular zu vermitteln, wie man zur Behandlung mathematischer Probleme mit Hilfe der Programmiersprache mindestens benötigt.

In Kapitel 5 halten wir daher die Vermittlung von C-Sprachelementen kurz an und überzeugen uns davon, dass wir mit dem Erlernten bereits einfache Varianten wichtiger numerischer Konzepte implementieren können. Im Zusammenspiel mit den entsprechenden mathematischen Algorithmen werden einerseits die bis dahin erworbenen Kenntnisse der Programmiersprache vertieft, andererseits kann man schon im Vorgriff auf entsprechende Mathematikvorlesungen durch das Experimentieren mit diesen Programmen erste praktische Erfahrungen sammeln.

Im Anschluss werden die noch fehlenden Bestandteile der Programmiersprache C vorgestellt, wobei sich der Schwerpunkt allmählich von den Sprachelementen zu den mathematisch-konzeptionellen Fragen verlagert. Dazu zählen u.a. Methoden des speichereffizienten Umgangs mit Matrizen und die Erzeugung von Zufallszahlen gemäß einer Verteilung. Themenauswahl und Gliederung sind immer eine Frage des persönlichen Geschmacks, wir hoffen aber, dass genug Nützliches und Interessantes für jeden dabei ist.

In Kapitel 13 lassen wir das Erlernte in exemplarische Projekte einfließen. Dabei wird noch einmal das Zusammenspiel von Modell, Algorithmus und Programm deutlich.

Wozu die Kontrollfragen und Aufgaben? Welche Software benötige ich zum Mitmachen?

Ebensowenig wie man Kochen durch bloßes Zuschauen erlernt, kann man sich das Programmieren durch ausschließliches Lesen von Beispielprogrammen aneignen. Deshalb empfehlen wir besonders jenen Leserinnen und Lesern, die das Buch zum Selbststudium verwenden möchten, das aktive Nachvollziehen der Beispielprogramme und die Bearbeitung der Aufgaben am Ende der Kapitel. Um den Übergang vom Studium neuer Sprachelemente und Herangehensweisen zum aktiven Lösen der Aufgaben fließender zu gestalten, finden sich in fast allen Kapiteln Kontrollfragen, mit denen man den eigenen Lernerfolg testen kann. Man sollte keine Scheu davor haben, mit den Beispielprogrammen zu experimentieren, z.B. indem man Werte verändert oder sogar absichtlich Fehler einbaut. Durch Beobachtung des geänderten Laufzeitverhaltens eines Programms kann man häufig sehr viel über eine Programmiersprache und den Compiler lernen.

Ein Buch wie dieses bietet sicher nicht den Raum, zu den gestellten Programmieraufgaben Lösungsvorschläge anzubieten. Wir stellen daher Lösungen unter

`www.prog-c-math.de`

zum Download zur Verfügung.

Hinsichtlich der benötigten Software beschränken wir uns auf Werkzeuge des GNU-Projekts, z.B. den C-Compiler `gcc`. Dieser ist unter LINUX und unter WINDOWS (durch das CYGWIN-Paket) frei verfügbar und entspricht dem ANSI-C-Standard, den wir für unsere Programme zugrunde legen. Mit den damit verbundenen technischen Fragen lassen wir niemanden allein: Wir beschreiben die Installation von CYGWIN und `gcc` unter Windows im Anhang des Buches.

Ein Buchprojekt wie dieses kann ohne Unterstützung nicht realisiert werden. Für wertvolle Hinweise und Vorschläge danken wir Herrn Dr. Roman Müller und Herrn Achim Domma. Der erste Autor möchte besonders seiner Frau Eva für ihr Verständnis und tatkräftige Unterstützung herzlich danken. Des Weiteren danken wir Herrn Prof. Dr. A.K. Louis und Herrn Prof. Dr. S. Rjasanow sowie unseren Arbeitsgruppen für das produktive Umfeld und die Ermutigung zu diesem Projekt. Nicht zuletzt danken wir den Mitarbeiterinnen und Mitarbeitern des Springer-Verlags für die kooperative und konstruktive Betreuung während der Erstellung des Manuskripts.

Saarbrücken,   *Ralf Kirsch*
Januar 2007   *Uwe Schmitt*

Inhaltsverzeichnis

1

Vorbereitungen

Im Rahmen dieses Buches verstehen wir unter einem *Programm* eine zusammengefasste Folge von Anweisungen, die ein Computer zu einem bestimmten Zweck ausführen soll.

Über die vom Programm zu bewältigende Aufgabe und die dazu notwendigen Anweisungen sollte, ja muss man sich vor der eigentlichen *Implementierung* des Programms im Klaren sein. Dies führt dazu, dass spätestens bei der rechnergestützten Lösung umfangreicherer Probleme einiges an Vorbereitungen notwendig wird. Wie man zur Aufgabenstellung gelangt und was unter einer klar formulierten Vorgehensweise zu verstehen ist, bildet den Ausgangspunkt für unsere Betrachtungen in diesem Kapitel. Anschließend beschäftigen wir uns mit der Frage, nach welchen Kriterien man verschiedene Lösungsstrategien für eine bestimmte Aufgabe objektiv bewerten und einordnen kann. Dies führt auf die Begriffe Komplexität und Stabilität.

Insbesondere bei der Entwicklung von Programmen zur Behandlung von mathematischen Aufgabenstellungen spielt es eine große Rolle, wie stark die Lösung von den Parametern abhängt, die das Problem bestimmen und welchen Einfluss die Rechnerarithmetik auf die Lösung hat. Um nicht zu viel an mathematischen Vorkenntnissen zu benötigen, werden wir diese Aspekte meist in Form von einfachen Beispielen behandeln. Die Techniken zur systematischen Untersuchung werden in einführenden Vorlesungen zur numerischen Mathematik sowie der zugehörigen Literatur vermittelt (siehe etwa [2], [13]).

1.1 Modellierung und Algorithmen

Modellierung

Bei der Planung und Konstruktion von Flugzeugen und Schiffen hat man schon immer auf das Experimentieren mit maßstabsgetreuen *Modellen* zurückgegriffen, um bereits vor dem Bau von Prototypen möglichst viele Konstruktionsfehler auszumerzen und damit vermeidbare Entwicklungskosten einzusparen. Mit der zunehmenden Leistungsfähigkeit von Rechnern hat sich die Möglichkeit eröffnet, solche Tests zu einem erheblichen Teil in Form von *Computersimulationen* durchzuführen, was zu einer weiteren Kostenreduktion führt. Voraussetzung hierfür ist natürlich, dass man die wesentlichen physikalisch-technischen Aspekte wie z.B. Aerodynamik und Materialeigenschaften möglichst realistisch in den Computer überträgt. Es ist also naheliegend, den Modellbegriff entsprechend zu verallgemeinern:

> *Unter einem Modell versteht man eine abstrahierte, klar formulierte Darstellung eines Teils der Wirklichkeit.*

Um ein konkret gegebenes Problem überhaupt überblicken und lösen zu können, ist die *Modellierung* sehr oft mit einer Vereinfachung verbunden. Als Folge weicht das Modell in manchen Aspekten von den tatsächlichen Gegebenheiten ab und es treten *Modellierungsfehler* auf. Die Kunst bei der Bildung eines guten Modells besteht also darin,

- die für das interessierende Phänomen weniger relevanten Aspekte zu erkennen und im Modell nicht zu berücksichtigen,
- und die wesentlichen Aspekte des Phänomens im Modell möglichst einfach und korrekt herauszuarbeiten.

Aus der Klarheit der Formulierung des so gebildeten Modells folgt, dass die interessierende Frage, das *Problem*, ebenfalls klar formulierbar ist. In Abb. 1.1 ist der Weg von der „Realität" über das Modell hin zur konkreten Aufgabenstellung illustriert.

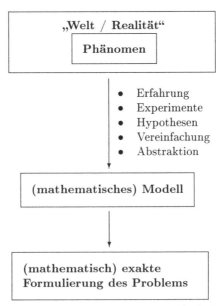

Abb. 1.1. Modellierung: Von der Frage zur Aufgabenstellung

Durch die Abstraktion erreicht man, dass Modelle, die sich in einem bestimmten Anwendungsbereich bereits gut bewährt haben, mit vergleichsweise geringen Modifikationen auf andere Anwendungen mit ähnlicher Struktur übertragen werden können. Um die Übertragbarkeit zu vereinfachen und die Klarheit in der Formulierung zu gewährleisten, gibt es so genannte Modellierungssprachen. Für die Darstellung von Geschäftsprozessen in einem Unternehmen ist z.b. die *Unified Modeling Language (UML)* weit verbreitet. UML ist noch sehr jung, verglichen mit einer anderen Modellierungssprache, die sich bereits seit Jahrtausenden in unzähligen Anwendungsbereichen bewährt hat und immer noch intensiv weiterentwickelt wird: Gemeint ist die Mathematik. Die beiden folgenden Beispiele illustrieren, wie man bei der Modellierung von bestimmten Phänomenen zu universell verwendbaren mathematischen Objekten gelangt, die uns im Verlauf dieses Buchs immer wieder begegnen werden:

Beispiel 1.1 (Bakterien und gewöhnliche Differentialgleichungen).
Zum Zeitpunkt t_0 besteht eine Zellkultur im Labor aus N_0 Bakterien. In jedem Zeitintervall $[t, t + \Delta t]$ ($t \geq t_0$, $\Delta t > 0$) vermehrt sich ein Teil der Zellen, während andere Zellen absterben. Wir wollen die recht vernünftige Annahme treffen, dass für hinreichend kurze Zeitintervalle sowohl Zuwachs als auch Abnahme der Anzahl an Zellen in der Kultur proportional zu der aktuellen Anzahl $N(t)$ und der Länge Δt des Zeitintervalls sind. Als mathematische Formel liest sich das folgendermaßen:

$$\Delta N(t) = N(t + \Delta t) - N(t) = \Delta t \left(\lambda_+ - \lambda_- \right) N(t). \qquad (1.1)$$

Dabei ist λ_+ die Zuwachs- und λ_- die Sterberate in der Zellkultur. Zur weiteren Abkürzung setzen wir

$$\lambda = \lambda_+ - \lambda_- .$$

Wir kümmern uns bei der Gleichung (1.1) nicht weiter darum, dass die Größe N eigentlich ganzzahlig sein müsste, sondern nehmen sogar an, dass N eine differenzierbare reellwertige Funktion der Variablen t ist. Dividieren wir in (1.1) auf beiden Seiten durch Δt und betrachten den Grenzübergang $\Delta t \to 0$, so erhalten wir

$$N'(t) = \lambda N(t), \qquad (1.2)$$

wobei $N'(t)$ die Ableitung der Funktion N im Punkt t bezeichnet. In Form dieser *Differentialgleichung* steht uns nun ein mathematisches Modell für die zeitliche Entwicklung der Populationsgröße N zur Verfügung. Die so genannte *Anfangsbedingung*

$$N(t_0) = N_0 \qquad (1.3)$$

ergänzt die Differentialgleichung (1.2) zum *Anfangswertproblem*. Die durch unser mathematisches Modell klar formulierte Aufgabe lautet, das Anfangswertproblem zu lösen, d.h. eine differenzierbare Funktion N zu finden, die sowohl die Differentialgleichung (1.2) als auch die Anfangsbedingung (1.3) erfüllt. Durch Differenzieren überzeugt man sich sofort davon, dass die Exponentialfunktion

$$N(t) = N_0 \, e^{\lambda(t-t_0)} \tag{1.4}$$

eine Lösung ist. Mit elementaren Methoden kann man sogar nachweisen, dass es sich dabei um die einzige Lösung handelt (Aufgabe 1.1).

Die gefundene Lösung (1.4) ist grob gesehen schon recht vernünftig, denn für $\lambda > 0$ (d.h. $\lambda_+ > \lambda_-$) wächst die Population und für $\lambda < 0$ (d.h. $\lambda_+ < \lambda_-$) schrumpft sie. Aber bereits die Tatsache, dass nach (1.4) die Zahl der Zellen für $\lambda > 0$ mit der Zeit jede beliebige Schranke übersteigt, deutet bereits auf einen Modellierungsfehler hin, denn es können ja auch nach noch so langer Zeit t nicht beliebig viele Zellen auf begrenztem Raum existieren. Der Grund für diesen Fehler ist, dass Wachstums- und Sterberate als konstant angenommen wurden. Ein realistischeres Modell müsste berücksichtigen, dass

- λ_+ und λ_- von äußeren, zeitabhängigen Einflüssen abhängen (z.B. Umgebungstemperatur, Lichtverhältnisse), wir haben es also eigentlich mit zeitabhängigen Raten $\lambda_+(t)$ und $\lambda_-(t)$ zu tun, die im Allgemeinen unterschiedlich auf diese Einflüsse reagieren;
- λ_+ und λ_- auch von $N(t)$ selbst abhängen, denn eine große Zellenanzahl bedeutet ja unter anderem, dass z.B. Raum- und Nährstoffangebot knapper werden. Daher ist anzunehmen, dass mit größer werdendem N die Wachstumsrate λ_+ abnimmt und λ_- anwächst.

Insgesamt muss man also davon ausgehen, dass man statt einer Konstanten λ eher eine Funktion

$$\lambda(t, N(t)) = \lambda_+(t, N(t)) - \lambda_-(t, N(t))$$

betrachten muss, die eine komplizierte Gestalt haben kann. Die Differentialgleichung (1.2) wird hiermit zu

$$N'(t) = \lambda\big(t, N(t)\big) \, N(t) \,. \tag{1.5}$$

An diesen Überlegungen sieht man, dass das Studium allgemeiner Anfangswertprobleme der Form

$$y'(t) = f(t, y(t)) \quad , \quad y(t_0) = y_0 \,, \tag{1.6}$$

mit $t_0, y_0 \in \mathbb{R}$ lohnenswert ist. Im Beispiel der Bakterienkultur ist N die gesuchte Funktion, so dass f dort die spezielle Form

$$f(t, N(t)) = \lambda(t, N(t)) \, N(t)$$

besitzt. Durch die Einführung einer Funktion f, die „irgendwie" von t und y abhängt, gewinnt man wesentlich an Flexibilität bei der mathematischen Modellierung zeitabhängiger Phänomene (siehe etwa [5]). Die Beantwortung der Fragen nach Existenz und Eindeutigkeit einer Lösung des Anfangswertproblems (1.6) gestaltet sich vergleichsweise einfach (siehe [16]), die konkrete

Berechnung von Lösungen ist allerdings nur sehr selten wie in (1.4) durch scharfes Hinsehen möglich. Wir kommen im nächsten Unterabschnitt darauf zurück.   □

Beispiel 1.2 (Funknetzwerke, Vektoren und Matrizen).
Bei einem lokalen Funknetzwerk (WLAN), wie man es z.B. in Flughäfen und Universitäten findet, werden mehrere so genannte Zugangspunkte (*access points*) zum Senden und Empfangen von Datenpaketen an n bestimmten Positionen installiert. Diese Positionen beschreiben wir jeweils als Punkte in der Ebene mit den kartesischen Koordinaten

$$x^{(j)} = (x_1^{(j)}, x_2^{(j)}) \quad \text{für } j = 1, \ldots n.$$

Um festzustellen, ob damit ein flächendeckender Zugang zum Netzwerk gewährleistet ist, soll an m stichprobenartig ausgewählten Messpositionen mit Koordinaten

$$y^{(i)} = (y_1^{(i)}, y_2^{(i)}) \quad \text{für } i = 1, \ldots m,$$

die von den *access points* jeweils empfangene Signalstärke r_i gemessen werden.

Wir wollen ein mathematisches Modell aufstellen, das diesen Vorgang theoretisch beschreibt. Dabei hilft uns die Physik weiter:

1. Die Signalstärke nimmt umgekehrt proportional zum Quadrat des Abstands zwischen Sender und Empfänger ab. Ist p_j die Signalstärke des Senders an der Position x_j, so kommt das Signal dieses *access points* an der Stelle y_i mit der Intensität

$$R_{ij} = \frac{C}{\|y_i - x_j\|^2} \, p_j \quad \text{für } i = 1, \ldots, m, \, j = 1, \ldots, n, \qquad (1.7)$$

an. In dieser Gleichung steht $\| \cdot \|$ für den *euklidischen Abstand* zweier Punkte in der Ebene:

$$\|y - x\| = \sqrt{(y_1 - x_1)^2 + (y_2 - x_2)^2}, \quad x = (x_1, x_2), \, y = (y_1, y_2).$$

Hinter der Proportionalitätskonstanten $C > 0$ verbergen sich alle Einflüsse auf die Signalübertragung, die mit den örtlichen Gegebenheiten zusammenhängen (Lage und Beschaffenheit von Trennwänden usw.). Man beachte, dass wir für alle möglichen Paarungen von Sendestationen und Messpunkten die gleiche Konstante zu Grunde legen. Wir nehmen also zur Vereinfachung bei der Modellierung an, dass die äußeren Einflüsse auf die Signalübertragung für alle Richtungen gleich sind.

2. Die Sender überlagern sich, ohne sich gegenseitig zu beeinträchtigen. D.h. die Gesamtstärke des Empfangs am Ort y_i ergibt sich als Summe der Beiträge aller Sender:

$$r_i = R_{i1} + R_{i2} + \cdots + R_{in} = \sum_{j=1}^{n} R_{ij} \qquad (1.8)$$

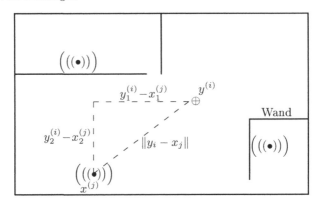

Abb. 1.2. Zur Modellierung des Funknetzwerks. Die Positionen der *access points* sind durch $\left(\!\left(\!\left(\bullet\right)\!\right)\!\right)$ markiert, der Messpunkt durch $\oplus$.

Beachten wir, dass die Gleichung (1.8) für alle $i = 1, \dots, m$ gilt und setzen wir in Anlehnung an (1.7)

$$a_{ij} = \frac{C}{\|y_i - x_j\|^2}, \quad \text{für } i = 1, \dots, m, \; j = 1, \dots, n,$$

so ist wegen (1.7) $R_{ij} = a_{ij}\, p_j$ und wir erhalten:

$$r_i = a_{i1}\, p_1 + a_{i2}\, p_2 + \dots + a_{in}\, p_n = \sum_{j=1}^{n} a_{ij}\, p_j, \quad i = 1, \dots, m. \tag{1.9}$$

Das aber ist nichts anderes als das Produkt der *Matrix*

$$A = \begin{pmatrix} a_{11} & a_{12} & \dots & a_{1n} \\ a_{21} & a_{22} & & a_{2n} \\ \vdots & \dots & \dots & \vdots \\ a_{m1} & a_{m2} & \cdots & a_{mn} \end{pmatrix} = \begin{pmatrix} \dfrac{C}{\|y_1 - x_1\|^2} & \cdots & \dfrac{C}{\|y_1 - x_n\|^2} \\ \vdots & \cdots & \vdots \\ \dfrac{C}{\|y_m - x_1\|^2} & \cdots & \dfrac{C}{\|y_m - x_n\|^2} \end{pmatrix}$$

mit dem (Spalten-)*Vektor*

$$p = \begin{pmatrix} p_1 \\ p_2 \\ \vdots \\ p_n \end{pmatrix},$$

(siehe z.B. [7]). Fassen wir die an den Punkten y_i gemessenen Signalstärken r_i zum Spaltenvektor

$$r = \begin{pmatrix} r_1 \\ r_2 \\ \vdots \\ r_m \end{pmatrix},$$

zusammen, so lässt sich die Gleichung (1.9) kurz und elegant schreiben als

$$Ap = r, \quad p \in \mathbb{R}^n, \ r \in \mathbb{R}^m, \ A \in \mathbb{R}^{m \times n}, \tag{1.10}$$

wobei $\mathbb{R}^m$ (bzw. $\mathbb{R}^n$) die Menge aller Spaltenvektoren mit m (bzw. n) reellen *Komponenten* bezeichnet und $\mathbb{R}^{m \times n}$ für die Menge aller reellen Matrizen mit m Zeilen und n Spalten steht.

Durch das *Matrix-Vektor-Produkt* (1.10) kann man also die an den Positionen y_i ankommende Signalstärke r berechnen, wenn C und $p \in \mathbb{R}^n$ bekannt sind. Umgekehrt kann man auch einen gewünschten Empfang $r \in \mathbb{R}^m$ vorgeben und nach der dazu nötigen Sendeleistung p fragen. In diesem Fall fasst man (1.10) als *lineares Gleichungssystem* mit Systemmatrix A und rechter Seite r auf. Eine andere Fragestellung könnte lauten: Wie groß müssen die Werte der Komponenten p_i mindestens sein, damit die Komponenten r_i eine gewisse Schranke nicht unterschreiten? Das bedeutet, dass man ein funktionstüchtiges Netzwerk mit einer minimalen Funkwellenbelastung bereitstellen will und man muss eine *Optimierungsaufgabe* lösen.

Gleichungen der Art (1.10) treten immer dann auf, wenn ein linearer Zusammenhang zwischen bekannten und gesuchten Größen besteht und das ist in vielen Anwendungsproblemen der Fall. Wir werden uns daher in diesem Buch immer wieder mit der datentechnischen Handhabung von Matrizen und Vektoren beschäftigen. Für die Beantwortung der Frage, wie man die oben genannten Aufgaben löst, verweisen wir auf die entsprechenden Vorlesungen der linearen Algebra, der Numerik und der Optimierung.   □

Algorithmen

Ist nach abgeschlossener Modellierung die Aufgabe klar umrissen, so kann man sich an die Entwicklung und Formulierung einer Lösungsstrategie machen.

> *Ein Algorithmus ist eine eindeutig formulierte Vorschrift zur Lösung einer Aufgabe bzw. eines Aufgabentyps.*

Die Eindeutigkeit der Formulierung soll nicht nur die korrekte Anwendung der Lösungsmethode sicher stellen, sondern ermöglicht auch die Untersuchung der *Korrektheit* des Algorithmus bezüglich der gestellten Aufgabe, d.h. ob die Vorgehensweise auch wirklich die Lösung des Problems liefert. Außerdem ist die exakte Darstellung der Verfahrensschritte unabdingbar, wenn man verschiedene korrekte Algorithmen zur Lösung ein und derselben Aufgabe vergleichen und beurteilen will.

Mit anderen Worten: Wie ein Kochrezept beschreibt ein Algorithmus, *was* man *wie womit* tun soll, um die Aufgabe zu lösen. Das beinhaltet speziell, dass die einzelnen Anweisungen auch durchführbar sein müssen. Das kann z.B. dadurch gewährleistet sein, dass die vorzunehmenden Arbeitsschritte ganz elementarer Natur sind und nicht weiter erläutert werden müssen. Dazu ein einfaches Beispiel:

Beispiel 1.3 (Vertauschen von Koordinaten).

1. Lies die Koordinaten (x, y) ein.
2. Setze
$$h := y \quad , \quad y := x \quad , \quad x := h\,.$$
3. Liefere die neuen Koordinaten (x, y) zurück.

Aus geometrischer Sicht beschreibt der Algorithmus, wie man einen Punkt (x, y) in der Ebene an der ersten Winkelhalbierenden spiegelt. □

Dabei verwenden wir in Algorithmen die Bezeichnung := für eine Wertzuweisung, um sie von der Gleichheit im mathematischen Sinn zu unterscheiden. Bereits an dem einfachen Beispiel 1.3 kann man erkennen, welche Informationen ein Algorithmus im Einzelnen beinhaltet:

- Die *Eingabedaten*, auch *Parameter* genannt, die zur Durchführung des Algorithmus benötigt werden (im Beispiel die Zahlen x und y).
- Die *Ausgabedaten*, d.h. das vom Algorithmus gelieferte Ergebnis (im Beispiel die getauschten Koordinaten (x, y)).
- Die Beschreibung der Schritte, die durchgeführt werden sollen, um das richtige Resultat zu erhalten (im Beispiel die Zuweisungen der x- und y-Koordinaten).
- Die für die korrekte Durchführung nötigen *Hilfsgrößen*, die weder zu den Eingabe- noch zu den Ausgabedaten zählen. In Beispiel 1.3 ist h eine solche Hilfsgröße und man macht sich leicht klar, dass auf diese Hilfsgröße nicht verzichtet werden kann.

Die Durchführbarkeit eines Algorithmus kann auch dadurch gewährleistet sein, dass neben elementaren Arbeitsschritten auch bereits existierende Algorithmen zum Einsatz kommen, deren Korrektheit bekannt ist. Diese *Unterprogramme* müssen natürlich mit den geeigneten Eingabedaten versorgt werden:

Beispiel 1.4 (Aufsteigendes Sortieren eines Zahlenpaares).

1. Lies die Zahlen x und y ein.
2. Falls $x \leq y$: liefere (x, y) zurück,
   andernfalls: führe den Algorithmus aus Beispiel 1.3 für (x, y) durch.

□

Durch den Einsatz bereits bestehender Algorithmen bei der Entwicklung von neuen Verfahren bietet sich die Möglichkeit der *Partitionierung* eines Problems. Man unterteilt die Aufgabenstellung in Teilprobleme und analysiert, für welche der Teilaufgaben bereits Lösungsmethoden existieren. Dadurch kann man sich voll und ganz auf die Entwicklung neuer Verfahren für die noch nicht behandelten Problembestandteile konzentrieren und spart Zeit. Zum Schluss werden alle Unterprogramme zu einer Lösungsmethode der ursprünglichen Aufgabe zusammengefasst.

Algorithmen lassen sich zunächst dem Inhalt nach, d.h. nach ihrem Aufgabengebiet einteilen: So gibt es z.b. Sortieralgorithmen, Suchalgorithmen, oder Lösungsalgorithmen für Gleichungen der unterschiedlichsten Art. Eine andere Art der Unterscheidung wird hinsichtlich der Eigenschaften eines Algorithmus bei der Durchführung vorgenommen: Da wir uns in diesem Buch mit der Programmierung auseinander setzen, beschränken wir uns auf die Betrachtung von *statisch finiten Algorithmen*, d.h. solchen Handlungsvorschriften, die aus endlich vielen Schritten bestehen. Oft enthalten Algorithmen die Anweisung, bestimmte Schritte so oft zu wiederholen, bis bestimmte Bedingungen erfüllt sind. Dann stellt sich die Frage, ob der Algorithmus *terminierend* ist, d.h. ob seine Durchführung *stets* nach endlicher Zeit abgeschlossen ist. Auf diese Eigenschaft legen wir sicher großen Wert, wenn wir die Lösung einer Aufgabe berechnen wollen. Dass nicht alle Algorithmen terminierend sind, ist z.B. bei der regelmäßigen automatischen Abfrage von neuer E-Mail erwünscht. Hochgradig unerwünscht dagegen sind unbeabsichtigte *Endlosschleifen* in Berechnungsprogrammen!

Man könnte meinen, dass nach Definition jeder Algorithmus *determiniert* ist, also bei gleichen Eingabedaten stets das gleiche Ergebnis liefert. Die Definition verbietet allerdings nicht, dass ein Algorithmus Zufallselemente enthält, die den konkreten Ablauf der Handlungsanweisungen und damit das Ergebnis verändern können.

Bei den Beispielen 1.3 und 1.4 kann man sich unmittelbar von Korrektheit und Determiniertheit überzeugen. Weniger offensichtlich ist dies für das folgende klassische Verfahren zur Bestimmung des größten gemeinsamen Teilers zweier Zahlen:

Beispiel 1.5 (Euklidischer Algorithmus).

1. Lies $a_0, a_1 \in \mathbb{N}$ ein.
2. Dividiere mit Rest

$$a_0 = q\, a_1 + r$$

und setze

$$a_0 := a_1 \quad , \quad a_1 := r\,,$$

solange, bis $a_1 = 0$.
3. Liefere $\mathrm{ggT}(a_0, a_1) = a_0$ zurück.

Der Nachweis, dass für beliebige natürliche Zahlen $a_0, a_1 \in \mathbb{N}$ nach endlich vielen Divisionen mit Rest der Fall $a_1 = 0$ eintritt und a_0 dann auch tatsächlich der größte gemeinsame Teiler aus den beiden Eingabeparametern ist, findet sich z.B. in [1]. □

Wir wenden uns wieder der Lösung von Anfangswertproblemen der Form (1.6) zu und überlegen uns eine Methode, die weitgehend unabhängig von der konkreten Gestalt der Funktion f Ergebnisse liefert. Als Preis zahlen wir dafür, dass das Ergebnis nur eine Näherung an die exakte Lösung darstellt.

Beispiel 1.6 (Das Euler-Verfahren). Die Idee, die hinter dem *Euler-Verfahren* zur näherungsweisen Lösung des Anfangswertproblems

$$y'(t) = f(t, y(t)) \,, \quad y(t_0) = y_0 \,,$$

steckt, ist die folgende: Wir nähern in der Differentialgleichung die Ableitung $y'(t_0)$ durch den Differenzenquotienten

$$\frac{y(t_0 + h) - y(t_0)}{h} = \frac{y(t_0 + h) - y_0}{h}$$

an, wobei $h > 0$ eine von uns gewählte *Schrittweite* ist. Da wir nach einer differenzierbaren Lösung y suchen, wird diese Ersetzung für genügend klein gewähltes h keinen allzu großen Fehler verursachen. Wir erhalten formal

$$y(t_0 + h) = y_0 + h\, f(t_0, y_0) \,,$$

wobei die rechte Seite dieser Gleichung nur bekannte Größen enthält und sich ohne Weiteres berechnen lässt. Weil wir aber die Ableitung durch den Differenzenquotienten ersetzt haben, steht auf der linken Seite eben nicht der exakte Wert $y(t_0 + h)$ der gesuchten Lösung, sondern nur ein Näherungswert, den wir y_1 nennen wollen. Setzen wir weiter

$$t_1 = t_0 + h \,,$$

dann können wir die Vorgehensweise mit (t_1, y_1) als neuem Startpunkt wiederholen und erhalten

$$y_2 = y_1 + h\, f(t_1, y_1)$$

als Näherungswert für $y(t_2)$ mit $t_2 = t_1 + h = t_0 + 2h$. Abbildung 1.3 illustriert diese Vorgehensweise und es wird ersichtlich, warum die Methode auch *Eulersches Polygonzugverfahren* heißt.

Die Schrittweite muss nicht für alle Näherungen gleich sein. Möchte man eine Näherung an der Stelle $t > t_0$ berechnen, so kann man durch Wahl einer Zerlegung

$$t_0 < t_1 < \cdots < t_{n-1} < t_n = t \,,$$

jeweils als Schrittweite

$$h_i = t_i - t_{i-1} \text{ für } i = 1, \ldots, n.$$

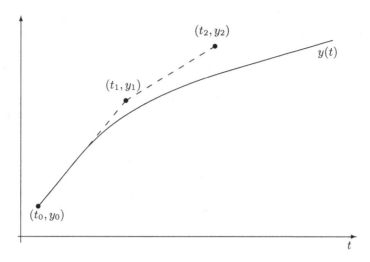

Abb. 1.3. Das Euler-Verfahren zur Approximation der exakten Lösung y.

vorgeben. Das Euler-Verfahren zur Berechnung der Näherungen $y_1, \ldots, y_n$ lautet dann:

$$y_{i+1} = y_i + h_{i+1}\, f(t_i, y_i) \text{ für } i = 0, \ldots, n-1. \tag{1.11}$$

□

1.2 Komplexität und $\mathcal{O}$-Notation

Bei der Beurteilung der Qualität eines Algorithmus sind folgende Aspekte zu berücksichtigen:

Laufzeitkomplexität: Sie gibt an, wieviele Arbeitsschritte der Algorithmus zur Bewältigung der Aufgabe benötigt. Da ein Computerprozessor nur eine bestimmte Anzahl von Operationen pro Zeiteinheit ausführen kann, wird man versuchen, die Anzahl der zur Lösung erforderlichen Arbeitsschritte zu minimieren.

Speicherkomplexität: Der Computerprozessor greift über einen schnellen Hilfsspeicher (*Cache*) auf die im Hauptspeicher gelegenen Daten zu. Wegen der begrenzten Speicherkapazität kommen für die Praxis nur solche Algorithmen in Frage, die zu jedem Zeitpunkt der Ausführung mit einer beschränkten Datenmenge arbeiten. Der ökonomische Umgang mit Speicherressourcen ist ein weiteres Ziel bei der Entwicklung von Algorithmen.

Qualität der Ergebnisse: Speziell bei Approximationsalgorithmen wie dem Euler-Verfahren in Beispiel 1.6 ist zu untersuchen, wie nahe die berechneten Näherungswerte dem exakten Ergebnis kommen.

Die jeweilige Gewichtung der einzelnen Kriterien richtet sich nach den Erfordernissen der konkreten Problemstellung. Rechenzeit und Speicher kosten letztlich Geld und so bezeichnet man Algorithmen mit langer Laufzeit bzw. großem Speicherbedarf auch als *teuer*. Natürlich will man über die Komplexität eines Algorithmus gern im Bilde sein, *bevor* man ihn implementiert und sich im schlimmsten Fall über unerträglich lange Laufzeiten ärgert. Zu diesem Zweck analysiert man die benötigten Operationen und den Speicherbedarf mit mathematischen Methoden.

Wenn man verschiedene Algorithmen zur Lösung ein und derselben Aufgabe objektiv miteinander vergleichen will, dann müssen Eigenschaften der Algorithmen wie Laufzeit oder Speicherbedarf in Beziehung gesetzt werden zu den Größen, die das Problem charakterisieren. Dazu ein klassisches Beispiel:

Beispiel 1.7 (Polynomauswertung).
Für die Auswertung eines Polynoms vom Grad $n \in \mathbb{N}$

$$P(x) = \sum_{k=0}^{n} a_k \, x^k \,,$$

an einer Stelle $x_0 \in \mathbb{R}$ kann man folgende „naive" Methode verwenden:

1. Setze $p_0 := a_0$.
2. Für $k = 1, 2, \ldots, n$:
   - setze Hilfsgröße $M := a_k$,
   - Für $m = 1, \ldots, k$ berechne $M := M \cdot x_0$.
   - $p_0 := p_0 + M$.
3. Liefere p_0 zurück.

In jedem der n Schritte werden jeweils eine Addition und k Multiplikationen durchgeführt. Da wir den Zeitaufwand für die Zuweisungen gegenüber den arithmetischen Operationen vernachlässigen können, ist die Gesamtanzahl der Operationen

$$Op(n) = \sum_{k=1}^{n}(k+1) = n + \sum_{k=1}^{n} k = n + \frac{1}{2}n(n+1) = \frac{1}{2}n^2 + \frac{3}{2}n \,.$$

Mit ein wenig Vorarbeit können wir die Anzahl der Operationen reduzieren: Schreiben wir das Polynom in Form ineinander geschachtelter Linearfaktoren,

$$P(x) = \left(\cdots \Big(\big((a_n \, x + a_{n-1})x + a_{n-2} \big) x + a_{n-3} \Big) \cdots \right) x + a_0 \,,$$

so bietet sich folgende Methode an, die auch *Horner-Schema* genannt wird:

1. Setze Hilfsgröße $p_0 := a_n$.
2. Für $k = n - 1, \ldots, 0$ berechne

$$p_0 := p_0 \cdot x_0 + a_k \,.$$

3. Liefere p_0 zurück.

Diese Vorgehensweise ist nicht nur kürzer in der Formulierung: In jedem der n Schritte werden lediglich eine Addition und nur eine Multiplikation vorgenommen, so dass für diese Methode $Op(n) = 2n$ folgt.

Sprachlich drückt man diesen Sachverhalt dadurch aus, dass der erste Algorithmus von *quadratischer* und der zweite von *linearer* Komplexität ist. Der Speicherbedarf beider Algorithmen ist vergleichbar: Beide benötigen die n Koeffizienten des Polynoms und verwenden p_0, zusätzlich benötigt die naive Methode die Hilfsgröße M. Daraus ergibt sich für beide Methoden eine lineare Speicherkomplexität.   □

Beispiel 1.8 (Matrizen und Vektoren).

a) Um einen Vektor $x \in \mathbb{R}^n$ abzuspeichern, benötigt man für die n Komponenten natürlich n Speicherplätze.
b) Für eine Matrix $A \in \mathbb{R}^{m \times n}$ hat man entsprechend $m\,n$ Einträge abzuspeichern. Im speziellen Fall einer *quadratischen Matrix* $A \in \mathbb{R}^{n \times n}$ benötigt man n^2 Speicherplätze, es liegt also quadratische Speicherkomplexität vor.
c) Das *euklidische Skalarprodukt* zweier Vektoren $x, y \in \mathbb{R}^n$ ist definiert als

$$\langle x, y \rangle = \sum_{i=1}^{n} x_i \, y_i \,,$$

d.h. die Berechnung erfordert n Multiplikationen und $n - 1$ Additionen.
d) Aus Beispiel 1.2 wissen wir, dass das Produkt einer Matrix $A \in \mathbb{R}^{m \times n}$ und einem Vektor $x \in \mathbb{R}^n$ wieder ein Vektor ist, den wir mit $y \in \mathbb{R}^m$ bezeichnen. Die Komponenten von y sind definiert durch

$$y_i = \sum_{j=1}^{n} a_{ij}\, x_j \,, \quad i = 1, \ldots, m \,,$$

wobei a_{ij} die Matrixeinträge sind und x_j die j-te Komponente des Vektors x ist. Wir haben also für jede der m Komponenten n Multiplikationen und $n-1$ Additionen zu berechnen, d.h. der Gesamtaufwand des Matrix-Vektor-Produkts $y = Ax$ beträgt

$$Op(m, n) = m(2n - 1) \,.$$

□

Die $\mathcal{O}$-Notation

Wir konnten im Beispiel 1.7 die exakte Anzahl der benötigten arithmetischen Operationen leicht berechnen, da beide Algorithmen sehr einfacher Natur sind. Für kompliziertere und umfangreicher formulierte Algorithmen wird die exakte Berechnung der Laufzeitkomplexität sehr mühselig und ist auch aus einem weiteren Grund eine eher undankbare Aufgabe: Der Unterschied in der Laufzeit der beiden Verfahren zur Polynomauswertung wird mit wachsendem Polynomgrad n erst richtig spürbar, da dann der quadratische Summand in der Komplexität der naiven Methode dominiert und man den linearen Anteil vernachlässigen kann.

Für einen Vergleich der Komplexität von Algorithmen genügt also oft bereits die Kenntnis der *Größenordnungen* von Laufzeit- und Speicherkomplexität. Der folgende Begriff ist eine mathematische Präzisierung hiervon:

Definition 1.9 ($\mathcal{O}$-Notation, LANDAU-Symbole).
Es sei $I \subseteq \mathbb{R}$ ein Intervall und

$$f, g : I \longrightarrow \mathbb{R}$$

seien zwei Funktionen.

a) Sei $x_0 \in \mathbb{R}$. Die Funktion f heißt *von der Ordnung $\mathcal{O}(g(x))$ für $x \to x_0$*, wenn es eine Konstante $C > 0$ und ein $\delta > 0$ gibt, so dass die folgende Ungleichung gilt:

$$|f(x)| \leq C\,|g(x)| \quad \text{für alle } x \in I \text{ mit } |x - x_0| < \delta\,. \qquad (1.12)$$

Die Funktion f heißt *von der Ordnung $\mathcal{O}(g(x))$ für $x \to \infty$* (bzw. $x \to -\infty$), wenn es eine Konstante $C > 0$ und ein $M \in \mathbb{R}$ gibt, so dass die folgende Ungleichung gilt:

$$|f(x)| \leq C\,|g(x)| \quad \text{für alle } x \in I \text{ mit } x \geq M \text{ (bzw. } x \leq M)\,. \qquad (1.13)$$

b) Sei $x_0 \in \mathbb{R}$. Die Funktion f heißt *von der Ordnung $o(g(x))$ für $x \to x_0$*, wenn gilt:

$$\lim_{x \to x_0} \frac{|f(x)|}{|g(x)|} = 0\,.$$

Entsprechend heißt die Funktion f von der Ordnung $o(g(x))$ für $x \to \infty$ bzw. $x \to -\infty$, wenn gilt:

$$\lim_{x \to \infty} \frac{|f(x)|}{|g(x)|} = 0 \quad \text{bzw.} \quad \lim_{x \to -\infty} \frac{|f(x)|}{|g(x)|} = 0\,.$$

Bemerkung 1.10. Man beachte, dass in der Definition nicht gefordert wird, dass $x_0 \in I$ gilt, so dass die Funktionen f und g an dieser Stelle gar nicht definiert sein müssen. Es genügt, dass man der Stelle $x_0 \in \mathbb{R}$ mit Punkten aus dem Intervall I beliebig nahe kommen kann. Möchte man daher eine Aussage über das Verhalten einer Funktion für $x \to \pm\infty$ treffen, so muss I natürlich unbeschränkt sein.

Beispiel 1.11 ($\mathcal{O}$-Notation).

a) Für die naive Polynomauswertung in Beispiel 1.7 ist

$$Op(n) = \mathcal{O}(n^2),$$

und für das Horner-Schema gilt

$$Op(n) = \mathcal{O}(n).$$

Der Speicherbedarf beider Algorithmen ist

$$Mem(n) = \mathcal{O}(n).$$

Wir folgen hier der Konvention, dass man bei der $\mathcal{O}$-Notation für Größen wie die Anzahl der benötigten Operationen bzw. den Speicherbedarf stets zu Grunde legt, dass man das Verhalten für $n \to \infty$ beschreibt.

b) Ein Polynom vom Grad n,

$$p(x) = \sum_{k=0}^{n} a_k x^k$$

ist für $x \to \infty$ von der Ordnung $\mathcal{O}(x^n)$ bzw. für jedes $\epsilon > 0$ von der Ordnung $o(x^{n+\epsilon})$. Das Gleiche gilt offensichtlich auch für $x \to -\infty$.

c) Für beliebige $n \in \mathbb{N}$ gilt

$$x^n = o(\mathrm{e}^x) \quad \text{für } x \to \infty.$$

Man sagt hierzu auch: „Die Exponentialfunktion wächst echt schneller als jede Potenz von x." $\qquad\square$

Natürlich ist stets $f(x) = \mathcal{O}(f(x))$ und aus der Definition liest man sofort die Gültigkeit von

$$f(x) = o(g(x)) \quad \Rightarrow \quad f(x) = \mathcal{O}(g(x))$$

ab. Wir fassen weitere Eigenschaften in dem folgenden Satz zusammen:

Satz 1.12. *Für das Landau-Symbol $\mathcal{O}$ gilt:*

a) Für alle $K \in \mathbb{R} \setminus \{0\}$ gilt

$$f(x) = \mathcal{O}(Kg(x)) \quad \Leftrightarrow \quad f(x) = \mathcal{O}(g(x)).$$

b) $f(x) = \mathcal{O}\big(g(x) + h(x)\big)$ und $h(x) = \mathcal{O}(g(x)) \Rightarrow f(x) = \mathcal{O}(g(x))$.

c) Wenn $f_1(x) = \mathcal{O}(g_1(x))$ und $f_2(x) = \mathcal{O}(g_2(x))$, dann gilt

$$f_1(x)\, f_2(x) = \mathcal{O}(g_1(x)\, g_2(x)).$$

Den Beweis überlassen wir als Übung (Aufgabe 1.3).

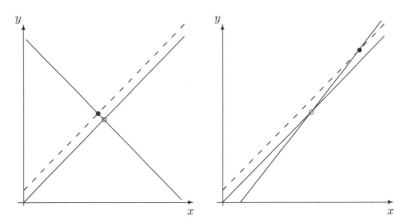

Abb. 1.4. Abweichung des Ergebnisses bei der Schnittpunktbestimmung in Abhängigkeit vom Schnittwinkel.

1.3 Kondition eines Problems

Bereits bei der Entwicklung einer Lösungsstrategie für ein Problem sollte man die gestellte Aufgabe auf ihre „Gutartigkeit" hin untersuchen. Damit ist gemeint, wie sich *Datenfehler* in den Eingabeparametern (z.B. Mess- und Übertragungsfehler) auf die Resultate auswirken.

> *Die* Kondition eines Problems *gibt an, wie stark sich Änderungen an den Eingabedaten auf die Lösung auswirken. Die Kondition ist eine Eigenschaft des Problems und unabhängig von einer konkreten Lösungsmethode.*

Ein einfaches Paradebeispiel hierfür ist die Bestimmung des Schnittpunkts zweier Geraden. Verschiebt man eine der Geraden etwas, so weicht die neue Position des Schnittpunkts umso stärker von der alten ab, je mehr die Steigungen der sich schneidenden Geraden übereinstimmen (siehe Abb. 1.4). Im Falle eines solchen „schleifenden Schnitts" wirken sich kleine Änderungen in den Eingabedaten (Steigung und Achsenabschnitte) erheblich auf das Resultat (Schnittpunktkoordinaten) aus.

Bezeichnen wir mit $x \in \mathbb{R}$ den korrekten Wert einer Größe und mit $\tilde{x}$ einen hiervon abweichenden, so wird

$$e_{abs}(x) = |x - \tilde{x}| \qquad (1.14)$$

absoluter Fehler in x und für $x \neq 0$ der Quotient

$$e_{rel}(x) = \frac{|x - \tilde{x}|}{|x|} \qquad (1.15)$$

relativer Fehler in x genannt.

Wir nennen ein Problem gut konditioniert, wenn sich relative Fehler in den Eingangsdaten nur mäßig auf den relativen Fehler im Ergebnis auswirken, andernfalls nennen wir das Problem schlecht konditioniert. Können selbst kleinste relative Fehler in den Eingabedaten beliebig große relative Abweichungen im Ergebnis hervorrufen, so heißt das Problem schlecht gestellt.

Selbst eine so einfache Aufgabe wie die Addition zweier Zahlen $a, b \in \mathbb{R}$ kann mitunter tückisch sein. Beschränkt man sich auf die Betrachtung des absoluten Fehlers, so liefert die Dreiecksungleichung

$$|(a + b) - (\tilde{a} + \tilde{b})| \leq |a - \tilde{a}| + |b - \tilde{b}| \leq 2 \max\{|a - \tilde{a}|, |b - \tilde{b}|\}, \qquad (1.16)$$

d.h. der absolute Fehler im Ergebnis ist höchstens doppelt so groß wie der maximale absolute Fehler in den Summanden. Bevor wir uns aber beruhigt zurücklehnen, werfen wir noch einen Blick auf den relativen Fehler bei der Addition:

Beispiel 1.13 (Konditionsanalyse der Addition). Bei der Analyse der Verstärkung des relativen Fehlers bei der Berechnung von $a + b$ nehmen wir zunächst an, dass $a, b \in \mathbb{R} \setminus \{0\}$. Ist nur der Summand b fehlerbehaftet, so lautet der absolute Fehler im Ergebnis

$$|(a + b) - (a + \tilde{b})| = |b - \tilde{b}|$$

und daraus folgt für die relativen Fehler die Beziehung

$$\frac{|(a + b) - (a + \tilde{b})|}{|a + b|} = \frac{|b|}{|a + b|} \, e_{rel}(b) \,.$$

Analog finden wir für den Fall, dass nur a fehlerbehaftet ist, die Gleichung

$$\frac{|(a + b) - (\tilde{a} + b)|}{|a + b|} = \frac{|a|}{|a + b|} \, e_{rel}(a) \,.$$

Wir können nun den allgemeinen Fall behandeln: Wenn die absoluten Fehler in a und b hinreichend klein sind, liefert die Dreiecksungleichung die folgende recht brauchbare Abschätzung nach oben:

$$\begin{aligned}
|(a + b) - (\tilde{a} + \tilde{b})| &= |(a + b) - (a + \tilde{b}) + (a + b) - (\tilde{a} + b)| \\
&\leq |(a + b) - (a + \tilde{b})| + |(a + b) - (\tilde{a} + b)| \,.
\end{aligned}$$

Daraus erhalten wir durch Einsetzen der obigen Gleichungen

$$e_{rel}(a + b) = \frac{|(a + b) - (\tilde{a} + \tilde{b})|}{|a + b|} \leq \frac{|b| \, e_{rel}(b) + |a| \, e_{rel}(a)}{|a + b|} \,. \qquad (1.17)$$

Mit Blick auf die rechte Seite dieser Fehlerabschätzung stellen wir fest, dass die relativen Fehler in den Summanden extrem verstärkt werden, wenn $|a + b|$ sehr klein ist. Anders ausgedrückt:

Die Addition zweier Zahlen $a, b \in \mathbb{R}$ ist schlecht konditioniert, wenn gilt:

$$a \approx -b\,.$$

Andernfalls handelt es sich um eine gut konditionierte Aufgabe. Wenn die Summanden gleiches Vorzeichen haben, so gilt $|a + b| = |a| + |b|$ und die Datenfehler werden wegen

$$\frac{|a|}{|a + b|} \leq 1\,, \qquad \frac{|b|}{|a + b|} \leq 1$$

im Ergebnis sogar gedämpft.   □

Auf ähnliche Art und Weise überzeugt man sich davon, dass die Multipli-kation zweier Zahlen sowie das Ziehen der Quadratwurzel gut konditionierte Aufgaben sind (Aufgabe 1.4).

1.4 Rechnerarithmetik

Die Datenfehler sind nicht die einzigen Störfaktoren auf dem Weg zum Ergeb-nis. Die endlichen Ressourcen eines Computers haben zur Folge, dass man nur mit endlich vielen Zahlen arbeiten kann, was sich natürlich auch auf die Art des Rechnens mit ihnen und somit auf die Ergebnisse auswirkt. Um uns der Fallstricke, die hinter dieser Tatsache lauern, bewusst zu werden, müssen wir uns mit der Darstellung von Zahlen und der Rechnerarithmetik etwas genauer befassen.

1.4.1 Zahldarstellung

Sei $B \in \mathbb{N}$ mit $B \geq 2$. Dann existiert zu jeder ganzen Zahl x eine Darstellung der Form

$$x = (-1)^s \sum_{j=0}^{N} x_j\, B^j\,, \tag{1.18}$$

wobei

$$N \in \mathbb{N}_0\,, \ x_j \in \{0, \dots, B - 1\} \ \text{für} \ j = 1, \dots, N\,, \ s \in \{0, 1\}\,.$$

Für $x \neq 0$ ist diese Darstellung eindeutig, wenn man

$$x_N \neq 0$$

verlangt. Ist die so genannte *Basis* B festgelegt, so genügt die Kenntnis der Ziffern x_j. Die *Zifferndarstellung* der Zahl x zur Basis B lautet

$$x = x_N x_{N-1} \dots x_{0|B}\,,$$

wobei wir für den Fall der Dezimaldarstellung ($B = 10$) die Angabe der Basis weglassen.

Beispiel 1.14. Die dezimale Zifferndarstellung der Zahl x sei 30. Dann lautet die

- *Binärdarstellung* (Dualzahl, $B = 2$): $x = 11110_{|2}$,
- *Oktaldarstellung* ($B = 8$): $x = 36_{|8}$,
- *hexadezimale Darstellung* ($B = 16$): $x = 1E_{|16}$.
  Dabei stehen zur Darstellung die Ziffern $0, \dots, 9, A, B, C, D, E, F$ zur Verfügung. □

Dieses Konzept lässt sich auf die rellen Zahlen übertragen, denn es gilt allgemein der folgende Satz (siehe etwa [15]):

Satz 1.15 (*B*-adische Zahldarstellung). *Sei $B \in \mathbb{N}$, $B \geq 2$. Dann kann jede Zahl $x \in \mathbb{R} \setminus \{0\}$ auf die folgende Art dargestellt werden:*

$$x = (-1)^s B^N \sum_{n=0}^{\infty} x_n B^{-n} . \tag{1.19}$$

Dabei ist $N \in \mathbb{Z}$, $x_n \in \{0, \dots, B-1\}$ und $s \in \{0,1\}$.
Die Darstellung ist eindeutig, wenn gilt $x_0 \neq 0$ und wenn zu jedem $m \in \mathbb{N}$ ein $n \geq m$ existiert mit $x_n \neq B - 1$.

Die zweite Bedingung für die Eindeutigkeit trägt der Tatsache Rechnung, dass z.B. $0.99999 \cdots = 0.\overline{9}$ und 1 identisch sind.

Beispiel 1.16 (Umwandlung in die Binärdarstellung). Die Binärdarstellung der Dezimalzahl 12.75 lautet $1100.11_{|2}$. Die Umwandlung der „harmlosen" Dezimaldarstellung 0.2 in eine Dualzahl führt allerdings auf die unendliche Darstellung

$$0.0011001100110011_{|2} \cdots = 0.\overline{0011}_{|2} .$$

Gibt man nun die Maschinendarstellung von 0.2 aus, so erhält man je nach Genauigkeit und Maschine z.B. 0.20000000000000001, was fälschlicherweise häufig als Fehler der Programmiersprache oder des Rechners interpretiert wird. □

Darstellungen mit unendlich vielen Stellen wie in (1.19) sind weder auf einem Computer mit seinen begrenzten Ressourcen realisierbar noch werden sie für die Praxis benötigt. Statt dessen arbeitet der Rechner mit einer endlichen Teilmenge, den *normalisierten Gleitpunktzahlen*

$$x = (-1)^s B^E \sum_{n=0}^{P-1} x_n B^{-n} , \tag{1.20}$$

wobei $P \in \mathbb{N}$ fest gewählt ist und der *Exponent E* nur die ganzen Zahlen zwischen zwei vorgegebenen Schranken $E_{\min}$ und $E_{\max}$ durchläuft. Die Normalisierung der Darstellung besteht darin, dass auch in (1.20)

$$x_0 \neq 0$$

gefordert wird. Die Zahl

$$m = \sum_{n=0}^{P-1} x_n B^{-n} \tag{1.21}$$

heißt *Mantisse von x*. Bei festgelegter Basis B schreibt man die Mantisse auch als

$$m = x_0 . x_1 \ldots x_{P-1} \tag{1.22}$$

und bezeichnet die festgelegte Anzahl P der *signifikanten Stellen* als *Mantissenlänge*. Eine normalisierte Gleitpunktzahl zur Basis B mit Vorzeichen $(-1)^s$, Mantisse m und Exponent E ist also vollständig durch das folgende Tripel beschrieben:

$$x = (s, m, E)_B . \tag{1.23}$$

1.4.2 Rundung und Gleitpunktrechnung

Durch die Mantissenlänge P und die Schranken $E_{\min}$ und $E_{\max}$ ist die Menge $\mathbb{G}$ aller zulässigen normalisierten Gleitpunktzahlen festgelegt. Speziell gilt für alle $x \in \mathbb{G}$:

$$B^{E_{\min}} \leq |x| < B^{E_{\max}+1} . \tag{1.24}$$

Bei der Ausführung von Programmen muss der Computer aber häufig Zahlenwerte handhaben, die nicht zu $\mathbb{G}$ gehören. Diese Werte können z.B. extern in Form von Messwerten entstanden sein. Solche Zahlenwerte werden aber auch durch arithmetische Operationen vom Computer selbst erzeugt: An einfachen Beispielen macht man sich leicht klar, dass für $x, y \in \mathbb{G}$ weder die Summe $x+y$ noch das Produkt $x y$ wieder in $\mathbb{G}$ liegen müssen. Es ist damit notwendig, reelle Zahlen in die Menge $\mathbb{G}$ der normalisierten Gleitpunktzahlen abzubilden. Diesem Zweck dient die so genannte Rundung.

Rundung und Rundungsfehler. Unter der *Rundung* kann man zunächst eine Abbildung

$$\mathrm{rd} : \mathbb{R} \longrightarrow \mathbb{G}$$

verstehen, die die Eigenschaft

$$\mathrm{rd}(x) = x \text{ für alle } x \in \mathbb{G}$$

besitzt. Diese Abbildung kann auf mehrere Arten realisiert sein. Die gebräuchlichste Rundungsvorschrift basiert auf der normalisierten Darstellung

$$x = (-1)^s B^E x_0 . x_1 x_2 \ldots$$

für $x \neq 0$, die ja nach Satz 1.15 existiert und lautet

$$\mathrm{rd}(x) = (-1)^s B^E \begin{cases} x_0.x_1 \ldots x_{P-1} & \text{, falls } x_P < \dfrac{B}{2} \\[2ex] (x_0.x_1 \ldots x_{P-1} + B^{-(P-1)}) & \text{, falls } x_P \geq \dfrac{B}{2} \end{cases} . \quad (1.25)$$

Diese Rundungsvorschrift besitzt offensichtlich die Eigenschaft,

$$|x - \mathrm{rd}(x)| \leq |x - y| \text{ für alle } y \in \mathbb{G},$$

d.h. die *Rundung von* x ist diejenige normalisierte Gleitpunktzahl, die x am nächsten liegt (*round to nearest*). Die Fallunterscheidung schafft Eindeutigkeit, wenn x genau in der Mitte zwischen zwei Gleitpunktzahlen liegt. Wir setzen dabei für den Moment noch voraus, dass E zwischen $E_{\min}$ und $E_{\max}$ liegt und gehen weiter unten auf die anderen Fälle ein.

Neben (1.25) gibt es noch die so genannten gerichteten Rundungsvorschriften wie Auf- bzw. Abrunden (*round to (minus) infinity*) sowie das Abschneiden, bei dem alle Ziffern ab der P-ten Stelle verworfen werden, d.h. man wählt als Rundung die nächst gelegene Gleitpunktzahl mit kleinerem Betrag (*round to zero*).

Der absolute Fehler bei der Rundung hängt offensichtlich vom Exponenten E ab und ist daher nicht besonders aussagekräftig, so dass man den *relativen Rundungsfehler* betrachtet. Bei Verwendung der Rundungsvorschrift (1.25) gilt für $x \in \mathbb{R} \setminus \{0\}$ mit $B^{E_{\min}} \leq |x| < B^{E_{\max}+1}$ die Ungleichung

$$\frac{|x - \mathrm{rd}(x)|}{|x|} \leq \frac{1}{2} B^{-(P-1)} . \quad (1.26)$$

Gleitpunktrechnung. Der Ausdruck auf der rechten Seite der Fehlerabschätzung (1.26) ist eine obere Schranke für die *relative Maschinengenauigkeit*, die wir mit `eps` bezeichnen wollen:

$$\mathtt{eps} = \frac{1}{2} B^{-(P-1)} .$$

Diese Größe bestimmt auch die Genauigkeit, mit der arithmetische Operationen in $\mathbb{G}$ durchgeführt werden. Wie eingangs erwähnt, können exakt gebildete Summen, Produkte und auch Quotienten von normalisierten Gleitpunktzahlen außerhalb von $\mathbb{G}$ liegen. Deshalb müssen diese arithmetischen Operationen durch entsprechende Gleitpunktoperationen $\oplus$, $\odot$ und $\oslash$ ersetzt werden, die die folgenden Minimalbedingungen erfüllen: Für alle $x, y \in \mathbb{G}$ gilt

$$x \oplus y, \; x \odot y \text{ und } x \oslash y \in \mathbb{G} . \quad (1.27)$$

Es liegt nahe, die Umsetzung dieser Forderungen mit der Rundungsvorschrift zu verknüpfen und für $x, y \in \mathbb{R}$ zu fordern, dass nach Möglichkeit die folgenden Gleichheiten gelten:

$$\mathrm{rd}(x) \oplus \mathrm{rd}(y) = \mathrm{rd}(x+y) \,,$$
$$\mathrm{rd}(x) \odot \mathrm{rd}(y) = \mathrm{rd}(x\,y) \,, \tag{1.28}$$
$$\mathrm{rd}(x) \oslash \mathrm{rd}(y) = \mathrm{rd}(x/y) \,.$$

Mit anderen Worten: Die Anwendung einer Gleitpunktoperation auf die gerundeten Größen sollte äquivalent zu der Rundung des Ergebnisses der entsprechenden exakten Operation sein. Im Allgemeinen sind Gleitpunktoperationen weder assoziativ noch distributiv, wie einfache Beispiele zeigen.

Da die Operanden der Gleitpunktoperationen Eingabedaten sind, die durch die Rundung mit einem relativen Fehler behaftet sind, gibt die Kondition der jeweiligen arithmetischen Operation schon einen Hinweis darauf, ob und wann Probleme zu erwarten sind. Aus Beispiel 1.13 wissen wir, dass die Subtraktion zweier näherungsweise gleicher Zahlen eine schlecht konditionierte Aufgabe darstellt. Wie zu befürchten ist, sind die Auswirkungen auf das Ergebnis der entsprechenden Gleitpunktoperation bei dieser Konstellation erheblich:

Beispiel 1.17 (Auslöschung signifikanter Stellen). Wir wählen als Basis $B = 10$. Die Summe der reellen Zahlen

$$x = 1.004 \,, \quad y = -0.9986$$

ist $5.4 \cdot 10^{-3}$. Die normalisierte Gleitpunktdarstellung sei durch die Mantissenlänge $P = 3$ und $E_{\min} = -4$ charakterisiert. Dann gilt nach (1.25)

$$\mathrm{rd}(x) = 1.00 \cdot 10^0 \,, \quad \mathrm{rd}(y) = -9.99 \cdot 10^{-1} \,,$$

und es wird

$$\mathrm{rd}(x) + \mathrm{rd}(y) = 1.00 \cdot 10^{-3}$$

berechnet. Dieses Ergebnis weist gegenüber dem exakten Resultat einen relativen Fehler von ungefähr 0.8148 auf, was in etwa 81.5 % entspricht. Vergleicht man das mit dem Rundungsfehler der Summanden von jeweils etwa 0.4%, so stellt man eine Verstärkung um mehr als das 200fache fest. Diesen Effekt nennt man *Auslöschung signifikanter Stellen*.

Bei dieser Betrachtung ist noch zu beachten, dass die Addition der gerundeten Werte exakt ausgeführt wurde, was nicht unbedingt so sein muss. Bei der Gleitpunktaddition $\oplus$ werden zunächst die Exponenten der Summanden angeglichen, indem in der Mantisse des Summanden mit kleinerem Exponenten entsprechend viele Nullen von links eingefügt werden. Wenn für die Berechnung die Mantissenlänge um die entsprechende Anzahl von Stellen verlängert wird, gelangt man zu dem obigen Resultat. Behält man aber etwa die Mantissenlänge $P = 3$ bei, so gilt

$$\mathrm{rd}(x) \oplus \mathrm{rd}(y) = \big(1.00 + (-0.99)\big) \cdot 10^0 = 1.00 \cdot 10^{-2} \,,$$

und es ergibt sich ein relativer Fehler von ungefähr 85.2%. Übrigens ist in keinem der beiden Fälle die erste Forderung in (1.28) erfüllt.   □

1.4.3 Binäre Realisierung

Die kleinste Informationseinheit auf einem Digitalrechner ist das *Bit*[1], das nur die Werte *0* und *1* annehmen kann. Im Folgenden soll $\mathbb{G}$ stets für eine Menge normalisierter Gleitpunktzahlen zur Basis $B = 2$ stehen.

Ganze Zahlen (*integer*). Die Menge der durch (1.18) darstellbaren ganzen Zahlen ist durch die hierfür reservierte *Bitlänge* eingegrenzt, wobei ein Bit den Wert von s und damit das Vorzeichen speichert (*Vorzeichenbit*). Beträgt die Bitlänge z.B. 32 Bit, so können damit alle ganzen Zahlen z zwischen -2^{31} und $2^{31} - 1$ dargestellt werden, wobei die 0 durch $x_j = 0$ für alle $j = 0, \ldots, 31$ gegeben ist.

Sofern das Ergebnis innerhalb des durch die Bitlänge festgelegten Bereichs liegt, werden ganzzahlige Addition sowie Multiplikation exakt und unter Einhaltung von Assoziativität und Distributivität ausgeführt. Liegt das Ergebnis aber außerhalb, so spricht man von einem *ganzzahligen Überlauf* (*integer overflow*). Zum ganzzahligen Überlauf kommt es z.B. auch, wenn eine betragsmäßig zu große Gleitpunktzahl in das ganzzahlige Format umgewandelt wird.

Gleitpunktzahlen (*floating point number*). Bei der normalisierten Gleitpunktdarstellung im Binärsystem folgt aus $x_0 \neq 0$ sofort $x_0 = 1$, d.h. die Mantisse hat die Gestalt

$$m = 1.x_1 \ldots x_{P-1} = 1.f \,,$$

mit dem gebrochenen Anteil f (*fraction*). Das führende Bit mit Wert *1* wird daher meist gar nicht explizit abgespeichert und man spricht vom *impliziten Bit*. Dadurch wird eine weitere Stelle der Mantisse frei für den gebrochenen Anteil, so dass nun P Stellen für f zur Verfügung stehen. Das Tripel (1.23) zur Darstellung einer normalisierten Gleitpunktzahl wird also im Binärsystem durch

$$x = (s, f, E)_2 \quad \text{mit} \quad f = f_1 \ldots f_P \tag{1.29}$$

ersetzt. Die Rundung auf die nächst gelegene Gleitpunktzahl lässt sich für das Binärsystem recht einfach realisieren: Liegt x genau in der Mitte zwischen zwei benachbarten Gleitpunktzahlen, so liefert (1.25) diejenige der beiden Zahlen, für die $f_P = 0$ gilt. Wegen $B = 2$ und der Verlängerung des gebrochenen Anteils um eine Stelle leitet sich aus der Rundungsfehlerabschätzung (1.26) die Ungleichung

$$\frac{|x - \mathrm{rd}(x)|}{|x|} \le 2^{-(P+1)} \tag{1.30}$$

ab. Wir betrachten zwei übliche Beispiele für dieses Zahlenformat:

---

[1] Abkürzung für *binary digit* (Binärziffer).

Beispiel 1.18 (Standard-Gleitpunktzahlen). Um Gleitpunktoperationen schnell ausführen zu können, verwenden die meisten Computer einen speziellen Hardwarebaustein, die so genannte *FPU (floating point unit)*. Um für die unterschiedlichen Computerarchitekturen eine weit gehende Transparenz in den berechneten Resultaten zu gewährleisten und eine einheitliche Schnittstelle zu den Programmiersprachen zu schaffen, definiert der Industriestandard *IEEE 754-1985* u.a. die beiden folgenden Typen von Gleitpunktzahlen:

Einfache Genauigkeit (single precision): Für diesen Typ von Gleitpunktzahlen beträgt die Bitlänge 32 Bit. Ein Bit enthält das Vorzeichen, 8 Bit sind für den Exponenten reserviert und die verbleibenden 23 Bit für die Mantisse. Dabei ist

$$E_{\min} = -126\,, \ E_{\max} = 127\,,$$

wobei der Exponent nicht mit Hilfe eines Vorzeichenbits dargestellt wird, sondern durch Verschiebung um einen konstanten Wert b (*Bias*):

$$E_b = E + b\,. \tag{1.31}$$

Bei diesem Gleitpunkttyp gilt $b = 127$. So wird z.B. $E_{min} = -126$ als $E_b = -126 + 127 = 1$ dargestellt und dem Exponenten $E = 73$ entspricht $E_b = 200$.

Doppelte Genauigkeit (double precision): Die Bitlänge beträgt 64 Bit. Neben dem Vorzeichenbit werden 11 Bit für den Exponenten und 52 für die Mantisse verwendet. Es ist

$$E_{\min} = -1022\,, \ E_{\max} = 1023\,,$$

und der Bias-Wert für den Exponenten beträgt hier $b = 1023$. □

An den beiden Beispielen fällt auf, dass die jeweilige Bitlänge des Exponenten durch die Grenzen $E_{\min}$ und $E_{\max}$ nicht ganz ausgeschöpft wird: Die beiden verbliebenen möglichen Exponenten $E_b = 0$ und $E_b = E_{\max} + b + 1$ werden nicht für die Darstellung normalisierter Gleitpunktzahlen verwendet. Diese *reservierten Exponenten* sorgen dafür, dass die Forderungen (1.27) nach Möglichkeit auch in arithmetischen „Grenzsituationen" erfüllt werden (siehe Tabelle 1.1). Speziell beachte man, dass die Zahl 0 zwar als Ergebnis der Summe $x \oplus (-x)$ mit $x \in \mathbb{G}$ auftreten kann, jedoch nicht als normalisierte Gleitpunktzahl mit implizitem Bit darstellbar ist. Tabelle 1.1 gibt einen Überblick über die Verwendung der reservierten Exponenten. Dabei steht $f = 0$ für eine Mantisse, die ausschließlich binäre Nullen enthält. `inf` wird z.B. bei der Division einer Zahl $x \neq 0$ durch 0 als Ergebnis geliefert. `NaN` dient u.a. als Hinweis auf „dubiose Operationen" wie $0 \oslash 0$ oder `inf`$\oslash$`inf`. Die in der Tabelle definierten *denormalisierten Gleitpunktzahlen* sind eigentlich Festkommazahlen, denn ihre Darstellung beinhaltet einen konstanten Exponenten:

$$x = (-1)^s\, 2^{E_{min}}\, 0.f\,.$$

Tabelle 1.1. Die Verwendung der reservierten Exponenten.

Fall		Name	Bedeutung
$E_b = 0$	$f = 0$		$x = 0$
	$f \neq 0$		x denormalisiert
$E_b = E_{\max} + b + 1$	$f = 0$	inf	$x = \pm\infty$ (je nach Vorzeichenbit)
	$f \neq 0$	nan	x ist „keine Zahl" (*not a number*)

Während die positiven normalisierten Gleitpunktzahlen mit fallendem Exponenten E immer näher zusammenrücken, füllen die denormalisierten Zahlen den Bereich zwischen $2^{E_{min}-P}$ und $2^{E_{min}}$ gleichmäßig aus (siehe Abb. 1.5). Eine wichtige Konsequenz hieraus ist, dass die relativen Fehler sowohl der Rundung als auch der arithmetischen Operationen umso größer werden, je mehr man sich in diesem Bereich der 0 nähert.

Über- und Unterlauf. Ähnlich wie bei den ganzen Zahlen, kann es auch bei den Gleitpunktzahlen zu einem *Gleitpunktüberlauf* kommen. Damit ist gemeint, dass der Exponent einer Maschinenzahl E_{max} übersteigt. Dies kann z.B. während der Multiplikation zweier Gleitpunktzahlen geschehen, wenn die Summe ihrer Exponenten dem Betrag nach zu groß ist, oder der Überlauf wird erst durch die Rundung der Mantisse mit anschließender Anpassung des Exponenten verursacht. Das Ergebnis des Exponentenüberlaufs durch Rundung ist $\pm$ inf (siehe Tabelle 1.1), d.h. der Wert des Vorzeichenbits bleibt bestehen. Entsprechend kommt es zu einem *Unterlauf*, wenn der Betrag des Exponenten E_{min} unterschreitet. Auch bei Rundung zu 0 bleibt der Wert des Vorzeichenbits bestehen, so dass man durchaus -0 erhalten kann. Ist dass Ergebnis der Rundung nicht 0, sondern die nächstgelegene denormalisierte Zahl, so spricht man auch von einem *allmählichen Unterlauf* (*gradual underflow*). Neben der geringeren Rechengenauigkeit besteht eine weitere Tücke dieses Zahlenbereichs darin, dass die Bildung des Kehrwerts einer denormalisierten Zahl zu einem Überlauf führt. Für eine detailliertere Darstellung der Gleitpunktarithmetik verweisen wir auf [4].

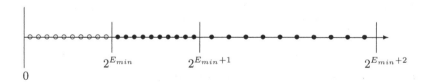

Abb. 1.5. Die Lage der denormalisierten (○) und normalisierten (●) Gleitpunktzahlen.

1.5 Stabilität

Die in der Gleitpunktarithmetik auftretenden Rundungsfehler führen bei der konkreten Realisierung eines Algorithmus dazu, dass man selbst bei fehlerfreien Eingabedaten x nicht die exakte Lösung $f(x)$ des Problems f erhält, sondern ein davon abweichendes Resultat $\tilde{f}(x)$. Zu den Rundungsfehlern gesellen sich in vielen Algorithmen noch die *Verfahrensfehler*, die dadurch entstehen, dass man das ursprüngliche Problem durch ein anderes ersetzt, das leichter zu lösen ist. Die Abb. 1.3 zum Euler-Verfahren aus Beispiel 1.6 illustriert diesen Effekt.

Ein Algorithmus heißt stabil, wenn sich Rundungs- und Verfahrensfehler nur mäßig auf das Resultat auswirken.

Während die Kondition eine Eigenschaft des zu lösenden Problems ist, charakterisiert die Stabilität also das angewendete Lösungsverfahren im Hinblick auf die Qualität der gelieferten Ergebnisse.

An der Tatsache, dass die Gleitpunktoperationen weder assoziativ noch distributiv sind, kann man bereits erahnen, dass es nicht egal ist, welche arithmetischen Operationen in welcher Reihenfolge durchgeführt werden.

Beispiel 1.19 (Summenberechnung). Wir wollen die Summe

$$s = a + b + c$$

dreier Gleitpunktzahlen $a, b, c \in \mathbb{G}$ berechnen. Da die Gleitpunktaddition nicht assoziativ ist, bieten sich uns zwei Möglichkeiten:

Algorithmus 1: $x := a \oplus b, \quad s_1 := x \oplus c$.
Algorithmus 2: $y := b \oplus c, \quad s_2 := a \oplus y$.

Wir beginnen mit der Betrachtung von Algorithmus 1. Der Quotient

$$\epsilon_1 = \frac{(a \oplus b) - (a + b)}{a + b} = \frac{x - (a + b)}{a + b}$$

ist die relative Abweichung des berechneten Werts x vom exakten Ergebnis, wobei das Vorzeichen beachtet wird. Bezeichnen wir mit ϵ_2 die entsprechende relative Abweichung von s_1, so gilt offensichtlich

$$x = (a + b)(1 + \epsilon_1), \quad s_1 = (x + c)(1 + \epsilon_2).$$

Durch Zusammenfassen ergibt sich

$$s_1 = \big(s + (a + b)\epsilon_1\big)(1 + \epsilon_2) = s + s\epsilon_2 + (a + b)\epsilon_1(1 + \epsilon_2),$$

und damit für den relativen Fehler im Endergebnis:

$$\frac{|s - s_1|}{|s|} = \left| \epsilon_2 + \frac{(a + b)}{|a + b + c|} \epsilon_1 (1 + \epsilon_2) \right|.$$

Da alle relativen Rundungsfehler nach oben durch `eps` beschränkt sind, erhalten wir mit Hilfe der Dreiecksungleichung

$$\frac{|s - s_1|}{|s|} \leq \mathsf{eps}\left(1 + \frac{|a + b|}{|a + b + c|}(1 + \mathsf{eps})\right).$$

Die Untersuchung von Algorithmus 2 führen wir auf die gleiche Art und Weise durch und erhalten

$$\frac{|s - s_2|}{|s|} \leq \mathsf{eps}\left(1 + \frac{|b + c|}{|a + b + c|}(1 + \mathsf{eps})\right).$$

Die stabilere Methode beginnt die Summation also mit den Zahlen, deren Summe betragsmäßig die kleinere ist.   □

In anderen Fällen kann man durch geeignetes Ersetzen von mathematischen Ausdrücken die Stabilität einer Methode verbessern. Dies können äquivalente Ausdrücke sein oder aber sogar solche, die nur näherungsweise gleich sind. Dazu jeweils ein Beispiel:

Beispiel 1.20 (Lösung der quadratischen Gleichung). Die Lösungen der quadratischen Gleichung

$$x^2 + px + q = 0$$

sind für $p^2 > 4q$ durch

$$x_+ = -\frac{p}{2} + \sqrt{D}, \; x_- = -\frac{p}{2} - \sqrt{D} \quad \text{mit } D = \frac{p^2}{4} - q > 0, \qquad (1.32)$$

gegeben. Wir betrachten den folgenden Fall:

$$4\,|q| \ll p^2 \implies \sqrt{D} \approx \left|\frac{p}{2}\right|.$$

Dann liegt die betragsmäßig kleinere Lösung in der Nähe der 0 und bei der Verwendung der entsprechenden Formel in (1.32) ist Auslöschung zu befürchten: Die Berechnung dieser Lösung ist instabil.

Ratsamer ist es, zuerst die betragsmäßig größere Nullstelle mit Hilfe von

$$x_1 = -\left(\frac{p}{2} + \operatorname{sgn}(p)\sqrt{D}\right)$$

zu berechnen, wobei

$$\operatorname{sgn}(p) = \begin{cases} 1 & \text{, falls } p > 0 \\ 0 & \text{, falls } p = 0 \\ -1 & \text{, falls } p < 0 \end{cases}$$

das Vorzeichen (*Signum*) von p ist. Die beiden Summanden haben in diesem Fall das gleiche Vorzeichen, so dass Auslöschung vermieden wird. Der Satz von Vieta besagt, dass q das Produkt der beiden Lösungen ist. Daher wird die instabile zweite Formel in (1.32) gar nicht benötigt, denn die Berechnung durch

$$x_2 = \frac{q}{x_1}$$

verursacht keine Probleme. □

Beispiel 1.21 (Auswertung von sinh**).** Die *hyperbolische Sinusfunktion* (Sinus hyperbolicus) ist für $x \in \mathbb{R}$ definiert durch

$$\sinh(x) = \frac{e^x - e^{-x}}{2}.$$

Offensichtlich gilt

$$e^x \approx e^{-x} \Leftrightarrow x \approx 0,$$

so dass bei Verwendung der Definition als Auswertungsmethode für betragsmäßig kleine x wegen der Auslöschung führender Stellen ein instabiles Verhalten zu erwarten ist. Dabei spielt es auch keine Rolle, wie exakt die Exponentialfunktion ausgewertet wird. Im Gegenteil: Für $x \approx 0$ kann man eine stabilere Methode erhalten, wenn man die Exponentialfunktion nur annähert. In der Analysis lernt man, dass für alle $x \in \mathbb{R}$ gilt:

$$e^x = \lim_{n \to \infty} \sum_{k=0}^{n} \frac{x^k}{k!} = 1 + x + \frac{x^2}{2} + \frac{x^3}{6} \dots.$$

Wählen wir die Summe mit $n = 3$ als Näherung für e^x und e^{-x}, so lautet die entsprechende Approximation für die hyperbolische Sinusfunktion für $x \approx 0$:

$$\sinh(x) \approx x + \frac{x^3}{6}.$$

Die Summanden haben gleiches Vorzeichen und Auslöschung wird vermieden.

1.6 Vom Problem zum Programm – und zurück

Die binäre Realisierung von Zahlen auf Digitalrechnern zeigt, dass der Computer eine „eigene Sprache spricht". Das Formulieren von Algorithmen in dieser *Maschinensprache* erfordert eine Übersetzungstätigkeit durch den menschlichen Programmierer und stellt eine entsprechend zeitaufwendige Angelegenheit dar. Es ist bequemer und zeitsparender, die auszuführenden Anweisungen in einer dem Menschen eher zugänglichen *Programmiersprache* zu formulieren. Dieser *Quelltext* muss vor der Ausführung vom Computer in seine eigene Maschinensprache übersetzt werden. Zu diesem Zweck muss die zu übersetzende Sprache standardisiert sein, um einen automatisierten Übersetzungsvorgang zuverlässig durchführen zu können.

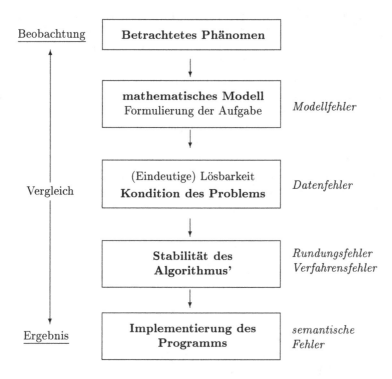

Abb. 1.6. „Gefahren" auf dem Weg vom Problem zur rechnergestützten Lösung.

Bei den so genannten *Interpretersprachen* wird das Programm Anweisung für Anweisung auf seine *syntaktische Korrektheit* überprüft und ausgeführt. Programmierfehler jeglicher Art machen sich bei dieser Variante erst zur Laufzeit des Programms bemerkbar.

Im Unterschied dazu wird bei den *Compilersprachen* (wie z.B. C) der in einer oder mehreren Dateien enthaltene Quelltext zuerst als Ganzes von einem *Compiler*-Programm analysiert und anschließend in die Maschinensprache übersetzt. Dabei können nicht nur eventuelle Fehler im Quelltext bereits im Vorfeld aufgespürt werden, sondern durch die Betrachtung des gesamten Programms bietet sich auch die Möglichkeit, das Programm möglichst optimal der Computerarchitektur anzupassen. Hierbei ist aber zu beachten, dass bei der Analyse des Quelltextes lediglich syntaktische Fehler im Quelltext ausfindig gemacht werden können. Schließlich kann der Compiler nicht wissen, ob die Anweisungen auch exakt dem entsprechen, was man beim Verfassen des Codes im Sinn hatte. Solche *semantischen Fehler* bleiben also meist von den automatischen Helfern unentdeckt und der Entwickler muss sie selbst finden und beheben. Gelingt dies nicht, so wird der Algorithmus nicht korrekt ausgeführt und es kommt zu Laufzeitfehlern (*run time error*) wie z.B. falschen Ergebnissen oder Programmabstürzen.

Ist die Implementierung als Programm jedoch korrekt, so muss man bei unbefriedigenden Ergebnissen den Algorithmus noch einmal auf seine Stabilität bzw. Korrektheit überprüfen und entsprechende Änderungen vornehmen. Hilft auch das nichts, so muss sogar das zugrundeliegende mathematische Modell wieder auf den Prüfstand.

Es ist also ein langer, von vielerlei Fehlerquellen gesäumter Weg von der gestellten Aufgabe bis zu ihrer rechnergestützten Lösung. In Abb. 1.6 ist dieser Prozess zusammenfassend dargestellt. Die Auflistung von möglichen Schwierigkeiten soll keinesfalls entmutigend wirken, trägt aber hoffentlich ein wenig dazu bei, dass man die Arbeit der Entwickler von gut funktionierenden Computersimulationen zu würdigen weiß.

1.7 Kontrollfragen zu Kapitel 1

Frage 1.1

Welche der folgenden Aussagen trifft *nicht* zu?

a) Die Kondition ist eine Eigenschaft des Problems und nicht der verwendeten Lösungsmethode.   ☐
b) Auch zu gut konditionierten Problemen können instabile Lösungsverfahren existieren.   ☐
c) Ein statisch finiter Algorithmus ist stets terminierend.   ☐
d) Ein determinierter Algorithmus liefert bei gleichen Eingabedaten immer das gleiche Ergebnis.   ☐
e) Ein Algorithmus darf auf bereits existierende Algorithmen zurückgreifen, wenn diese korrekt sind.   ☐

Frage 1.2

Welche der folgenden Aussagen zur $\mathcal{O}$-Notation ist zutreffend?

a) Für hinreichend große $n \in \mathbb{N}$ gilt: $e^x = \mathcal{O}(x^n)$ für $x \to \infty$.   ☐
b) Wenn $f(x) = \mathcal{O}(g(x))$ für $x \to x_0$ gilt, so auch $f(x) = o(g(x))$ für $x \to x_0$.   ☐
c) $x^2 = O(x)$ für $x \to \infty$.   ☐
d) Für alle $n \in \mathbb{Z}$ gilt: $e^x = \mathcal{O}(x^n)$ für $x \to -\infty$.   ☐
e) $x = o(x^2)$ für $x \to 0$.   ☐

Frage 1.3

Die Funktion $\sin(x)$ kann für kleine x durch die Funktion

$$f(x) = x - \frac{x^3}{6}$$

approximiert werden. Wie groß ist der relative Fehler bei Verwendung dieser Approximation für $x = 2.0$ (in Radiant), auf vier Nachkommastellen gerundet?

a) 0.2668   □

b) 0.3639   □

c) 0.2426   □

d) 0.2886   □

e) 0.2425   □

Frage 1.4

Wenn die Dezimaldarstellung einer Gleitpunktzahl durch 12.125 gegeben ist, so lautet ihre Binärdarstellung:

a) $1010.101_{|2}$ □

b) $1100.001_{|2}$ □

c) $1100.01_{|2}$ □

d) $1010.101_{|2}$ □

e) $1110.111_{|2}$ □

Frage 1.5

Bei welcher Operation in Gleitpunktarithmetik kann die „Auslöschung" führender Stellen auftreten?

a) Bei der Addition $a + b$, wobei $a \approx b$ im Rahmen der Maschinengenauigkeit.   □

b) Bei der Multiplikation zweier Zahlen unabhängig von deren Vorzeichen, wenn deren Beträge stark voneinander abweichen.   □

c) Bei der Division zweier Zahlen, deren Betrag fast identisch ist.   □

d) Bei der Subtraktion zweier Zahlen mit gleichem Vorzeichen, deren Beträge stark voneinander abweichen.   □

e) Bei der Addition zweier Zahlen mit unterschiedlichem Vorzeichen, deren Beträge fast identisch sind.   □

Frage 1.6

Welche der folgenden Aussagen zu den Gleitpunktoperationen trifft nicht zu?

a) Das Distributivgesetz gilt.   □

b) Die Addition ist kommutativ.   □

c) Die Multiplikation ist kommutativ.   □

d) Die Division durch 0 liefert `inf` oder `NaN`.   □

e) Die Addition ist nicht assoziativ.   □

1.8 Übungsaufgaben zu Kapitel 1

1.1 (Eindeutigkeit der Lösung für die Bakterienkultur).
Zeigen Sie, dass

$$y(t) = y_0 \, e^{\lambda(t-t_0)}$$

tatsächlich die einzige Lösung des Anfangswertproblems

$$y'(t) = \lambda y(t) \quad , \quad y(t_0) = y_0$$

ist. Nehmen Sie dazu an, dass z eine weitere Lösung ist und betrachten Sie die Ableitung des Quotienten $z(t)/y(t)$.

1.2 (Aufwand für die Berechnung des Matrizenprodukts).
Das Produkt einer Matrix $A \in \mathbb{R}^{m \times n}$ mit Einträgen a_{ij} und einer Matrix $B \in \mathbb{R}^{n \times p}$ mit Einträgen b_{ij} ist folgendermaßen definiert:
Das Produkt aus A und B ist eine Matrix $C \in \mathbb{R}^{m \times p}$, deren Einträge berechnet werden durch

$$c_{ik} = \sum_{j=1}^{n} a_{ij} \, b_{jk} \, , \quad i = 1, \ldots, m \, , \; k = 1 \ldots, p \, .$$

Berechnen Sie den Gesamtaufwand an Operationen für die Berechnung von $C = AB$.

1.3 (Eigenschaften der Landau-Symbole).
Beweisen Sie die Aussagen in Satz 1.12. Welche dieser Aussagen gelten auch für das Symbol $o(\cdot)$?

1.4 (Konditionsanalyse für Quadratwurzel und Produkt).
a) Zeigen Sie, dass das Ziehen der Quadratwurzel ein gut konditioniertes Problem ist: Für alle $x > 0$ gilt

$$e_{rel}(\sqrt{x}) \leq e_{rel}(x) \, ,$$

d.h. der relative Fehler wird sogar gedämpft.
b) Zeigen Sie, dass für den relativen Fehler bei der Multiplikation zweier reeller Zahlen $a, b \neq 0$ gilt:

$$e_{rel}(a \, b) \leq e_{rel}(a) + e_{rel}(b) + e_{rel}(a) \, e_{rel}(b) \, .$$

1.5 (Eigenschaften der Gleitpunktoperationen).
Zeigen Sie anhand einfacher Beispiele von Gleitpunktzahlenmengen $\mathbb{G}$ und entsprechenden Elementen $x, y, z \in \mathbb{G}$, dass im allgemeinen gilt:
a) $x + y \notin \mathbb{G}$ bzw. $x \, y \notin \mathbb{G}$;
b) Gleitpunktoperationen $\oplus$ und $\odot$ sind im Allgemeinen weder assoziativ noch distributiv. Verwenden Sie dabei die übliche Rundungsvorschrift (1.25).

1.6 („Reichweite" der Gleitpunktzahlen).
Schätzen Sie jeweils die obere und untere Schranke der Zahlenbereiche, die durch die IEEE-Gleitpunktzahlen aus Beispiel 1.18 in normalisierter Form darstellbar sind.

1.7 (Relative Maschinengenauigkeit).

a) Leiten Sie aus der Rundungsvorschrift (1.25) die Fehlerabschätzung (1.26) ab und folgern Sie für die Binärdarstellung mit implizitem Bit die Gültigkeit von (1.30).

b) In der Literatur findet sich häufig eine alternative Definition der relativen Maschinengenäuigkeit: **eps** ist das kleinste positive $\epsilon \in \mathbb{G}$, für das $1 \oplus \epsilon \neq 1$ gilt. Ist diese Definition äquivalent?

c) In Prüfungen bekommt man hin und wieder zu hören, dass die relative Maschinengenauigkeit identisch mit der kleinsten darstellbaren Gleitpunktzahl ist. Machen Sie sich klar, warum das im Allgemeinen nicht so ist!

1.8 (Differenz zweier Quadratzahlen).
Zur Berechnung von $d = x^2 - y^2$ bieten sich die folgenden beiden Algorithmen an:

Algorithmus 1: $a_1 = x \odot x$, $b_1 = y \odot y$, $d_1 = a \oplus (-b)$.
Algorithmus 2: $a_2 = x \oplus y$, $b_2 = x \oplus (-y)$, $d_2 = a \odot b$.

Überlegen Sie sich, wann die Aufgabe schlecht konditioniert ist und welche der beiden Methoden dann stabiler ist.

2

Elementare C-Programmierung

Die Formulierung von Algorithmen muss zwar unmissverständlich sein, aber technische Details zu ihrer Realisierung auf einem Computer bleiben natürlich außen vor, um die Universalität der Lösungsvorschrift nicht zu beeinträchtigen. Beim Übertragen eines Algorithmus in einen C-*Quelltext*, auch (Quell-)*Code* genannt, müssen aber z.t. deutlich genauere Angaben gemacht werden, wie der *Computer* etwas tun soll. Dies erfordert mehr syntaktische Strukturierung, die sich u.a. dadurch ausdrückt, dass man in Anweisungen bzw. Programmteilen folgende Elemente unterscheidet:

Reservierte Wörter: Sowohl ihre Bedeutung als auch die Art ihrer Verwendung ist fest vorgegeben.[1]
Bezeichner: Das sind Namen für die unterschiedlichsten Objekte (Variablen, Funktionen usw.), die vom Autor des Quelltextes vergeben werden. Man darf natürlich keine reservierten Worte als Namen vergeben.
Konstanten: Wie der Name schon sagt, handelt es sich dabei um fixierte Werte, die in Form von Buchstaben, Ziffern oder Kombinationen davon angegeben werden.
Operatoren: Sie dienen in Anweisungen dazu, Operationen mit Variablen und Konstanten durchführen zu lassen. Das können arithmetische Operationen wie Addition und Multiplikation sein, aber auch der Vergleich von Werten miteinander fällt in diese Kategorie. Anweisungteile, die sich auf Operationen beziehen, werden wir auch *Ausdrücke* nennen.
Trennzeichen: Dazu zählen Worttrenner wie das Leerzeichen oder der Tabulator sowie Zeilenumbrüche.

Wir werden nacheinander alle „Zutaten" für einfache C-Programme kennen lernen und in kleinen Beispielen den Umgang mit ihnen üben. Am Ende des Kapitels sind wir in der Lage, die Algorithmen des ersten Kapitels als Computerprogrammme zu realisieren.

---

[1] Eine Liste der reservierten Wörter findet sich in Anhang D.

2.1 Editieren und Übersetzen am Beispiel: „Hallo Welt!"

Wir befassen uns zunächst mit einigen Aspekten der Erstellung von Quelltexten und deren Umwandlung in ein lauffähiges Programm. Dazu betrachten wir ein einfaches, klassisches Beispiel.

Erstellen der Quelltextdatei

Unser erstes C-Programm soll bei seiner Ausführung lediglich die Begrüßung

„Hallo, Welt!"

auf den Bildschirm schreiben. Da die Aufgabenstellung – vorsichtig ausgedrückt – recht überschaubar ist, können wir uns völlig darauf konzentrieren, was ein C-Programm mindestens beinhalten muss. Wir entwickeln den Quelltext dieses Programms Schritt für Schritt:

- Das Programm soll ja eine Botschaft auf den Bildschirm schreiben und diesen Text setzen wir zunächst in Anführungsstriche:

  ```
  "Hallo, Welt!"
  ```
- Der Text soll auf den Bildschirm geschrieben werden. Für solche Aufgaben existiert bereits eine fertige *Funktion* in C. Da früher Programmausgaben ausgedruckt wurden, heißt die Funktion auch heute noch printf():

  ```
  printf("Hallo, Welt!");
  ```

  Wie bei Funktionen in der Mathematik wird das Argument – in unserem Beispiel der auszugebende Text – in Klammern gesetzt. Man beachte auch das Semikolon am Ende: Dieses Zeichen signalisiert, dass an dieser Stelle die Anweisung beendet ist.
- Zusammengehörige Anweisungen werden in einem *Anweisungsblock* zusammengefasst. Ein solcher Block beginnt mit einer öffnenden und endet mit einer schließenden geschweiften Klammer.

```
1  {
2      printf("Hallo, Welt!");
3  }
```

Dabei stehen die Zahlen am linken Rand nicht im Quelltext! Wir führen sie ab jetzt ein, damit wir uns bei der Erläuterung von Quelltexten leichter auf die jeweiligen Zeilen beziehen können.

- Wenn das fertige Programm startet, muss die Stelle im Quelltext festgelegt sein, an welcher die Ausführung beginnt. Dazu dient das Schlüsselwort main(). Wie die Klammern andeuten, handelt sich auch bei main() in Wahrheit um eine Funktion, wenn auch um eine besondere. Wir werden uns später noch eingehend damit beschäftigen; für den Moment begnügen wir uns damit, main() als Startmarkierung für die Programmausführung zu verstehen.

```
1 main()
2 {
3     printf("Hallo, Welt!");
4 }
```

- Bei der Übersetzung des Quelltextes werden meist noch zusätzliche Informationen, z.B. über Funktionen wie `printf()`, benötigt. Diese sind in den so genannten *Headerdateien* gespeichert. Um auf diese Informationen zuzugreifen, verwendet man die *Präprozessordirektive* `#include`. Im Falle von `printf()` heißt die zuständige Headerdatei `stdio.h` und diesen Namen gibt man in < > gesetzt an:

```
1 #include <stdio.h>
2
3 main()
4 {
5     printf("Hallo, Welt!");
6 }
```

- Auch wenn unser Programm sehr einfach ist: Man sollte nicht zu geizig mit *Kommentaren* sein. Dabei handelt es sich um erläuternde Textpassagen, die mit /* beginnen und mit */ enden. Auch bei sehr kurzen Programmen sollte man den Quelltext mit einem Kommentar beginnen, der beschreibt, was das Programm tut:

```
1 /* hallo.c -- gibt Begruessung auf Bildschirm aus */
2 #include <stdio.h>
3
4 main()
5 {
6     printf("Hallo, Welt!");
7 }
```

Damit ist unser erster C-Quelltext erstellt. Um unser Werk zu sichern, speichern wir das Ganze in einer Datei namens `hallo.c` ab. Dabei folgen wir der Konvention, dass C-Quelltextdateien die Dateinamensendung `.c` tragen.

Übersetzen des Quelltextes mit dem gcc

Vor der Umwandlung in ein ausführbares Programm muss der Quelltext auf *syntaktische Fehler* untersucht werden, d.h. es wird festgestellt, ob die grammatikalischen Regeln der Programmiersprache eingehalten werden. Dies erledigt der *Compiler* gcc, den wir an der Kommandozeile folgendermaßen aufrufen:

```
$ gcc hallo.c -o hallo
```

Der Compiler meldet jeden Fehler, den er im Quelltext findet. Ist der Quelltext syntaktisch korrekt, so erzeugt der Compiler aus der Quelltextdatei `hallo.c` ein ausführbares Programm namens `hallo` [2]. Wir starten das Programm und erhalten die gewünschte Ausgabe:

```
$ ./hallo
Hallo, Welt!
```

Bemerkung. Im Gegensatz zu manch anderen Programmiersprachen ist C sehr großzügig, wenn es um die Formatierung des Quelltextes geht. So kann man in unserem Beispiel die *Zeile 3* weglassen, die Einrückung in *Zeile 6* ist ebenfalls nicht zwingend erforderlich, und die Klammer in *Zeile 5* kann auch an das Ende von *Zeile 4* verschoben werden.

Man sollte diese Freiheiten allerdings dazu nutzen, den Quelltext *übersichtlich* und für andere in möglichst leicht nachvollziehbarer Form zu verfassen! Als Faustregel kann in diesem Zusammenhang gelten, dass man nicht mehr als eine Anweisung pro Quelltextzeile schreibt, denn andernfalls droht die Gefahr, dass wichtige kurze Anweisungen von umfangreicheren „versteckt" werden, was sowohl das Verständnis des Quelltextes als auch die Fehlersuche erheblich erschwert.

2.2 Datentypen

Im ersten Kapitel haben wir häufig von „Daten" gesprochen und dabei im Zusammenhang mit Algorithmen zwischen Eingabedaten, Ausgabedaten sowie den Hilfsgrößen unterschieden. Bei der konkreten Realisierung eines Algorithmus mit Hilfe einer Programmiersprache kommen zu den eher theoretisch-mathematischen Betrachtungen noch die technischen Aspekte hinzu, denn der Computer muss schließlich bei der Ausführung wissen, welche Art von Information verarbeitet werden soll. Zu diesem Zweck legt die Programmiersprache unterschiedliche *Datentypen* fest.
Die Festlegung eines Datentyps klärt die folgenden Fragen:

- Wie *groß* ist ein Datenobjekt des betreffenden Typs, d.h. wieviel Platz beansprucht es im Speicher? Die Größe wird meistens in *Bytes* ausgedrückt, wobei jeweils 8 Bit zu einem Byte zusammengefasst werden.

- Wie wird der abgespeicherte Wert binär dargestellt? Anders ausgedrückt: Wie ist für einen bestimmten Datentyp die Bitfolge zu interpretieren?

- Welche Operationen sind für einen bestimmten Datentyp zulässig? Für ganze Zahlen etwa macht der Begriff der Division mit Rest Sinn, für Gleitpunktzahlen hingegen nicht.

---

[2] Unter CYGWIN wird hier eine Datei `hallo.exe` anstelle von `hallo` erzeugt. Wir werden im weiteren Verlauf des Buches diesen Unterschied als bekannt voraussetzen und nicht mehr erwähnen.

Sind Größe und Darstellungsform festgelegt, so ergibt sich daraus sofort die Menge aller Werte, die auf diese Weise darstellbar sind. Wir können also zusammenfassen:

Ein Datentyp *wird festgelegt durch einen Wertebereich und die darauf anwendbaren* Operationen.

Als Beispiel hierfür haben wir in Beispiel 1.18 die Gleitpunktzahlen mit einfacher und doppelter Genauigkeit kennen gelernt und uns mit den Eigenschaften und Tücken der Gleitpunktoperationen auseinandergesetzt. Diese Gleitpunktzahlen gehören zu den *elementaren* Datentypen, die C bereitstellt:

- `char` dient der Aufnahme von Zeichen wie z.B. Buchstaben und Ziffern,
- `int` wird für ganzzahlige Werte unter Berücksichtigung des Vorzeichens verwendet,
- `float` nimmt Gleitpunktzahlen mit einfacher Genauigkeit auf,
- `double` dient der Verarbeitung von Gleitpunktzahlen mit doppelter Genauigkeit.

Diese elementaren Datentypen können teilweise durch so genannte *Typmodifizierer* angepasst werden. Hinsichtlich der Größe der jeweiligen Datenobjekte sind dies:

`short int`: Ganzzahliger Datentyp, der höchstens den Wertebereich von `int` besitzt, dessen Größe aber mindestens 2 Bytes beträgt. In der Typbezeichnung kann `int` weggelassen werden.

`long int`: Ganzzahliger Datentyp, der mindestens den Wertebereich von `int` besitzt, dessen Größe aber mindestens 4 Bytes beträgt. In der Typbezeichnung kann `int` weggelassen werden.

`long double`: Gleitpunkt-Datentyp mit erweiterter Genauigkeit, der allerdings je nach System mit `double` identisch sein kann.

`long long int`: Dieser erweiterte ganzzahlige Typ ist auf manchen Systemen verfügbar, kann aber identisch mit `long` sein. In der Typbezeichnung kann `int` weggelassen werden.

`char` und die ganzzahligen Datentypen können auch hinsichtlich der Berücksichtigung des Vorzeichens modifiziert werden. Dazu wird der jeweiligen Datentypbezeichnung einer der beiden folgenden Modifizierer vorangestellt:

`unsigned`: Das Vorzeichenbit wird für die Darstellung des positiven Zahlenwerts frei.

`signed`: Ein Bit wird für die Darstellung des Vorzeichens reserviert.

Wie man aus der Beschreibung der einzelnen Datentypen ersehen kann, ist die jeweilige Größe nicht verbindlich vorgeschrieben. Um die Ressourcen einer Rechnerarchitektur besser nutzen zu können, variieren die vom Compiler zu Grunde gelegten Größen. In Tabelle 2.1 kann man am Beispiel des `gcc` erkennen, welche Größen die obigen Datentypen in Abhängigkeit von der PC-Architektur besitzen. Tabelle 2.2 zeigt die zugehörigen Wertebereiche auf einer 32-Bit-PC-Architektur.

Tabelle 2.1. Größe in Bytes der elementaren Datentypen (gcc).

Datentyp	Größe (PC, 32 Bit)	Größe (PC, 64 Bit)
char	1 Byte	1 Byte
int	4 Bytes	4 Bytes
short	2 Bytes	2 Bytes
long	4 Bytes	8 Bytes
long long	8 Bytes	8 Bytes
float	4 Bytes	4 Bytes
double	8 Bytes	8 Bytes
long double	12 Bytes	16 Bytes

Tabelle 2.2. Wertebereiche der elementaren Datentypen (gcc, 32-Bit PC).

Typ	kleinster Wert	größter Wert
char	-128	127
unsigned char	0	255
short int	-32768	32767
unsigned short int	0	65535
int	-2^{31}	$2^{31} - 1$
unsigned int	0	$2^{32} - 1$
long long	-2^{63}	$2^{63} - 1$
unsigned long long	0	$2^{64} - 1$
float	$\approx -3.40 \cdot 10^{38}$	$\approx +3.40 \cdot 10^{38}$
double	$\approx -1.79 \cdot 10^{308}$	$\approx +1.79 \cdot 10^{308}$

2.3 Variablen und ihre Deklaration

In der Regel werden wir von einem Programm natürlich mehr verlangen, als nur eine freundliche Botschaft auf den Bildschirm zu schreiben. Als Realisierung eines Algorithmus auf einem Computer soll das Programm Daten einlesen, verarbeiten und wieder ausgeben (*E-V-A-Prinzip*). Daher müssen wir beim Verfassen des Quelltextes dafür sorgen, dass Speicherplatz für die Aufnahme dieser Daten reserviert und eine Schnittstelle für den Zugang zu diesen Daten geschaffen wird.

Realisiert wird dies über die so genannten *Variablen*. Ganz analog zur Mathematik sind Variablen Gebilde, die mit einem Namen versehen sind und für einen gewissen Wert bzw. Inhalt stehen. Aus technologischer Sicht verstehen wir darunter Datenobjekte eines bestimmten Typs, denen für eine gewisse Zeit – etwa für die gesamte Laufzeit des Programms – ein fester Platz im Computerspeicher reserviert wird. Über den Variablennamen verschaffen wir uns im Quelltext den Zugang zum Inhalt der betreffenden Speicherstellen.

Beim Übersetzungsvorgang werden sowohl die Anweisungen zur Reservierung von Speicherplätzen in den Maschinencode eingefügt, als auch die Verknüpfung dieser Speicherstellen mit dem Variablennamen angelegt. Der Compiler nimmt uns also viel Detailarbeit ab und damit er das tun kann, muss er dem Quelltext Typ und Namen der Variablen entnehmen können.

Diese Angaben machen wir bei der *Deklaration* der Variablen, die wir verständlicherweise vornehmen müssen, bevor wir zum ersten Mal im Programm mit den betreffenden Datenobjekten etwas anstellen. So deklariert die Anweisung

```
unsigned int a, b;
```

zwei Variablen mit Namen a und b vom Typ `unsigned int`. Die allgemeine syntaktische Struktur einer Variablendeklaration ist die folgende:

Eine Variablendeklaration *besteht aus der Angabe eines Datentyps sowie einer Liste von Variablennamen, die jeweils ein Datenobjekt dieses Typs bezeichnen:*

```
Datentyp Variablenname1, Variablenname2, ...;
```

Die Variablendeklaration erfolgt
- *vor der ersten Verwendung der Variablen im Quelltext*
- *zu Beginn eines Anweisungsblocks.*

Für den Variablennamen oder -bezeichner gilt in C:

- Ein Variablenname darf im Prinzip beliebig lang sein, wobei mindestens die ersten 31 Zeichen beachtet werden. Es kann also passieren, dass zwei Variablennamen, die sich erst ab der 32ten Stelle unterscheiden, vom Compiler als gleich angesehen werden.
- Der Name besteht aus Buchstaben, Ziffern und dem Unterstrich (_). Umlaute und Sonderzeichen (wie z.B. % oder ß) sind nicht erlaubt, es wird zwischen Groß- und Kleinschreibung unterschieden.
- Der Name darf nicht mit Ziffern beginnen. Der Unterstrich ist an erster Stelle erlaubt, sollte dort aber nicht verwendet werden, da Bibliotheksfunktionen oft solche Namen verwenden.

Beispiel 2.1 (Deklaration von Variablen).

a) Mit den folgenden Anweisungen werden eine `int`-Variable namens a sowie zwei Gleitpunkt-Variablen x1, x2 deklariert:
```
int a;
float x1, x2;
```

b) Die folgende Deklaration scheitert wegen des ungültigen Variablennamens:

```
double 1zahl;
```

c) In dieser Vereinbarung ist zwar der Variablenbezeichner zulässig, allerdings existiert der Datentyp nicht:

```
unsigned double x_1;
```

Die Typmodifizierer für das Vorzeichen dürfen ja nur für ganzzahlige Datentypen und Zeichen (char) verwendet werden.

d) In einer Deklaration darf nur *eine* Datentypangabe zu Beginn der Deklaration erfolgen. Daher wird der C-Compiler die folgenden „Deklarationen" nicht akzeptieren:

```
double _x1, int N;
float f1, float f2;
```

□

2.4 Konstanten

Neben Variablen treten in Programmen Kostanten auf, die man u.a. zur Belegung von Variablen mit Werten verwendet. Konstanten werden je nach ihrem Format den verschiedenen Datentypen zugeordnet.

Ganzzahlige Konstanten. Ganzzahlige Werte können auf mehrere Arten dargestellt werden. Dezimalzahlen wie 235 oder -19 werden als Konstanten vom Typ int aufgefasst. Liegt der auf diese Weise geschriebene Wert nicht mehr im int-Wertebereich, so wird die Konstante so behandelt, als sei sie vom Typ long.

Um explizit zu signalisieren, dass die Zahl 235 als Konstante vom Typ long betrachtet werden soll, wird dem Zahlwert ein l oder L angefügt, z.B. 235L.

Ohne weitere Angaben werden ganzzahlige Konstanten als signed behandelt. Vorzeichenlose Konstanten markiert man durch Anfügen von u oder U. Die vorzeichenlose Darstellung von 235 als long-Konstante lautet also 235uL.

Ganzzahlige Konstanten können alternativ auch zur Basis 8 (*oktal*) oder zur Basis 16 (*hexadezimal*) dargestellt werden. Eine Oktaldarstellung ist dadurch gekennzeichnet, dass die Konstante mit 0 beginnt, die hexadezimale Schreibweise wird mit 0x oder 0X eingeleitet. Demzufolge schreibt sich 27 in Oktaldarstellung 033, die Hexadezimalform ist 0x1B (oder 0x1b) und als vorzeichenlose long-Konstante lautet die hexadezimale Darstellung 0x1BuL.

Gleitpunktkonstanten. Die Darstellung von Gleitpunktkonstanten erfolgt im Dezimalsystem. Sie enthält einen Punkt, kann aber auch durch die Exponentenschreibweise erfolgen. So stehen die Darstellungen 0.19, 19e-2 und 1.9e-01 alle für dieselbe Gleitpunktkonstante vom Typ double. Steht lediglich eine 0 vor dem Punkt, so kann diese weggelassen werden, d.h. auch .19 ist eine gültige Darstellung dieser Konstanten.

Um die Konstante dem Typ float bzw. long double zuzuordnen, wird f oder F bzw. l oder L angefügt.

Zeichenkonstanten. Konstanten vom Typ `char` sind Einzelzeichen, die in einfache Anführungsstriche gesetzt werden, z.B. `'a'`, `'Z'` oder `'4'`. Wir werden uns in Kapitel 6 noch eingehend mit einigen wichtigen Aspekten im Umgang damit beschäftigen.

Eine wichtige Konstante ist `'\n'`, diese steht für einen Zeilenumbruch. So würde das `'\n'` in

```
printf("Hallo,\nWelt!\n");
```

zu der zweizeiligen Ausgabe

```
Hallo,
Welt!
```

führen. Mit dem zweiten `'\n'` erreicht man, dass eine anschließende Ausgabe in einer neuen Zeile beginnt.

2.5 Operatoren

Nachdem wir uns mit Größen und Darstellungsvarianten der grundlegendsten Datentypen beschäftigt haben, wenden wir uns einigen wichtigen Operationen zu. Über so genannte *Operatoren* erhalten wir die Möglichkeit, z.B. Variablen mit Inhalten zu belegen oder die in ihnen gespeicherten Werte zu verändern.

2.5.1 Allgemeines zu Operatoren

Operatoren lassen sich zunächst danach einteilen, wieviele *Operanden* sie besitzen. *Unäre* Operatoren besitzen lediglich einen, *binäre* dagegen zwei Operanden. Operatoren mit drei Operanden werden *ternär* genannt und sind in C eine absolute Seltenheit.

Operatoren in *Präfixform* stehen vor ihrem bzw. ihren Operanden, solche in *Postfixform* dahinter. Bei den binären Operatoren werden wir hier nur der *Infixform* begegnen, d.h. der Operator steht zwischen den beiden Operanden.

2.5.2 Zuweisungsoperator und schreibgeschützte Variablen

Ein erstes wichtiges Beispiel eines Operators ist der *Zuweisungsoperator* =, bei dem es sich um einen binären Operator handelt. Wie der Name schon andeutet, dient dieser Operator dazu, Variablen mit Inhalten zu belegen. Betrachten wir dazu die folgenden Quelltextzeilen:

```
int a;
a = 1;
```

Zuerst deklarieren wir eine Variable vom Typ `int` mit Namen `a`. Anschließend weisen wir der Variablen `a` den ganzzahligen Wert 1 zu. Wird `a` zum ersten Mal mit einem Wert belegt, so spricht man auch von der *Initialisierung* der Variablen. In C ist es erlaubt, Deklaration und Initialisierung in einem Schritt durchzuführen, d.h. zu den beiden obigen Zeilen ist die folgende äquivalent:

```
int a = 1;
```

Der Zuweisungsoperator arbeitet von „rechts nach links", d.h. er weist der Variablen links von ihm den Wert rechts von ihm zu. Dabei muss es sich nicht um einen konstanten Wert handeln. Man kann den Zuweisungsoperator auch zum Kopieren von Variableninhalten verwenden. Das sieht dann z.B. so aus:

```
int a=0xA;
int b;
b = a;
```

Diesmal wird `a` mit dem Wert 10 in hexadezimaler Schreibweise initialisiert. Die Variable `b` erhält anschließend per Zuweisungsoperator den gleichen Wert wie `a`. Solche Zuweisungsketten können auch abgekürzt werden, denn der Zuweisungsoperator hat die Eigenschaft, die ihm übergebenen Werte „weiterzuleiten":

Der Wert eines Zuweisungsausdrucks ist gleich dem zugewiesenen Wert.

Daher belegt die Anweisung

```
a = (b = 1);
```

sowohl `a` als auch `b` mit dem Wert 1. Da der Zuweisungsoperator von rechts nach links abgearbeitet wird, kann man auch

```
a = b = 1;
```

schreiben. Man sagt: „Der Zuweisungsoperator ist *rechtsassoziativ.*"

Das reservierte Wort `const`. Man kann eine Variable davor schützen, dass ihr Wert nach der Initialisierung verändert wird. Dazu muss sie wie folgt vereinbart werden:

```
const Typ Variablenname = Wert;
```

Man sieht, dass die Variable bei der Deklaration initialisiert werden *muss*. Der Compiler warnt im Allgemeinen nicht, wenn dies unterbleibt, verweigert aber in jedem Fall die Belegung mit einem Wert nach der Deklaration. Wir betrachten ein kleines Beispiel hierzu:

```
int i = 1;
const int k = i;
```

Durch diese beiden Deklaration erreicht man, dass `k` den Initialisierungswert von `i` „konserviert".

2.5.3 Arithmetische Operatoren

Wir werden sehr häufig Variablen solche Werte zuweisen, die aus einer Berechnung hervorgegangen sind. Die von C zur Verfügung gestellten arithmetischen Operatoren sind in Tabelle 2.3 aufgelistet, wobei *Op1* und *Op2* jeweils für eine Konstante oder eine Variable stehen können. Folgende Aspekte sind hierbei zu beachten:

- Haben die Operanden eines binären arithmetischen Operators den gleichen Typ, so ist auch das Ergebnis von diesem Datentyp.
- Sind die Operanden eines arithmetischen Operators von unterschiedlichem Typ, so wird der Operand, der vom „ungenaueren Typ" ist, zuerst zum „genaueren Typ" konvertiert. Addiert man z.B. einen int-Wert zu einem Wert vom Typ float, so wird ersterer zuerst nach float konvertiert, das Ergebnis ist dann auch von diesem Typ.

Beispiel 2.2. a) Das unäre Minus dient dazu, das Vorzeichen eines Variableninhalts umzukehren. So kann man z.B. durch die Anweisungen

```
float x=4.0f;
x = -x;
```

gleichzeitig das Vorzeichen des in der float-Variablen x abgelegten Wertes 4.0 umkehren und den neuen Wert -4.0 wieder in x ablegen. Man benötigt also keine Hilfsvariablen für das Überschreiben des alten Variablenwerts.
b) Addition, Subtraktion, Multiplikation und Division beachten die Regel „Punkt- vor Strichrechnung", deshalb wird in der dritten Zeile von

Tabelle 2.3. Die wichtigsten arithmetischen Operatoren

Name	Verwendung	Operandentyp	Operator liefert
Minus (unär)	- *Op1*	ganzzahlig, Gleitpunkttyp	Vorzeichenwechsel
Plus	*Op1* + *Op2*	ganzzahlig, Gleitpunkttyp	Summe
Minus (binär)	*Op1* - *Op2*	ganzzahlig, Gleitpunkttyp	Differenz
Multiplikation	*Op1* * *Op2*	ganzzahlig, Gleitpunkttyp	Produkt
Division	*Op1* / *Op2*	ganzzahlig / Gleitpunkttyp	ganzzahlige Div. / Quotient
Modulo	*Op1* % *Op2*	ganzzahlig	Rest bei ganzzahliger Div.

```
float x=4.0f, y=3.5f, z=-2.0f;
float X;
X = x+y*z;
```

zuerst das Produkt der Werte in den Variablen y und z gebildet und zum Wert der Variablen x addiert. Das Ergebnis wird in der Variablen X gespeichert.

Die arithmetischen Operatoren sind *linksassoziativ*. Das bedeutet, dass in

```
X=x+y+z;
```

erst die Summe x+y berechnet und dann der Wert von z addiert wird. Die Summationsreihenfolge ändert man entweder durch Umstellen der Summanden oder – wie in der Mathematik auch – durch entsprechendes Setzen von Klammern:

```
X=x+(y+z);
```

Im ersten Kapitel haben wir gesehen, dass wegen der Rundung die Gleitpunktoperationen nicht assoziativ sind und daher die letzten beiden Anweisungen nicht auf exakt den gleichen Wert in X führen müssen.

c) Die Division ganzzahliger Werte ist tückisch. Da bei gleichem Operandentyp auch das Ergebnis vom selben Typ ist, folgt:

Bei der Division von ganzzahligen Werten werden alle Nachkommastellen des exakten Ergebnisses verworfen.

So besitzt etwa nach Ausführung von

```
int a=3,b=2;
float c;
c = a/b;
```

die Variable c nicht den Wert 1.5, sondern 1 und das, obwohl c vom Typ float ist. Wir werden in Abschnitt 2.5.7 sehen, wie wir dieses Problem beheben können.   □

Das unter Punkt c) im vorangegangenen Beispiel beschriebene Verhalten ist aber algebraisch durchaus sinnvoll und kann oft vorteilhaft sein. Eine Anwendung zeigt das folgende Beispiel:

Beispiel 2.3 (Ganzzahlige Division mit Rest).
Wir deklarieren die Variablen

```
int a,b,q,r;
```

und belegen sie mit ganzzahligen Werten, wobei der Wert von b nicht 0 sei. Wir erhalten durch die Anweisungen

```
q = a/b;
r = a%b;
```

diejenigen eindeutig bestimmten Zahlen $q, r \in \mathbb{Z}$, für die gilt:

$$a = qb + r \quad , \quad |r| < |b| \, .$$

Tabelle 2.4. Die arithmetischen Zuweisungsoperatoren.

Operation	Bezeichnung	äquivalent zu
$Op1$ += $Op2$;	Additionszuweisung	$Op1$ = $Op1$+$Op2$;
$Op1$ -= $Op2$;	Subtraktionszuweisung	$Op1$ = $Op1$-$Op2$;
$Op1$ *= $Op2$;	Multiplikationszuweisung	$Op1$ = $Op1$*$Op2$;
$Op1$ /= $Op2$;	Divisionszuweisung	$Op1$ = $Op1$/$Op2$;
$Op1$ %= $Op2$;	Modulozuweisung	$Op1$ = $Op1$%$Op2$;

2.5.4 Arithmetische Zuweisungsoperatoren

Ist einer der Operanden eines arithmetischen Operators eine Variable, so kann man das Ergebnis der Operation mit Hilfe des Zuweisungsoperators in dieser Variablen abspeichern. Betrachten wir z.b. eine Variable a vom Typ double, so sorgt die Anweisung

```
a = a+1;
```

dafür, dass der in a gespeicherte Wert um 1 erhöht wird. Man beachte, dass man nicht unbedingt das Format 1.0 (double-Konstante) verwenden muss, da ja bei Operanden unterschiedlichen Typs die entsprechende Umwandlung in den genaueren Typ vorgenommen wird. An die Stelle der Konstanten 1 in diesem Beispiel kann auch eine Variable b treten, d.h. durch die Anweisung

```
a = a+b;
```

wird der Wert von a um den Wert von b erhöht. Da solche Anweisungen recht häufig benötigt werden, existiert zu jedem arithmetischen Operator ein entsprechender Zuweisungsoperator, der die obigen Anweisungen abkürzt, in unserem Beispiel ist das die *Additionszuweisung*:

```
a+=1;    bzw.   a+=b;
```

Eine Liste der arithmetischen Zuweisungsoperatoren findet sich in Tabelle 2.4.

2.5.5 Inkrement- und Dekrementoperatoren

Bei ganzzahligen Datentypen kommt es recht häufig vor, dass ihr Wert nicht beliebig, sondern lediglich um 1 erhöht oder erniedrigt werden muss. Die Erhöhung erledigt der *Inkrementoperator* ++, die Erniedrigung der *Dekrementoperator* --. Diese unären Operatoren stellen jeweils eine Kurzschreibweise für die Additions- bzw. Subtraktionszuweisung dar. Für eine int-Variable i sind die folgenden drei Anweisungen äquivalent:

```
i = i+1;
i += 1;
i++;
```

Entsprechendes gilt für den Dekrementoperator --. Eine Besonderheit dieser Operatoren besteht darin, dass sie sowohl in der Präfix- als auch in der Postfixform auftreten.

In der Präfixform werden sie in einer Anweisung als erstes ausgeführt, in ihrer Postfixform als letztes. So haben nach Ausführung von

```
int a, b, c;
a = 3;
b = ++a * 3;
c = a++ * 3;
```

die Variable b den Wert 12, c ebenfalls den Wert 12 und a den Wert 5. Man sollte solche „Spitzfindigkeiten" allerdings nach Möglichkeit vermeiden, indem man solche Anweisungen aufspaltet. So liefert der folgende Code das gleiche Ergebnis, ist aber leichter nachzuvollziehen und auch weniger fehleranfällig:

```
int a, b, c;
a = 3;
a++;          /* oder ++a */
b = a * 3;
c = a * 3;
a++;          /* oder ++a */
```

2.5.6 Vergleichende und logische Operatoren

Im Gegensatz zu den meisten anderen höheren Programmiersprachen hat ANSI-C keinen eigenen Datentyp zur Darstellung *boolescher Werte*, d.h. es fehlt ein Datentyp mit Wertebereich { False, True }.

In C wird der Wert 0 in allen Ausprägungen (also auch 0.0f oder 0L) als False (falsch) interpretiert und Werte ungleich 0 als True (wahr).

Vergleichende Operatoren. Die in Tabelle 2.5 dargestellten Vergleichsausdrücke haben jeweils den int-Wert 0, wenn die entsprechende Aussage falsch ist, andernfalls tragen sie den int-Wert 1.

Man beachte den Unterschied zwischen a=b und a==b: Der erste Ausdruck weist den Wert der Variablen b der Variablen a zu, während letzterer die Werte der betreffenden Variablen auf Gleichheit untersucht. Auf diese typische Fehlerquelle werden wir später nochmals eingehen.

Der Operator == vergleicht die Darstellung der Werte Bit für Bit. Wegen der Rundung von reellen Zahlen in den Wertebereich der Gleitpunktzahlen ist der direkte Vergleich solcher Datentypen unabhängig von der verwendeten Genauigkeit mit allergrößter Vorsicht zu genießen!

Tabelle 2.5. Vergleichsoperatoren in C.

Notation in C	mathematische Notation
a < b	$a < b$
a > b	$a > b$
a <= b	$a \leq b$
a >= b	$a \geq b$
a == b	$a = b$
a != b	$a \neq b$

Logische Operatoren. Mit Hilfe von *logischen Operatoren* können Ausdrücke (arithmetische, vergleichende oder zuweisende) als Aussagen miteinander verknüpft oder verneint werden. Auch hier gilt, dass der entstehende Ausdruck den Wert 1 hat, wenn er als Aussage wahr ist, und ansonsten dem Wert 0 entspricht. Die in C zur Verfügung stehenden logischen Operatoren sind in Tabelle 2.6 aufgeführt. Zu beachten ist hierbei, dass es sich bei || um ein einschließliches „oder" handelt. Das bedeutet, dass die ganze Verknüpfung wahr ist, sobald mindestens einer der beteiligten Ausdrücke einen Wert ungleich 0 hat.

In C werden logische Ausdrücke mittels *short circuit evaluation* ausgewertet. Das heißt, dass die Abarbeitung eines logischen Ausdrucks abbricht, sobald der endgültige Wert dieses Ausdrucks unabänderlich feststeht. So wird z.B. in

```
0 && (a=3)
```

der Zuweisungsoperator *niemals* angewendet werden, da die 0 zu Beginn dazu führt, dass der Wert des logischen Ausdrucks immer 0 sein wird, genauer gesagt liefert 0 && X unabhängig vom Wert des Ausdrucks X immer den Wert 0. Analog wird die Zuweisung in

```
1 || (a=3)
```

nie ausgeführt, da die Konstante 1 schon garantiert, dass die Verknüpfung wahr ist.

Tabelle 2.6. Logische Operatoren in C.

Notation in C	math. Notation	Bedeutung
A && B	$A \wedge B$	Und
A || B	$A \vee B$	(einschließliches) Oder
!A	$\neg a$	Negation von A

Sowohl die Vergleichsoperatoren als auch die logischen Operatoren sind linksassoziativ.

Betrachten wir zu diesen Operatoren eines kleines Beispiel: Für die Variablen

```
int a=1, b=-1;
float c=-0.5f;
```

gilt:

Ausdruck	Wert	Ausdruck	Wert
a	1	b < c < a	0
!a	0	b < (c < a)	1
!(a-b)	0	(a>c) && b	1
!(a<b)	1	(a==0) || (b>c)	0

Der bedingte Ausdruck. In C gibt es lediglich einen ternären Operator, den so genannten *bedingten Ausdruck*. Dieser rechtsassoziative Operator hat die Form

```
A ? B : C
```

Der bedingte Ausdruck entspricht *B*, falls *A* als Aussage wahr ist, ansonsten entspricht er *C*. So ist der Wert der Variablen even in

```
even = (a % 2 == 0) ? 1 : 0;
```

genau dann 1 wenn der Wert von a gerade ist. Ein weiteres Beispiel ist die Bestimmung des Maximums von a und b:

```
maxab = (a > b) ? a : b;
```

In beiden Beispielen sind die Klammern nicht notwendig, führen aber zu einer besseren Lesbarkeit.

Auch dieser Operator wird mittels *short circuit evaluation* ausgewertet, was bedeutet, dass in

```
A ? B : C
```

der Wert des Ausdrucks *C* gar nicht ermittelt wird, wenn *A* als Aussage wahr ist. Umgekehrt spielt der Wert von *B* keine Rolle, wenn *A* einer falschen Aussage entspricht. Beispielsweise wird in

```
incmin = (a < b) ? ++a : ++b;
```

nur a um 1 erhöht, wenn a<b bzw. nur b, wenn a >= b.

2.5.7 Typumwandlung durch *Casts*

Ein *Cast* hat die Syntax

```
(Typ) Term
```

Auf diese Art wird der Ausdruck `Term` – der auch als Konstante oder in Form einer Variablen vorliegen kann – zum Datentyp `Typ` konvertiert. Hierdurch können auch Informationen verloren gehen: So werden z.b. durch den *Cast* in

```
float zahl = 3.141;
int vorkomma = (int) zahl;
```

die Nachkommastellen von `3.141` verworfen, d.h. `vorkomma` hat den Wert 3.

Umgekehrt setzt man *Casts* ein, um bei der Division ganzzahliger Datentypen den Verlust von Nachkommastellen zu verhindern:

```
int a=3, b=6;
float quotient = (float) a/b;
```

Die Variable `quotient` hat jetzt den Wert 0.5 und nicht etwa 0. Es genügt, lediglich eine der Variablen zu *casten*, da der Compiler in diesem Fall `b` ebenfalls passend konvertiert, wie wir in Abschnitt 2.5.3 bereits erwähnt haben.

Casts werden bei der Auswertung vor den arithmetischen Operationen ausgeführt.

Obige Zeile ist also gleichbedeutend zu

```
float quotient = ((float) a)/b;
```

und nicht etwa zu

```
float quotient = (float) (a/b);
```

Im diesem letzten Fall hätten wir nichts gewonnen, denn die Division wird zuerst ausgeführt und liefert wegen der ganzzahligen Operanden 0. Der *Cast* weist `quotient` diesen Wert lediglich in der Form `0.0f` zu.

Bei den arithmetischen Operatoren und den *Casts* konnten wir sehen, dass es „Vorfahrtsregeln" zur Bestimmung der Reihenfolge gibt, in der verschiedene Operatoren zur Anwendung kommen. In Anhang D sind die C-Operatoren nach ihrer *Rangfolge* geordnet aufgelistet. Auch die jeweilige Richtung der Assoziativität ist dort angegeben.

2.6 Einfache Ein- und Ausgabe

Es ist an der Zeit, eine Schnittstelle zum Anwender unserer Programme zu schaffen. Wir haben bis jetzt nur erläutert, wie man Platz für Daten anlegt und ihre Inhalte manipulieren kann, aber die Teile „Eingabe" und „Ausgabe" des *E-V-A-Prinzips* wurden kaum behandelt. In diesem Abschnitt werden wir uns damit beschäftigen, wie man Variableninhalte auf den Bildschirm schreiben und Benutzereingaben von der Tastatur einlesen kann.

2.6.1 Ausgabe mit `printf()`

Zu Beginn dieses Kapitels haben wir die Funktion `printf()` bei der Ausgabe eines fest vorgegebenen Textes kennen gelernt. Wir wissen außerdem, dass wir zu ihrer Verwendung die Zeile

```
#include <stdio.h>
```

zu Beginn des Programms in den Quelltext schreiben müssen. Die allgemeine Syntax der Funktion `printf()` lautet

```
printf(Formatstring, Parameterliste);
```

Die Parameterliste ist optional und kann leer gelassen werden, wie es im Beispiel `hallo.c` in Abschnitt 2.1 der Fall ist. Sie kann Konstanten, Variablen oder Ausdrücke enthalten.

Der *Formatstring* besteht aus gewöhnlichem Text, in den man Platzhalter zur Ausgabe von Variableninhalten einfügen kann. Diese Platzhalter beginnen immer mit einem Prozentzeichen %. Wir betrachten dazu ein einfaches Beispiel:

```
int a=1, b=2;
printf("a hat den Wert %d, b hat den Wert %d.\n", a, b);
```

Der Platzhalter `%d` steht für ganzzahlige Werte. Der erste Platzhalter wird mit dem Wert von `a` ersetzt, der zweite mit dem Wert von `b`. Die Ausgabe lautet dann:

```
a hat den Wert 1, b hat den Wert 2.
```

Diese Platzhalter dienen nicht nur der Benennung des auszugebenden Datentyps, sondern auch der Angabe des Ausgabeformats. So führt der Platzhalter im Beispiel

```
float f=1.0;
printf("f ist %7.2f,\n",f);
```

zu der folgenden Ausgabe:

```
f ist ⊔⊔⊔1.00
```

Der Platzhalter `%7.2f` teilt `printf()` mit, dass die Ausgabe einer Gleitpunktzahl mit mindestens 7 Zeichen erfolgen soll, wobei 2 Ziffern für die Nachkommastellen verwendet werden. `1.00` belegt nur 4 Zeichen, so dass 3 Leerzeichen vor der ersten Ziffer eingefügt werden, die wir mit ⊔ sichtbar gemacht haben. Allgemein haben die Platzhalter im Formatstring die folgende Struktur:

```
%[flags][weite][.genauigkeit][modifizierer]typ
```

Die Angaben in eckigen Klammern sind hierbei optional, nur die Angabe von *typ* ist zwingend. Wir beschränken uns in der folgenden Beschreibung auf die für unsere Zwecke wichtigsten Varianten und verweisen für eine umfassendere Darstellung auf [6].

typ spezifiziert den auszugebenden Datentyp. In Tabelle 2.7 ist eine Auswahl der möglichen Angaben aufgelistet.

modifizierer bezieht sich auf den Wert von `typ` und kann die Werte h, l und L annehmen:

- Die Angabe von h zusammen mit dem Typ d bzw. i interpretiert den entsprechenden Wert in der Parameterliste als `short` (`int`).

- Die Angabe von l zusammen mit den Gleitpunkttypen f, e und g fasst den entsprechenden Wert als `double` auf. Zusammen mit i bzw. d wird der Wert als `long int` interpretiert.

- Der Modifizierer L zusammen mit der Typangabe f, e oder g behandelt den Wert vom Format her als `long double`.

genauigkeit gibt die Anzahl an Nachkommastellen an. Hat die entsprechende Zahl weniger Nachkommastellen, so wird mit Nullen aufgefüllt. Ohne eine solche Angabe werden 6 Nachkommastellen ausgegeben.

weite ist eine ganze Zahl und gibt die Mindestanzahl der Zeichen bei der Ausgabe an. Ist die Ausgabe kürzer, so wird mit Leerzeichen aufgefüllt, ist sie länger, so wird diese Angabe einfach ignoriert.

Ein Angabe der Form 0n führt dazu, dass bei einer Ausgabe von weniger als *n* Zeichen mit Nullen nach links aufgefüllt wird.

Fehlt die Angabe dieser Größe, so wird der Wert 0 angenommen.

flags: Hier kommen -, + und ⊔ in Frage:

- Das - führt dazu, dass die Ausgabe linksbündig erfolgt. Ansonsten ist die Ausgabe stets rechtsbündig.

- Die Angabe von + hat zur Folge, dass das Vorzeichen immer mit ausgegeben wird, was normalerweise nur bei negativen Zahlen geschieht.

- Bei Angabe von ⊔ wird bei positiven Zahlen ein Leerzeichen anstelle des Vorzeichens ausgegeben und ein Minuszeichen - bei negativen Zahlen.

Tabelle 2.7. Typangaben im Formatstring

Kürzel	Ausgabe	Beispiel
d	ganzzahlig	4711
i	äquivalent zu d	4711
e	wissenschaftlich	4.711e3
f	Gleitpunktzahl	4711.0
g	die kürzere von %e und %f	4711.0
s	Zeichenketten	hallo

Beispiel 2.4 (Formatierte Ausgabe mit `printf()`).
Die folgende Tabelle zeigt, wie sich die Ausgabe durch den Platzhalter im Formatstring steuern lässt.

Anweisung	Ausgabe
`printf("%d\n", 20);`	20
`printf("%4\n", 20);`	␣␣20
`printf("%04d\n", 20);`	0020
`printf("%2d\n", 2000);`	2000
`printf("%f\n", 20.0f);`	20.000000
`printf("%.2f\n", 20.0f);`	20.00
`printf("%7.2f\n", 20.0f);`	␣␣20.00
`printf("%-7.2f\n", 20.0f);`	20.00␣␣
`printf("%+7.2f\n", 20.0f);`	␣+20.00
`printf("%+7.2f\n", -20.0f);`	␣-20.00
`printf("%6.2f\n", 123.4567);`	123.46
`printf("%e\n", 20.0f);`	2.000000e+01
`printf("%g\n", 20.0f);`	20
`printf("%e\n", .000001234);`	1.234000e-06
`printf("%g\n", .000001234);`	1.234e-06

2.6.2 Eingabe mittels `scanf()`

Die Funktion `scanf()` ist das Gegenstück zu `printf()` und auch ihre Verwendung setzt `<stdio.h>` voraus. Sie dient dazu, Benutzereingaben von der Tastatur einzulesen und an Variablen weiterzuleiten. Sie hat syntaktisch dieselbe Struktur wie `printf()`:

```
scanf(Formatstring, Parameterliste);
```

Im Gegensatz zu `printf()` macht hier eine leere Parameterliste nur selten Sinn, da wir ja die Funktion zum Einlesen von Variableninhalten verwenden wollen und daher die entsprechenden Variablennamen angeben müssen. Die folgende Anweisung veranlasst das Programm dazu, auf die Eingabe eines ganzzahligen Wertes zu warten und den eingegebenen Wert der `int`-Variablen `x` zuzuweisen:

```
scanf("%d", &x);
```

Man beachte, dass dem Variablenbezeichner ein & vorangestellt werden muss. Dieser Operator bestimmt die Adresse der Variablen x, um den eingegebenen Wert dort abzulegen. Weitere Details hierzu werden wir in Kapitel 4 behandeln. Auch in der Formatangabe bei scanf()

> *%[weite][modifizierer]typ*

markieren die eckigen Klammern optionale Elemente. Die Angaben haben fast alle dieselbe Bedeutung wie bei der Funktion printf(). Auf zwei Ausnahmen müssen wir allerdings hinweisen:

- Während man bei der Funktion printf() einen double-Wert auch mit der Formatangabe %f ausgeben lassen kann, ist dies für scanf() nicht der Fall: Zum Einlesen eines double-Wertes *muss* man %lf verwenden.
- Die Formatangabe %s für Zeichenketten verhält sich bei scanf() anders als bei printf(). Die Funktion printf() gibt Zeichenketten inklusive aller Leerzeichen aus, wohingegen scanf() eine Zeichenkette nur bis zum ersten auftretenden Leerzeichen einliest.

Beispiel 2.5 (Ein erstes Rechenprogramm).
Wir können jetzt ein erstes einfaches Rechenprogramm schreiben:

```
 1  #include <stdio.h>
 2
 3  main()
 4  {
 5      float zahl;
 6      printf("Bitte geben Sie eine Zahl ein: ");
 7      scanf("%f", &zahl);
 8      printf("%f zum Quadrat ist %f\n", zahl, zahl*zahl);
 9      printf("5 mal %f ist %.8f\n", zahl, 5*zahl);
10  }
```

Das Programm liest eine Zahl von der Tastatur ein (*Zeile 7*) und gibt sowohl deren Quadrat (*Zeile 8*) als auch das Fünffache der Zahl (*Zeile 9*) mit 8 Nachkommastellen aus. Man sollte das Programm auf jeden Fall eingeben, selbst übersetzen und testen.

Man wird feststellen, dass bei der Eingabe von 0.2 das Programm nicht exakt 1.0 als fünffachen Wert ausgibt. Das bedeutet nicht etwa, dass der Computer kaputt ist, es zeigt sich vielmehr die Auswirkung der Rundung von reellen Zahlen auf Gleitpunktwerte, wie wir es in Beispiel 1.16 schon gesehen haben.   □

2.7 Programmflusskontrolle

Algorithmen, bei deren Ausführung alle Schritte linear abgearbeitet werden, sind recht selten. Die meisten Algorithmen enthalten Verzweigungspunkte, an denen entschieden werden muss, welche Schritte als nächstes durchzuführen sind. Viele Algorithmen enthalten auch so genannte *Schleifen*, in denen eine bestimmte Schrittfolge zu wiederholen ist. Ein Beispiel hierfür ist der Euklidische Algorithmus (Beispiel 1.5), in dem die ganzzahlige Division *so lange* zu *wiederholen* ist, *bis* sich bei der Division der Rest 0 ergibt.

2.7.1 Anweisungsblöcke

An dieser Stelle gehen wir etwas ausführlicher auf den Begriff des *Anweisungsblocks* ein.

Die einfachste Form eines Anweisungsblocks besteht aus einer einzelnen Anweisung zusammen mit dem abschließenden Semikolon. Mehrere Anweisungen werden zu einem Anweisungsblock verbunden, indem man sie mit einer öffnenden geschweiften Klammer { und einer schließenden geschweiften Klammer } umfasst. Mit Hilfe der geschweiften Klammern können solche Blöcke wiederum mit Anweisungen oder anderen Anweisungsblöcken zu übergeordneten Blöcken zusammengefasst werden.

Wir weisen noch einmal darauf hin, dass Variablendeklarationen zu Beginn eines Anweisungsblocks, d.h. nach der öffnenden geschweiften Klammer, vorzunehmen sind.
Wir betrachten drei Beispiele:

```
printf("Ich bin ein Anweisungsblock.\n");
```

ist die einfachste Form. Ein Block aus zwei Anweisungen hat dann folgende Gestalt:

```
{
    printf("Ich bin ein Anweisungsblock\n");
    printf("und ich bin die zweite Zeile darin.\n");
}
```

Aus den beiden Beispielen kann man einen neuen Anweisungsblock zusammenstellen:

```
{
    printf("Ich bin im übergeordneten Block!\n");
    {
        printf("Ich bin ein Anweisungsblock\n");
        printf("und ich bin die zweite Zeile darin.\n");
    }
}
```

Prinzipiell kann man auch eine einzelne Anweisung als Block in geschweifte Klammern setzen, wovon man je nach Situation zur Vermeidung von Missverständnissen auch Gebrauch machen sollte.

2.7.2 Bedingte Ausführung

Bei der bedingten Ausführung werden Anweisungsblöcke nur unter bestimmten Umständen ausgeführt. Diese Umstände werden zumeist in Form von logischen Ausdrücken spezifiziert. Wir stellen zwei Sprachelemente vor, die man hierzu verwenden kann.

Bedingte Ausführung mit `if`

Die `if`-Anweisung verwendet man, wenn eine Anweisung nur unter bestimmten Bedingungen ausgeführt werden soll. Die einfachste Form einer solchen „Wenn-Dann"-Anweisung sehen wir im folgenden Beispiel:

```
if (a>0)
    printf("a ist positiv.\n");
```

Hier wird die `printf()`-Funktion nur ausgeführt, falls der Wert der Variablen a auch wirklich größer als 0 ist. Dies lässt sich erweitern zu einer „Wenn-Dann-Andernfalls"-Unterscheidung:

```
if (a>0)
    printf("a ist positiv\n");
else
    printf("a ist nicht positiv\n");
```

Die Anweisung nach `else` wird genau dann ausgeführt, wenn die Bedingung in den Klammern der `if`-Anweisung nicht erfüllt ist. Für dieses Konstrukt gibt es also die beiden folgenden Möglichkeiten:

```
if (Bedingung )

    Anweisungsblock
```

oder

```
if (Bedingung )

    Anweisungsblock1

else

    Anweisungsblock2
```

Beide Möglichkeiten stellen wiederum eine Anweisung dar, so dass Schachtelungen möglich sind. Davon machen wir im folgenden Beispiel Gebrauch:

Beispiel 2.6 (Schaltjahre).
Der gregorianische Kalender definiert das *Schaltjahr* folgendermaßen:

- Alle Jahre, die durch 4 ohne Rest teilbar sind, sind Schaltjahre.
- Ausnahme: Alle Jahre, die durch 100 ohne Rest teilbar sind, sind aber keine Schaltjahre.
- Ausnahme hiervon: Alle Jahre, welche durch 400 ohne Rest teilbar sind, sind Schaltjahre.

Wir setzen diese Definition in einen C-Quelltext um:

```
 1  if (jahr % 4 == 0)
 2  {
 3      if (jahr % 100 == 0)
 4      {
 5          if (jahr % 400 == 0)
 6              printf("%d ist Schaltjahr.\n", jahr);
 7          else
 8              printf("%d ist kein Schaltjahr.\n", jahr);
 9      }
10      else
11          printf("%d ist Schaltjahr.\n", jahr);
12  }
13  else
14      printf("%d ist kein Schaltjahr.\n", jahr);
```

Die Einrückungen sind für den C-Compiler nicht von Bedeutung, erleichtern aber das Lesen des Quelltextes. In diesem Beispiel hätten wir auch die Klammerung der Anweisungsblöcke unterlassen können, allerdings beugt sie Missverständnissen vor. In diesem Zusammenhang empfehlen wir die Bearbeitung der Aufgabe 2.3.   □

Bemerkung 2.7. Durch Tippfehler kann es leicht passieren, dass in der if-Bedingung der Zuweisungsoperator = anstelle des Vergleichsoperators == steht. Da der Wert einer Zuweisung der zugewiesene Wert selbst ist, wird in

```
    if (x=0) ...
```

der zugehörige Anweisungsblock *nie*, in

```
    if (x=1) ...
```

dagegen *immer* ausgeführt. Beide Anweisungen sind syntaktisch korrekt, so dass der Compiler keinen Grund hat, sie zu beanstanden. Sofern die Wirkung derartiger if-Anweisungen nicht beabsichtigt ist, handelt es sich um typische Beispiele für *semantische Fehler*. Eine Möglichkeit zur Vermeidung solcher Fehler ist die folgende: Bei Vergleichen von Variableninhalten mit Konstanten wählt man die Konstante als ersten Operanden. Die Vergleiche x==0 und

0==x sind nämlich äquivalent und werden vom Compiler nicht bemängelt. Die Anweisung

```
if (0=x) ...
```

hingegen führt zu einer Fehlermeldung des Compilers, da man einer Konstanten keinen Wert zuweisen darf. Auf diese Weise wird ein irrtümlich gesetzter Zuweisungsoperator aufgedeckt.

Bedingte Ausführung mit `switch`

Mehrfach ineinander geschachtelte `if`-Anweisungsblöcke sind recht mühselig zu implementieren und zu lesen. Für solche Aufgaben empfiehlt sich das `switch-case`-Konstrukt, das wir in dem folgenden Beispiel vorstellen:

```
 1 switch (zahl % 3)
 2 {
 3     case 0:
 4         printf("%d ist ein Vielfaches von 3\n", zahl);
 5         break;
 6     case 1:
 7         printf("%d geteilt durch 3 hat den Rest 1\n", zahl);
 8         break;
 9     case 2:
10         printf("%d geteilt durch 3 hat den Rest 2\n", zahl);
11         break;
12 }
```

Zuerst wird in *Zeile 1* der Wert von `zahl % 3` berechnet. Dann wird die `case`-Anweisung gesucht, die zu diesem Wert passt. So wird bei Rest 0 die Verarbeitung in *Zeile 4* fortgesetzt. Durch das reservierte Wort `break` wird die Verarbeitung des `switch`-Blocks abgebrochen und die Ausführung des Programms hinter der schließenden Klammer in *Zeile 12* fortgesetzt. Man sieht an dem Beispiel, dass man im Gegensatz zum `if-else`-Konstrukt mehrzeilige Anweisungsfolgen in einem `case`-Zweig nicht klammern muss. Die `break`- bzw. die nächste `case`-Anweisung markiert das Ende des Anweisungsblocks.

Die `break`-Anweisung ist dabei nicht zwingend vorgeschrieben. Unterlässt man sie aber, so werden nachfolgende `case`-Zweige bis zur nächsten `break`-Anweisung bzw. bis zur schließenden geschweiften Klammer ausgeführt. Dies ist nur in seltenen Fällen erwünscht und stellt oft eher eine Fehlerquelle dar. Eine sinnvolle Anwendung diese Verhaltens zeigt das folgende Beispiel:

```
1 switch (zahl % 5)
2 {
3     case 0:
4         printf("%d ist ein Vielfaches von 5\n", zahl);
```

```
5          break;
6      case 1:
7      case 2:
8      case 3:
9          printf("%d ist nicht durch 5 teilbar\n", zahl);
10         break;
11     case 4:
12         printf("%d geteilt durch 5 hat den Rest 4\n", zahl);
13         break;
14 }
```

Hier sind die Anweisungsblöcke zu den case-Anweisungen in den *Zeilen 6–7* leer. Da kein break auftaucht, wird bei einem Divisionsrest von 1, 2 oder 3 die *Zeile 9* ausgeführt.

Die allgemeine Syntax der switch()-Anweisung lautet wie folgt:

```
switch(Ausdruck)
{
    case Konstante1:
        Anweisungen
        [ break;]
    [ case Konstante2:
        Anweisungen
        [ break;] ]
    ....
    [ case KonstanteN:
        Anweisungen
        [ break;] ]
    [ default:
        Anweisungen ]
}
```

Auch hier sind die Angaben in eckigen Klammern optional. Der default-Zweig wird dann ausgeführt, wenn *Ausdruck* einen Wert besitzt, der mit keinem der case-Werte übereinstimmt. Hinter case muss immer ein konstanter Ausdruck stehen. Angaben wie case x>0 sind also nicht zulässig und werden vom Compiler beanstandet.

2.7.3 Wiederholte Ausführung

Euler-Verfahren (Beispiel 1.6) und Euklidischer Algorithmus sind Beispiele für *iterative Algorithmen*. Diese sind dadurch gekennzeichnet, dass man so lange dieselbe Vorgehensweise wiederholt, bis eine bestimmte Bedingung erfüllt ist (z.B. beim Euler-Verfahren das Erreichen des Intervallendes). Dabei dient das

Ergebnis eines gerade abgeschlossenen Schritts (einer *Iteration*) als Ausgangs-wert für den nächsten Schritt. Zur Programmierung solcher *Schleifen* bietet C drei Wiederholungsanweisungen an.

Die while- und die do-Schleife

Zur Funktionsweise der while-Anweisung betrachten wir das folgende Bei-spiel:

```
1  int i=10;
2  while (i>0)
3  {
4      printf("%d ", i);
5      i--;
6  }
```

Hier wird der Anweisungsblock von *Zeile 3* bis *Zeile 6* wiederholt ausge-führt, solange die Vergleichsbedingung in *Zeile 2* erfüllt ist. Dieses Programm-fragment sorgt also dafür, dass die Zahlen 10 bis 1 in absteigender Reihenfolge auf den Bildschirm geschrieben werden.

Allgemein hat die while-Anweisung die folgende Form:

```
while (Bedingung)

    Anweisungsblock
```

Der in einer Schleife zu wiederholende Anweisungsblock wird auch *Schleifen-rumpf* genannt.

Schleifen können auch mit der do-while-Anweisung implementiert werden, deren syntaktische Struktur folgendermaßen lautet:

```
do

    Anweisungsblock

while (Bedingung);
```

Bei der do-Schleife wird der Anweisungsblock mindestens ein Mal ausgeführt, da erst jeweils am Ende der Verarbeitung des Schleifenrumpfs überprüft wird, ob die Bedingung noch erfüllt ist. Man beachte außerdem das Semikolon am Ende der Anweisung.

Für einen beliebigen Anweisungsblock *X* ist also

```
do
    X
while (Bedingung);
```

äquivalent zu

```
    X
while (Bedingung)
    X
```

Wir zeigen ein typisches Anwendungsbeispiel:

Beispiel 2.8 (Wiederholte Aufforderung).

```
1  int i;
2  do {
3      printf("Bitte positive Zahl eingeben: ");
4      scanf("%d", &i);
5  } while(i<=0);
```

Hier wird der Benutzer so lange dazu aufgefordert, eine positive Zahl einzugeben, bis er dieser Aufforderung auch nachkommt.   □

Die for-Schleife

Mit der for-Anweisung können häufig anzutreffende while-Konstrukte abgekürzt werden. So ist das eingangs gezeigte Beispiel zur while-Schleife äquivalent zum folgenden Quelltext:

```
1  int i;
2  for (i=10; i>0; i--)
3      printf("%d ", i);
```

Auch diese kürzere Formulierung führt zur Ausgabe der natürlichen Zahlen von 10 bis 1.

Die allgemeine Struktur der for-Anweisung lautet:

```
for (Initialisierung; Erhaltungsbedingung; Update)

    Anweisungsblock
```

- Die Initialisierung wird genau einmal zu Beginn ausgeführt. In unserem Beispiel wird i der Wert 10 zugewiesen.
- Der Anweisungsblock wird so lange ausgeführt wie die Erhaltungsbedingung erfüllt ist. Die Überprüfung findet zu Beginn des Blocks statt. Das bedeutet in unserem Beispiel, dass der Anweisungsblock ausgeführt wird, bis i>0 nicht mehr gilt.
- Die Update-Anweisung wird jeweils nach Verarbeitung des Anweisungsblocks ausgeführt. Im unserem Beispiel wird der Zähler i um 1 erniedrigt. Im Gegensatz zu einigen anderen Sprachen können in C beliebige Manipulationen an der *Schleifenvariablen* vorgenommen werden.

Da zuerst die Erhaltungsbedingung überprüft wird, kann es vorkommen, dass der *Anweisungsblock* gar nicht zur Ausführung kommt. Daher ist die for-Anweisung äquivalent zur folgenden while-Schleife:

```
Initialisierung;
while (Erhaltungsbedingung)
{
        Anweisungsblock
        Update;
}
```

Bemerkung 2.9. Bei der Arbeit mit den Wiederholungsanweisungen ist folgendes zu beachten:

a) Kleine Unachtsamkeiten können sehr schnell zu *Endlosschleifen* führen. Betrachten wir als Beispiel die folgende for-Anweisung:

```
for (i=10; i=1; i--)
    printf("%d\n", i);
```

Der in der Erhaltungsbedingung irrtümlich gesetzte Zuweisungsoperator hat zwei Auswirkungen:

- Der Ausdruck i=1 hat als Zahlenwert den zugewiesenen Wert, also 1. Da alle Zahlenwerte ungleich Null als „wahr" interpretiert werden, ist die Erhaltungsbedingung immer erfüllt.
- Vor jedem neuen Schleifendurchlauf wird der Wert von i auf 1 gesetzt und die Dekrementierung bleibt wirkungslos.

Zur Laufzeit wird dieser syntaktisch absolut korrekte Programmteil also eine endlose Ausgabe von Einsen auf den Bildschirm veranlassen.

b) Bei for- und while-Anweisungen kann ein unglücklich platziertes Semikolon die Schleife außer Kraft setzen. In

```
for (i=10; i>0; i--);
    printf("%d\n", i);
```

ist die for-Anweisung mit dem abschließenden Semikolon komplett, d.h. der Compiler interpretiert sie als Schleife mit *leerem Rumpf*. Die Update-Anweisung wird aber korrekt nach jedem Durchlauf ausgeführt, also bis i den Wert 0 hat. Die printf()-Anweisung hat mit der Schleife nichts zu tun und schreibt lediglich einmal den aktuellen Wert 0 der Variablen i auf den Bildschirm.

Alle gezeigten Schleifen können natürlich auch ineinander geschachtelt oder mit bedingten Anweisungen kombiniert werden. Wir werden hierfür noch genügend Beispiele betrachten.

Steuerung von Wiederholungsanweisungen

Um die Ausführung der Wiederholungsanweisungen zusätzlich steuern zu können, gibt es die folgenden C-Befehle:

break: Ein break im Schleifenrumpf führt dazu, dass die aktuelle Wiederholungsanweisung abgebrochen wird. Passiert dies in ineinander geschachtelten Wiederholungsanweisungen, so ist davon nur die Schleife betroffen, in deren Rumpf sich die break-Anweisung befindet.

continue: Die Ausführung von continue führt dazu, dass der Rest des betreffenden Schleifenrumpfs für den aktuellen Durchlauf übersprungen wird.

Beispiel 2.10 (Das *Collatz-* oder $(3n + 1)$-Problem).
Bei diesem Problem bildet man zu beliebigem $a_0 \in \mathbb{N}$ die Folge

$$a_{n+1} = \begin{cases} a_n/2 & \text{, falls } a_n \text{ gerade,} \\ 3a_n + 1 & \text{, sonst.} \end{cases}$$

Die Berechnung wird beendet, sobald a_{n+1} den Wert 1 annimmt. Das – theoretisch noch ungelöste – Problem besteht darin, festzustellen, ob die Folge für alle a_0 endlich ist.

Wir lassen die Folge nach der obigen Vorschrift für den festen Startwert $a_0 = 33$ exemplarisch berechnen. Um eine zu lange Ausgabe zu vermeiden, brechen wir nach 100 Iterationen ab:

```
1  int a = 33;
2  int zaehler = 0;
3  while (a != 1)
4  {
5      zaehler++;
6      if (zaehler > 100)
7      {
8          printf("Abbruch.\n");
9          break;
10     }
11     printf("%d\n", a);
12     if (a%2 == 0)
13     {
14         a /= 2;
15         continue;
16     }
17     a = 3*a+1;
18 }
```

Zeile 2, Zeilen 5–10 : Wir deklarieren einen Zähler, der die Iteration der Vorschrift nach spätestens 100 Durchläufen beendet. Wir verwenden in *Zeile 9* die break-Anweisung zum Verlassen der while-Schleife.

Zeilen 12–17 : Es wird die Fallunterscheidung gemäß der Definition der Zahlenfolge umgesetzt. Um die Wirkung der continue-Anweisung (*Zeile 15*) zu demonstrieren, haben wir hier nicht `else` benutzt, was ebenso möglich und eigentlich vorzuziehen wäre, da der Quelltext dadurch lesbarer wird. Der Einsatz von `continue` empfiehlt sich aber zur eleganten Implementierung komplexer Algorithmen. □

2.8 Felder

Analog zu den mathematischen Objekten Vektor und Matrix bietet C den indizierten Datentyp *Feld* an. In der Literatur findet sich zuweilen auch die Bezeichnung *Vektor* für diesen Datentyp. Beispielsweise deklariert

```
float x[3];
```

ein Feld x der Länge 3, dessen Einträge vom Typ `float` sind. Der Zugriff auf die Feldeinträge, in Anlehnung an die Vektoren der Mathematik auch *Komponenten* genannt, erfolgt durch Angabe des Indexes in eckigen Klammern []. Auf die 3 Einträge des oben vereinbarten Feldes wird also durch

```
x[0], x[1]  und x[2]
```

zugegriffen. Man beachte:

Die Indizierung von Feldeinträgen beginnt in C stets mit der 0.

Folgenden Einschränkungen gibt es bei der Arbeit mit Feldern:

- Felder sind im Speicher sequentiell und ohne Lücken abgelegt. Die Größe eines Feldes ist durch die Deklaration fest vorgegeben und kann während der Ausführung des Programms nicht geändert werden.
- Die bei der Deklaration verwendeten Grenzen müssen konstant sein. Eine Deklaration wie

  ```
  unsigned int laenge;
  double vektor[laenge];
  ```

  wird vom Compiler zurückgewiesen. Wir werden in Abschnitt 4.4 sehen, wie diese Einschränkung zu umgehen ist.
- Felder, bei denen die Komponenten von verschiedenem Typ sind, sind in C nicht möglich. Für solche Datenobjekte müssen die so genannten *Strukturen* verwendet werden, mit denen wir uns in Kapitel 8 befassen.

Man kann auch mehrdimensionale Felder deklarieren:

```
float A[4][3];
```

Hier erhält man eine Matrix mit 4 Zeilen und 3 Spalten. Eine Verallgemeinerung davon lautet wie folgt:

```
Typ Name[dim_1] ... [dim_N];
```

N bestimmt in dieser Deklaration die Dimension des Feldes. Insbesondere erhalten wir für $N = 1$ Vektoren und für $N = 2$ Matrizen mit Einträgen des angegebenen Typs.

Matrixelemente sind Zeile für Zeile abgelegt. Für die Beispielmatrix A bedeutet das, dass ihre Einträge in der folgenden Reihenfolge im Speicher liegen:

```
A[0][0] .. A[0][2], A[1][0] .. A[1][2], A[2][0] .. A[3][2]
```

Im allgemeinen Fall N-dimensionaler Felder liegt das Element

```
A[i₁][i₂]...[iₙ]
```

im Speicher an der Stelle

$$\sum_{k=1}^{N} \left(i_k \prod_{l=1}^{k-1} dim_l \right).$$

Zu beachten ist die folgende Eigenart von C-Compilern: Beim Zugriff auf Felder wird nicht die Gültigkeit der Indizes überprüft! So wird der Compiler die Zeilen

```
float x[10];
x[10] = 1.0f;
```

ohne Fehlermeldung akzeptieren, obwohl bei der Ausführung des entsprechenden Programms der Zugriff auf x[10] undefiniert ist. Bestenfalls stürzt das Programm an dieser Stelle ab, ansonsten kommt es zu fehlerhaften Ergebnissen, deren Ursache schwer zu finden ist.

Man kann Felder bei ihrer Deklaration auch initialisieren, so belegt

```
float a[3] = { 1.0f, 2.0f, 3.0f };
```

die Elemente des Feldes sukzessive mit den Zahlen 1, 2 und 3. Die Anweisung

```
float a[] = { 1.0f, 2.0f, 3.0f };
```

ist hierzu äquivalent, da aus der Anzahl der Werte auf die Größe des Feldes geschlossen werden kann. Auch mehrdimensionale Felder können initialisiert werden: Durch die Deklaration

```
float a[2][3] = { { 1.0f, 2.0f, 3.0f },
                  { 4.0f, 5.0f, 6.0f } };
```

erzeugt man die Matrix

$$\begin{pmatrix} 1 & 2 & 3 \\ 4 & 5 & 6 \end{pmatrix}.$$

Da es sehr umständlich ist, größere bzw. mehrdimensionale Felder auf diese Art zu initialisieren, wird man dies im allgemeinen mit Hilfe von Wiederholungsanweisungen durchführen, wie es das folgende Beispiel zeigt:

Beispiel 2.11 (Eingabe von Matrixeinträgen).
Der folgende Programmteil fordert den Benutzer auf, die ganzzahligen Einträge einer (2×3)-Matrix nacheinander einzugeben:

```
1  int i,j;
2  int A[2][3];
3
4  for (i=0; i<2; i++)
5     for (j=0; j<3; j++)
6     {
7         printf("A[%d][%d] = ",i,j);
8         scanf("%d",&A[i][j]);
9     }
```

Man beachte wieder die Verwendung von & in der scanf()-Funktion. Als kleine Übung mache man sich klar, warum bei dieser Schachtelung von for-Schleifen keine Klammerung um die innere for-Anweisung nötig ist.

2.9 Beispiel: Der Euklidische Algorithmus

Mit dem, was wir bis hierher gelernt haben, können wir ohne Weiteres den Euklidischen Algorithmus aus Beispiel 1.5 in ein C-Programm übertragen. Es schadet ganz sicher nicht, wenn man den Algorithmus zuerst mit ein paar einfachen Zahlenbeispielen auf dem Papier durchführt, zumal man dann Vergleichsergebnisse für die stichprobenartige Überprüfung der vom Programm gelieferten Resultate zur Hand hat.

```
1  #include <stdio.h>
2
3  int main()
4  {
5      int a0, a1;
6      int weiter;
7
8      do { /* schleife fuer mehrfache berechnungen */
9
10         printf("Berechnung des ggT von positiven "
11                 "Zahlen\n\n");
12
13         do {
14             printf("Geben Sie die erste Zahl ein : ");
15             scanf("%d", &a0);
16         } while (a0<=0);
17
18         do {
19             printf("Geben sie die zweite Zahl ein: ");
20             scanf("%d", &a1);
```

```
21          } while (a1<=0);
22
23          /* hier kommt der eigentliche algorithmus */
24          while (a1 != 0)
25          {
26              int r;
27              r = a0 % a1;
28              a0 = a1;
29              a1 = r;
30          }
31
32          printf("\nDer ggT ist %d.\n", a0);
33
34          printf("\nFür eine weitere Rechnung geben Sie 1"
35                 " ein, ansonsten 0: ");
36          scanf("%d", &weiter);
37      }
38      while(weiter);
39 }
```

- Der Benutzer wird in den *Zeilen 13–16* und *18–21* zur Eingabe positiver Zahlen aufgefordert.
- Der eigentliche Algorithmus wird in den *Zeilen 24–30* ausgeführt.
- Der Anwender hat die Möglichkeit, mehrere Berechnungen nacheinander durchführen zu lassen. Dies geschieht mit Hilfe der do-while-Schleife in den *Zeilen 8–38*. Die Aufforderung zu einer entsprechenden Benutzereingabe findet sich in den *Zeilen 34–36*.
- In *Zeile 26* haben wir davon Gebrauch gemacht, Variablen zu Beginn eines inneren Anweisungsblocks zu deklarieren. Da wir r nur in diesem Schleifenrumpf benötigen, ist dies durchaus sinnvoll.
- In den *Zeilen 10–11* und *34–35* sieht man eine weitere Besonderheit von C: Aufeinanderfolgende Zeichenketten werden automatisch zusammengefügt. Trennzeichen, wie das Leerzeichen oder auch der Zeilenumbruch haben keinen Einfluss, erlauben jedoch eine übersichtliche Quelltextstruktur.
- Das doppelte '\n' in *Zeile 11* führt zur Ausgabe einer leeren Zeile.
- An *Zeile 38* sieht man wieder, dass der Wert 0 als falsch, der Wert 1 als wahr interpretiert wird.

2.10 Kontrollfragen zu Kapitel 2

Frage 2.1

Eine der folgenden Deklarationen ist nicht korrekt, welche?

a) `short zahl;`   ☐
b) `long int grossezahl;`   ☐
c) `unsigned float wert;`   ☐
d) `unsigned nummer;`   ☐

Frage 2.2

Nur ein einziger der folgenden Variablennamen ist gültig. Welcher?

a) `int zähler;`   ☐
b) `int 2tezahl;`   ☐
c) `int anzahl%;`   ☐
d) `int punkt_1;`   ☐
e) `int arith-mittel;`   ☐

Frage 2.3

Der Bruch
$$\frac{n+2}{n^2+n}$$

soll in der Programmiersprache C formuliert werden. Welcher der folgenden Ausdrücke leistet dies?

a) `(n+2)/(n**2+n)`   ☐
b) `(n+2)/(n*(n+1))`   ☐
c) `n+2/(n*n+n)`   ☐
d) `(1+2/n)*(n+1)`   ☐
e) Keiner der Ausdrücke a) - d).   ☐

Frage 2.4

Welche der folgenden C-Anweisungen führt für $a, b \in \mathbb{Z}$ die Division mit Rest

$$a = qb + r$$

zur Bestimmung von q und r durch?

a) `a/=b; r%=a;`   ☐
b) `q=a/b; r=a%b;`   ☐
c) `r=a/b; q=a%b;`   ☐
d) `q=a/b; r=q-a/b;`   ☐
e) Keine der Anweisungen a)-d).   ☐

Frage 2.5

Das arithmetische Mittel zweier int-Variablen soll berechnet und der float-Variablen mittel zugewiesen werden. Welche der folgenden Aussagen trifft auf die Anweisung

```
mittel = (float) ((a+b)/2);
```

zu?

a) Die Anweisung ist syntaktisch nicht korrekt. ☐
b) Die äußere Klammerung in ((a+b)/2) ist nötig, da der *Cast* sonst wirkungslos bleibt. ☐
c) Die äußere Klammerung in ((a+b)/2) führt i.A. zu einem falschen Ergebnis. ☐
d) Man muss im Nenner stets 2.0 statt 2 verwenden. ☐
e) Der Variablen mittel wird mit der obigen Anweisung immer der Wert 0 zugewiesen. ☐

Frage 2.6

zahl und n seien vom Typ int. Sind die Anweisungen
$$\text{(float) zahl/n+1;}$$
und
$$\text{(float) (zahl/n)+1.0;}$$
vom Ergebnis her äquivalent?

a) Ja. ☐
b) Nein, weil in der zweiten Anweisung 1.0 statt 1 steht. ☐
c) Nein, weil die erste Anweisung syntaktisch falsch ist. ☐
d) Ja. In der zweiten Anweisung hätte man allerdings den *Cast* wegen der 1.0 weglassen können. ☐
e) Nein, weil die Klammern um den Quotienten in der zweiten Anweisung den *Cast* wirkungslos werden lassen. ☐

Frage 2.7

Betrachten Sie die int-Variablen a mit Wert 2 und b mit Wert 0. Welcher der folgenden logischen Ausdrücke besitzt nicht den Wert 1?

a) !b ☐
b) (a<3 || b!=0) ☐
c) (a<=2 || a>4) && b ☐
d) !a || !b ☐
e) (a-b) > 0 ☐

Frage 2.8

a und b seinen int-Variablen. Welche der folgenden Anweisungen weist b denselben Wert zu wie die Anweisung b-=(a-1);?

a) b-=(--a); ☐
b) b=-(a--); ☐
c) b-=(-a); ☐
d) b=-a-1; ☐
e) -b=a-1; ☐

Frage 2.9

Ein befreundeter Programmierer behauptet: „Logische Ausdrücke entsprechen doch ganzzahligen Werten – dann ist es doch auch egal, ob ich nun

```
if((a==0) && (b<1))    oder    if((a==0)*(b<1))
```

verwende." Was würden Sie ihm antworten, wenn Sie es gut mit ihm meinen?

a) „Das übersetzt der Compiler zwar, aber das Programm wird abstürzen."   ☐
b) „Die Sache mit den ganzzahligen Werten stimmt zwar, aber rechnen kann man mit logischen Ausdrücken sicher nicht."   ☐
c) „Vom Ergebnis her ist das zwar gleich, aber die *short circuit evaluation* der logischen Operatoren ist für bestimmte Werte bestimmt schneller."   ☐

Frage 2.10

Im Anschluss an   a=-1; b=-2; c=-3; werden die folgenden Anweisungen ausgeführt:

```
d = c < b < a;
e = a < (b < c);
f = a > b > c;
```

Welche Werte werden dadurch zugewiesen?

a) d=0, e=1, f=1   ☐
b) d=1, e=0, f=1   ☐
c) d=0, e=1, f=0   ☐
d) d=1, e=0, f=0   ☐

Frage 2.11

Für den Ausdruck !(a<b || a) ist eine äquivalente Formulierung ohne Negation gesucht. Welcher der folgenden Ausdrücke leistet dies?

a) (a>=b) || a   ☐
b) (a>=b) || (a==0)   ☐
c) (a>=b) && (a==0)   ☐
d) Keiner der Ausdrücke a)-c) leistet dies.   ☐

Frage 2.12

Bei der Ausgabe einer Gleitpunktzahl mit Hilfe der `printf()`-Anweisung soll Platz für ein etwaiges negatives Vorzeichen und für 10 Nachkommastellen gelassen werden. Wissenschaftliche Notation ist nicht gewünscht. Welche Formatangabe tut dies?

a) %10f   ☐
b) %+.10f   ☐
c) % .10f   ☐
d) %10. f   ☐
e) % 10f   ☐

Frage 2.13

Welchen Wert hat die Variable p nach Durchlaufen der folgenden for-Schleife?

```
int i, p;
p = 3;
for (i=0; i<n; ++i)
    p += p;
```

a) $3n$ ☐
b) n^3 ☐
c) $3 \cdot 2^n$ ☐
d) $3(n+1)$ ☐

Frage 2.14

Welche Ausgabe erzeugt die folgende for-Schleife?

```
for (i=0; i<10; ++i)
    printf("%i ", ++i);
```

a) 1 2 3 4 5 6 7 8 9 10 ☐
b) 0 2 4 6 8 10 ☐
c) 1 3 5 7 9 ☐
d) 0 2 4 6 8 ☐

Frage 2.15

Welche Ausgabe erzeugt der folgende Quellcode?

```
for (i=0; i<13; i++)
    if (!(i%4)) printf("%i ", i+1);
```

a) 1 5 9 13 ☐
b) 5 6 7 8 9 10 11 12 13 ☐
c) 0 1 2 3 ☐
d) Keine. Die in der if-Anweisung abgefragte Bedingung wird nie erfüllt. ☐

Frage 2.16

Welche Ausgabe erzeugt das folgende Programm?

```
short int i;
for (i=0; i<=5; ++i)
    if ((i+i)%2>0)
        printf("%d ", i+1);
```

a) 2 4 6 ☐
b) 2 4 ☐
c) 1 3 5 ☐
d) Es erzeugt keine Ausgabe. ☐

Frage 2.17

Welche der folgenden for-Schleifen ist zu

```
i=0;
do {
    ...
    i+=1;
} while (i<=10);
```

äquivalent?

a) `for (i=0; i<10; i++) { ... }` ☐
b) `for (i=0; i<10; i+=1) { ... }` ☐
c) `for (i=0; i<10; i=i+1) { ... }` ☐
d) `for (i=0; i<=10; i=i+1) { ... }` ☐
e) Keine der for-Schleifen in a) - d) ist äquivalent. ☐

Frage 2.18

Welchen Wert hat die Variable wert nach Durchlaufen der Schleife?

```
i=0;
wert=0;
while (i<n)
    wert += (++i);
```

a) $2n$ ☐
b) $2n + 1$ ☐
c) n^2 ☐
d) $n(n + 1)/2$ ☐
e) Es handelt sich um eine Endlosschleife. ☐

Frage 2.19

Das folgende Programm soll eigentlich in Abhängigkeit von einer eingelesenen Zahl $n \in \mathbb{N}$ alle natürlichen Zweierpotenzen $\leq n$ ausgeben. Warum tut es dies nicht, bzw. was tut es stattdessen?

```
#include <stdio.h>

int main()
{
    int i, n;
    scanf("%i", &n);
    if (n>0)
        for (i=0; i<=n; i*=2)
            printf("%i\n", i);
}
```

a) Weil fälschlicherweise i<=n statt i<n in der for-Schleife steht. ☐
b) In einer Endlosschleife wird die Zahl 0 ausgegeben. ☐
c) Der Ausdruck i*=2 in der for-Schleife ist syntaktisch unzulässig. ☐
d) Das Programm gibt die geraden natürlichen Zahlen $\leq n$ aus. ☐

Frage 2.20

Welches Verhalten verursacht der folgende Quelltext zur Laufzeit?

```
int i=0;
while (i<5);
{
   printf("%d ",2*(++i));
}
```

a) Es werden endlos Nullen auf den Bildschirm geschrieben.   ☐

b) Es wird 2 4 6 8 10 ausgegeben.   ☐

c) Es wird 0 2 4 6 8 ausgegeben.   ☐

d) Das Programm hängt in einer Endlosschleife fest.   ☐

Frage 2.21

Die Einträge der durch `double A[3][4];` deklarierten Matrix sollen durch

```
for (i=0; i<2; i++)
   for (j=0; j<3; j++)
   {
      printf("A[%d][%d] = ",i,j);
      scanf("%f",&A[i][j]);
   }
```

durch den Benutzer eingegeben werden. Bei der Kontrollausgabe der Matrix erscheinen aber irgendwelche willkürlichen Werte auf dem Bildschirm. Wie kommt das?

a) Weil die geschweiften Klammern um die innere `for`-Anweisung fehlen. ☐

b) Weil das Zeichen `&` in der `printf()`-Anweisung fehlt.   ☐

c) Weil zum Einlesen von `double`-Werten in der `scanf()`-Anweisung `%lf` verwendet werden muss.   ☐

d) Weil statt `&` in der `scanf()`-Anweisung ein `$` stehen muss.   ☐

2.11 Übungsaufgaben zu Kapitel 2

2.1 (Funktioniert bei Ihnen alles?).

Testen Sie, ob Ihre C-Entwicklungsumgebung auch funktioniert! Geben Sie dazu den Quelltext des „Hallo, Welt!"-Programms aus Abschnitt 2.1 mit Hilfe eines Editors Ihrer Wahl ein. Speichern Sie den Quelltext wie dort beschrieben ab und verwenden Sie die angegebenen Kommandos zum Übersetzen und Starten des Programms.

2.2 (Formatierte Ausgabe mit printf()).

Schreiben Sie ein Programm, das die Ausgaben aus Beispiel 2.4 durchführt.

2.3 (Ist es ein Schaltjahr?).

Schreiben Sie ein Programm, das nach Eingabe einer Jahreszahl dem Benutzer mitteilt, ob es sich dabei um ein Schaltjahr handelt (siehe Beispiel 2.6). Sorgen Sie dafür, dass keine negativen Jahreszahlen eingegeben werden können.

2.4 (Das Collatz-Problem).

Ergänzen Sie Beispiel 2.10 zu einem vollständigen Programm. Geben Sie dem Benutzer die Möglichkeit, den Startwert a_0 selbst zu wählen und beachten Sie, dass es sich um eine natürliche Zahl handeln muss.

2.5 (Wie kalt ist es in den USA?).

Die Abbildung

$$C : T \mapsto \frac{5}{9}(T - 32)$$

konvertiert Temperaturangaben in der Einheit Fahrenheit (F) nach Celsius (C). Schreiben Sie ein Programm, das eine Umrechnungstabelle erzeugt. Betrachten Sie den Temperaturbereich von $0°$ F bis $300°$ F und gehen Sie in Schritten von $10°$ F aufwärts. Achten Sie auf eine übersichtlich Ausgabe durch geeignete Formatangaben in der printf()-Funktion.

2.6 (Das Primzahlensieb).

Das *Sieb des Eratosthenes* ist eine Methode zur effizienten Berechnung aller Primzahlen von 2 bis zu einer vorgegebenen Schranke N. Der Algorithmus lautet folgendermaßen.

a) Schreiben Sie alle natürlichen Zahlen $2, \ldots, N$ auf.

b) Streichen Sie alle *echten* Vielfachen von 2.

c) Gehen Sie zur nächsten, nicht durchgestrichenen Zahl und streichen Sie alle echten Vielfachen von dieser.

d) Wiederholen Sie den letzten Schritt, bis Sie bei der kleinsten natürlichen Zahl angekommen sind, die größer oder gleich $\sqrt{N}$ ist.

Implementieren Sie diesen Algorithmus mit Hilfe eines Feldes, um die Primzahlen bis 100 auszugeben. *Hinweis:* Sie können das „Durchstreichen" dadurch simulieren, dass Sie die betreffende Zahl durch 0 ersetzen. Am Ende geben Sie alle Einträge des Feldes, welche größer 0 sind, auf dem Bildschirm aus.

2.7 (Ein- und Ausgabe von Matrizen).
Schreiben Sie ein Programm, dass die Einträge einer Matrix

    double Mat[3][2];

nacheinander von der Tastatur einliest und die Matrix anschließend zeilenweise formatiert wieder ausgibt (d.h. am Ende einer Matrixzeile ist auch bei der Ausgabe eine neue Zeile zu beginnen).

2.8 (Das Euler-Verfahren).
Schreiben Sie ein Programm, das das Euler-Verfahren aus Beispiel 1.6 zur näherungsweisen Lösung des Anfangswertproblems

$$y'(t) = y(t) , \quad y(0) = 1$$

auf dem Intervall $[0, 1]$ realisiert. Verwenden Sie als Berechnungspunkte

$$t_i = \frac{i}{N} , \quad i = 0, \ldots, N ,$$

für $N = 5$ und $N = 10$. Lassen Sie sich jeweils den Näherungswert für jeden Berechnungspunkt ausgeben und vergleichen Sie die Näherung an der Stelle $t = 1$ mit der exakten Lösung.

3

Funktionen

Ein C-Programm besteht fast ausschließlich aus Unterprogrammen, den so genannten *Funktionen*. Beispiele hierfür haben wir bereits kennen gelernt:

- Die Funktion `main()`, die den Ausführungsbeginn des Programmes markiert und somit das *Hauptprogramm* darstellt und
- *Bibliotheksfunktionen*, die häufiger benötigte höhere Funktionalitäten bereitstellen (z.b. `printf()`, `scanf()`).

Dieses Kapitel führt in die Arbeit mit Funktionen ein und befasst sich zunächst mit den rein syntaktischen Aspekten. Im Anschluss stellen wir einige wichtige Funktionen vor, die von der C-Mathematikbibliothek bereitgestellt werden. Bei umfangreicheren Programmen, bei denen viele Funktionen zum Einsatz kommen, ist der „Datenschutz" der in den Variablen gespeicherten Informationen ein wichtiger Aspekt. Diesem Schutz vor unbeabsichtigter Datenveränderung dient das Konzept der *Sichtbarkeit* bzw. der *Gültigkeit* von Variablen, dem wir einen eigenen Abschnitt widmen. Abschließend illustrieren wir die Verwendung der erlernten Sprachelemente am Beispiel der Entfernungsmessung durch Peilung, wobei wir zusätzlich auf Fragen wie z.b. die Beeinflussung der Ergebnisse durch Fehler in den Eingabedaten eingehen.

Der Einsatz von Funktionen empfiehlt sich aus den folgenden Gründen:

- *Ergonomie und Transparenz:* Die in einer Funktion zusammengefassten Anweisungen werden im Quelltext durch eine Anweisung, den *Funktionsaufruf*, ersetzt. Dadurch wird einerseits der Quelltext übersichtlicher und andererseits hat man die Möglichkeit, Details des Unterprogramms kontinuierlich zu verbessern, ohne dass das aufrufende Programm wesentlich geändert werden muss.
- *Wiederverwendbarkeit:* Durch die Verwendung von Funktionen kann man die Strategie der Partitionierung programmiertechnisch umsetzen. Teilprobleme, die auch bei der Lösung anderer Aufgaben auftreten, können mit bereits vorhandenen Funktionen bearbeitet werden. Auf diese Weise vermeidet man, jedesmal „das Rad neu erfinden zu müssen". Das ist auch die

Idee, die hinter den Programmbibliotheken steckt: Man hat für häufig benötigte Dinge einen „Softwarebaukasten" zur Verfügung, dessen Bausteine – die Funktionen – weitgehend flexibel zu neuen Programmen zusammengesetzt werden können.

Die Fähigkeit, ein Programm sinnvoll in Unterprogramme strukturieren und eigene Funktionen implementieren zu können, ist eine der wichtigsten Fertigkeiten bei der Programmierung.

3.1 Deklaration und Definition von Funktionen

Rein technisch gesehen besteht eine Funktion aus den folgenden Bestandteilen:

- *Funktionsbezeichner*: Mit diesem Namen wird die Funktion im Quelltext aufgerufen. Es gelten dabei dieselben Regeln wie für die Variablennamen.
- *Argumente*: Sie werden als Liste in Klammern angegeben. Sie enthalten Daten, die die Funktion für ihre Arbeit benötigt und stellen somit die Schnittstelle zum aufrufenden Programm dar.
- *Rückgabewert:* Darunter versteht man das Resultat, das die Funktion an das aufrufende Programm zurückliefert.
- *Funktionsrumpf:* Dieser Anweisungsblock enthält die Deklaration weiterer Variablen (z.B. für Hilfsgrößen und den Rückgabewert) und die Anweisungen, wie mit den Argumenten zu verfahren ist.

Bei der Implementierung von Funktionen unterscheidet man zwischen *Deklaration* und *Definition*.

Bei der Deklaration einer Funktion werden Funktionsname, Anzahl und Typ der Argumente sowie der Datentyp des Rückgabewerts vereinbart.

```
Rückgabetyp Funktionsname (ArgTyp1, ... , ArgTypN);
```

Anhand der Deklaration überprüft der Compiler die im Quelltext auftretenden Funktionsaufrufe auf ihre syntaktische Korrektheit. Die Deklaration soll daher vor dem ersten Aufruf der Funktion erfolgen. Im Quelltext positioniert man die Deklaration am besten vor main()*.*

Wenn die Funktion gar keinen Wert zurückliefern soll, also eine so genannte *Prozedur* ist, wird als Rückgabetyp der so genannte *leere Datentyp* void angegeben. Im Gegensatz zu anderen Programmiersprachen unterscheidet C also nicht über die Syntax zwischen Funktionen und *Prozeduren*, sondern nur über den Rückgabetyp.

Hinsichtlich der Anzahl der Argumente ist auch der Fall $N = 0$ möglich, d.h. die Funktion benötigt für ihre Arbeit gar keine Argumente. In diesem Fall lässt man die Klammern leer oder man trägt als einziges Argument den leeren Datentyp void ein.

Die folgende Zeile deklariert eine Funktion addiere(), welche zwei Zahlen vom Typ int entgegennimmt und eine Zahl vom gleichen Typ zurückgibt:

```
int addiere(int, int);
```

Im Hauptprogramm kann man die Funktion durch die beiden folgenden Anweisungen aufrufen:

```
sum = addiere(3,4);
addiere(4,5);
```

Im ersten Aufruf wird die Funktion addiere() mit den Argumenten 3 und 4 aufgerufen und der zurückgelieferte Wert der Variablen sum zugewiesen. Wie man am zweiten Aufruf erkennt, muss der Rückgabewert einer Funktion nicht zwingend verwendet werden. Ein solcher Funktionsaufruf entspricht einem Ausdruck, dessen Wert identisch mit dem zurückgelieferten Wert ist.

Die folgende Anweisung wird vom Compiler zurückgewiesen, weil man im Widerspruch zur Deklaration versucht, drei Argumente zu übergeben:

```
int sum = addiere(3,4,5);
```

Natürlich kann man statt der Konstanten auch Variablen entsprechenden Typs als Argumente übergeben. In jedem Fall vergleicht der Compiler die Datentypen der beim Aufruf übergebenen Argumente unter Beachtung der Reihenfolge mit der Typenliste in der Deklaration. Dabei kann es vorkommen, dass der Compiler die Argumente – ggf. unter Verlust von Genauigkeit – nach Möglichkeit in den jeweiligen Typ aus der Deklaration umwandelt. So könnte man die Funktion addiere() auch folgendermaßen aufrufen:

```
sum = addiere(3.2,4);
```

Die Funktion verhält sich dann bezüglich des ersten Arguments wie ein Cast zu int. Deklaration und syntaktisch korrektes Aufrufen reichen allerdings nicht für eine erfolgreiche Übersetzung, wie das folgende Beispiel zeigt:

Beispiel 3.1 (Undefinierte Funktion).

```
 1  #include <stdio.h>
 2
 3  int addiere(int, int);
 4
 5  int main()
 6  {
 7      int aa = 1;
 8      int bb = 2;
 9      int sum = addiere(aa, bb);
10      printf("%d\n", sum);
11      printf("%d\n", aa);
12  }
```

Man beachte *Zeile 9*: Hier werden beim Funktionsaufruf Variablen vom Typ
`int` als Argumente übergeben.

Nehmen wir an, wir haben diesen Quelltext in der Datei `progadd.c` gespeichert und starten wie üblich den Übersetzungsvorgang. Statt eines ausführbaren Programms erhalten wir eine Reihe von Fehlermeldungen, die z.B.
so aussehen:

```
$ gcc progadd.c -o progadd
....: in function 'main':
progadd.c: undefined reference to 'addiere'
```

Die Ursache für diesen Fehlschlag ist, dass die Funktion `addiere()` noch nicht
definiert ist. Der Compiler weiß nicht, welcher Programmcode an der Stelle
des Funktionsaufrufs in *Zeile 9* auszuführen ist: Unserer Funktion fehlt eben
noch die „Funktionalität".   □

Die Festlegung der von einer Funktion bei ihrem Aufruf auszuführenden Anweisungen erfolgt bei der *Definition der Funktion*, die die folgende Struktur
hat:

```
RückgabeTyp Funktionsname(Typ1 Name1, ..., TypN NameN)
{
    Funktionsrumpf
}
```

Die erste Zeile, der so genannte *Funktionskopf* (engl. *function header*),
unterscheidet sich von der Deklaration dadurch, dass sie nicht durch ein Semikolon abgeschlossen werden darf und dass in der Argumentliste zusätzlich
der jeweilige *Argumentbezeichner* angegeben wird. Jeder Eintrag in der Argumentliste ist damit praktisch eine Variablendeklaration und es gelten daher
dieselben Regeln wie für die üblichen Variablennamen. Über die Argumentbezeichner können die Anweisungen des Funktionsrumpfs auf die Argumentin-
halte zugreifen. Die bereits deklarierte Funktion `addiere()` könnte dann wie
folgt definiert werden:

```
1  int addiere(int a, int b)
2  {
3      int sum = a+b;
4      return sum;
5  }
```

Das reservierte Wort `return` dient dazu, den Rückgabewert an das aufrufende Programm zurückzuliefern und die Funktionsausführung zu beenden.
Man sagt hierzu auch: „Die Funktion wird an dieser Stelle verlassen." Der

Rückgabewert kann in Form einer Variablen, einer Konstanten oder eines beliebigen Ausdrucks mit entsprechendem Typ an `return` übergeben werden.

Mit der Ausführung der `return`-Anweisung wird die Funktion sofort beendet.
Enthält der Funktionsrumpf keine `return`-Anweisung, so endet die Ausführung des Funktionsrumpfes bei Erreichen der letzten schließenden geschweiften Klammer.

Wird also das Zurückliefern eines Wertes nicht benötigt (z.B. im Falle einer Prozedur mit Rückgabetyp `void`), so kann die `return`-Anweisung entweder ganz entfallen oder man kann sie zum Abbruch der Funktionsausführung verwenden, wobei man auf die Angabe eines Rückgabewertes verzichtet.

Auch die Definition von Funktionen sollte außerhalb einer jeder anderen Funktion – speziell `main()` – vorgenommen werden.

Ferner sind die folgenden Dinge bei der Arbeit mit Funktionen zu beachten:

- Funktionen können von anderen Funktionen aufgerufen werden und sie dürfen sogar sich selbst aufrufen. Wozu die letztere Möglichkeit benutzt werden kann, erörtern wir in Kapitel 9.
- Versäumt man es, eine Funktion vor ihrem ersten Aufruf zu deklarieren, so kommt es in ANSI-C zu einer *impliziten Deklaration*. Der Compiler nimmt dabei an, dass der Rückgabewert `int` lautet und fährt mit seiner Syntaxüberprüfung fort. Diese Annahme kann durchaus bis zur Laufzeit des Programms unentdeckt bleiben und dann zu einem unerklärlichen Verhalten des Programms führen. Daher ist darauf zu achten, dass alle Funktionen vor ihrer Verwendung deklariert sind.
- Ähnliches gilt für den Fall, dass man bei Deklaration bzw. Definition keinen Datentyp für den Rückgabewert ausdrücklich angibt: Auch dann setzt der Compiler automatisch den Rückgabetyp auf `int`. Guter Programmierstil ist jedoch u.a. dadurch gekennzeichnet, dass der Datentyp stets explizit angegeben wird.
- Ansonsten können Deklarationen bzw. Definitionen in beliebiger Reihenfolge im Quelltext erfolgen.
- Deklaration und Definition müssen konsistent sein, d.h. die Datentypen für den Rückgabewert und die Argumente müssen jeweils übereinstimmen.
- Erfolgt die Definition einer Funktion vor ihrem ersten Aufruf, so ist die Funktion damit automatisch auch deklariert.
- Es ist erlaubt, die Argumentbezeichner bereits bei der Deklaration anzugeben, d.h. auch folgende Form der Deklaration ist möglich:

```
Typ0 Funktionsname(Typ1 Var1, ..., TypN VarN);
```

- Übergibt man einer Funktion als Argumente Variablen, so können deren Inhalte im Funktionsrumpf manipuliert werden.

Um den Quelltext lesbar zu halten, empfiehlt es sich, die Deklaration von Funktionen *vor* dem Hauptprogramm und die jeweilige Definition *dahinter* vorzunehmen. Die syntaktischen Informationen zu den Funktionen sind dann schon bekannt und der Blick auf das Hauptprogramm wird nicht durch die Funktionsdefinitionen erschwert. Für ein kürzeres C-Programm mit wenigen Funktionen bietet sich also die folgende Strukturierung an:

```
 1  /* Präprozessordirektiven */
 2  ...
 3
 4  /* Funktionsdeklarationen */
 5  Typ1 Funktion1(...);
 6  ...
 7  TypN FunktionN(...);
 8
 9  /* Hauptprogramm */
10  int main()
11  {
12      ....
13  }
14
15  /* Funktionsdefinitionen */
16  Typ1 Funktion1(...)
17  {
18      ...
19  }
20
21  ...
22
23  TypN FunktionN(...)
24  {
25      ...
26  }
```

Wir werden in diesem Buch aber immer dann die Definition der Funktionen vor `main()` vornehmen, wenn Anzahl und Umfang der auftretenden Funktionen hinreichend überschaubar sind. Es erleichtert die Beschreibung des Programmablaufs einiger Beispiele, wenn der Funktionsrumpf bekannt ist.

Wir beenden diesen Abschnitt mit allgemeinen Hinweisen:

- Der Standardrückgabetyp für die Funktion `main()` ist `int` und wird in der Tat auch erwartet. Der Grund hierfür ist, dass Programme unter UN-IX/LINUX einen ganzzahligen Wert an die ausführende Shell zurückliefern sollen, der angibt, ob das Programm erfolgreich oder mit einem Fehler beendet wurde.

Dies ist z.B. sinnvoll, wenn man mehrere Programme automatisiert nacheinander ausführen lässt (Batchbetrieb) und nachfolgende Programme von der erfolgreichen Ausführung vorangegangener abhängig sind. Der Compiler warnt üblicherweise, wenn ein anderer Datentyp als `int` angegeben wird.

- Wie bereits gesagt: Ein C-Programm besteht (bis auf Kommentare und Präprozessordirektiven) lediglich aus der Deklaration und Definition von Variablen und Funktionen. Konzeptionell sind Daten und die Manipulation von Daten strikt voneinander getrennte Bestandteile. Die Funktionen manipulieren die Daten und kommunizieren ausschließlich über Parameter und Rückgabewerte miteinander. Daher bezeichnet man C als eine *prozedurale Sprache*.

- In den *Headerdateien* befinden sich u.a. die Deklarationen von Bibliotheksfunktionen. Daher kann es auch dann zu einer impliziten Deklaration kommen, wenn spezialisierte Bibliotheksfunktionen verwendet werden und vergessen worden ist, die entsprechende Headerdatei einzubinden.

3.2 Call by Value

Übergibt man beim Aufruf einer Funktion Variablen als Argumente, so wird dies in C durch Duplizieren der Variableninhalte realisiert:

Beim Call by Value-Aufruf werden nicht die Variablen als solche, sondern lediglich ihre Werte, d.h. Kopien der Variableninhalte, an die Funktion übergeben.

Dass die Funktion nur Kopien der Variablenwerte als Argumente erhält, hat folgende wichtige Konsequenz: Etwaige Änderungen, die die Funktion an den Argumenten vornimmt, wirken sich *nicht* auf die Werte der übergebenen Variablen aus. Dazu das folgende Beispiel :

Beispiel 3.2. Wir betrachten die folgende Variante der Funktion `addiere()`:

```
1  int addiere(int a, int b)
2  {
3      a = a+1;
4      return a+b;
5  }
6
7  int main()
8  {
9      int aa = 1;
10     int bb = 2;
```

```
11      int sum = addiere(aa, bb);
12      printf("%d\n", sum);
13      printf("%d\n", aa);
14 }
```

Beim Aufruf von `addiere` wird zuerst der Wert von `aa` in die Variable `a` kopiert, dann der Wert von `bb` in `b`. Da die Funktion vor der Summation den Wert ihres ersten Arguments um 1 erhöht, liefert sie `a+b+1` zurück. Die Erhöhung um 1 wird aber nur an einer Kopie vorgenommen, so dass sich der Wert des „Originals" `aa` nicht verändert. Daher gibt das Programm schließlich die Zahlen 4 und 1 aus. □

Der Vorteil der *Call by Value*-Übergabe besteht darin, dass die unbeabsichtigte Manipulation von Variablen durch Funktionen verhindert wird. Wenn es aber gerade darum geht, eine Funktion zur Änderung von Variablenwerten zu verwenden, ist dieser Übergabemechanismus von Nachteil:

Beispiel 3.3 (Scheinbares Vertauschen zweier Werte).
Die folgende Funktion ist eine wörtliche Übersetzung des Algorithmus aus Beispiel 1.3:

```
1 void swap(int a, int b)
2 {
3      int hilf;
4      hilf = a;
5      a = b;
6      b = hilf;
7 }
```

Tatsächlich werden nur die duplizierten Werte der Argumente innerhalb des Funktionsrumpfs getauscht. Nach Verlassen der Funktion besitzen die übergebenen Variablen immer noch ihre ursprünglichen Werte. □

Da es zweifellos praktisch wäre, eine Vertauschungsfunktion zur Verfügung zu haben, muss hier noch Abhilfe geschaffen werden. Schließlich haben wir schon bei der `scanf()`-Funktion gesehen, dass man Variablen dauerhaft verändern kann. Man erreicht dies durch die Übergabeart *Call by Reference*, mit der wir uns in Abschnitt 4.2 beschäftigen.

Geschützte Funktionsargumente

Unter Verwendung des reservierten Worts `const` können wir Variablen bei der Deklaration mit einem Wert initialisieren und vor weiterer Manipulation schützen. Auf die gleiche Weise ist es sogar möglich, einer Funktion zu verbieten, dass sie an bestimmten Argumenten Änderungen vornimmt. Dazu muss man lediglich in der Deklaration bzw. Definition der Funktion das betreffende Argument als `const` markieren.

So besagt die folgende Deklaration von `tuwas()`, dass die Funktion durch Anweisungen im Funktionsrumpf zwar das Argument x manipulieren darf, aber auf die Argumente y und c nur lesenden Zugriff hat.

```
double tuwas(double x, const double y, const int c);
```

Wie dieser Schutzmechanismus wirkt, zeigt das folgende Beispiel:

Beispiel 3.4 (Geschütztes Funktionsargument).
Betrachten wir die Quelltextdatei `ConstArg.c`:

```
 1  #include <stdio.h>
 2
 3  void func1(const int a)
 4  {
 5      a=3;
 6      printf("a=%d\n", a);
 7  }
 8
 9  int main()
10  {
11      int a=1;
12      func1(a);
13  }
```

Die Funktion `func1()` soll ihrem Argument den Wert 3 zuweisen, obwohl es nach Deklaration schreibgeschützt ist. Wenn wir versuchen, dieses Programm trotzdem zu übersetzen, teilt uns der Compiler mit den Meldungen

```
ConstArg.c: In function 'func1':
ConstArg.c:5: error: assignment of read-only location
```

mit, dass wir damit keinen Erfolg haben.   □

3.3 Mathematische Funktionen

Mathematische Funktionen, die über die elementaren Operationen aus Abschnitt 2.2 hinausgehen, sind Bestandteil der C-Bibliothek `libm.a`. Diese wird aber nicht automatisch beim Übersetzungsprozess eingebunden, denn viele Programme kommen ohne mathematische Routinen aus und würden sonst mit nicht benötigten Funktionalitäten überfrachtet. Um die Funktionen der Mathematikbibliothek benutzen zu können, muss man folgendes tun:

- Den Präprozessordirektiven ist die Zeile
    `#include <math.h>`
  hinzuzufügen. Diese Datei enthält die Deklarationen der mathematischen Funktionen, nicht die Definitionen.

- Beim Übersetzen[1] müssen die zugehörigen Funktionsdefinitionen der Mathematikbibliothek bereitgestellt werden. Der Befehl hierfür enthält am Ende die Option -lm:

```
$ gcc -o Programm Quelldatei.c -lm
```

In Tabelle 3.1 sind die Deklarationen von einigen Bibliotheksfunktionen angegeben. Zunächst fällt daran auf, dass die Betragsfunktion je eine Variante für die Typen int, float und double besitzt, was in Anbetracht der unterschiedlichen Zahldarstellungen auch nicht weiter verwunderlich ist. Deshalb ist es wichtig, die vom Typ her passende Funktion zu verwenden: Verwendet man z.B. abs zur Berechnung des Betrags einer Gleitpunktzahl, so wird das Argument in das int-Format konvertiert und die Nachkommastellen gehen verloren. Fehler dieser Art treten häufiger auf, als man vielleicht glaubt.

Obwohl die meisten in Tabelle 3.1 aufgeführten Funktionen für den Typ double deklariert sind, können sie auch für float-Argumente verwendet werden. Dabei konvertiert der Compiler zuerst das Argument ohne Genauigkeitsverlust zu double und führt dann die eigentliche Funktion aus. Weist man das Ergebnis dann einer float-Variablen zu, so erfolgt erneut eine Typkonvertierung, die allerdings mit einem Verlust an Genauigkeit einhergeht. Die meisten dieser Funktionen besitzen auch eine float-Variante, deren Funktionsnamen ein f angehängt ist, wie z.B. expf() oder atanf(). Der Funktionsname einer Version für den Typ long double endet auf l, wie z.B. bei sinl() und atan2l().

Man beachte den Unterschied zwischen den beiden Varianten zur Berechnung der Funktion arctan: Bei Verwendung von atan(y/x) wird nur das Vorzeichen des Bruchs beachtet und nur Werte zwischen den Polstellen $-\pi/2$ und $\pi/2$ der tan-Funktion zurückgeliefert. atan2(y,x) dagegen beachtet die Vorzeichen seiner beiden Argumente und berechnet den orientierten Winkel, den die x-Achse mit der Ursprungsgeraden durch den Punkt (x, y) einschließt, so dass sich ein größerer Wertebereich ergibt. Die von atan() und atan2() zurückgelieferten Werte stimmen nur für $x \geq 0$ überein.

Wie wir bereits auf Seite 48 erwähnt haben, ist der direkte Vergleich von Gleitpunktzahlen mittels == bzw. != mit größter Vorsicht zu genießen. Sinnvoller ist es, auf fabs() zurückzugreifen, und anstelle von a==b einen Test der Form fabs(a-b) <= EPS mit einem geeigneten (d.h. hinreichend kleinen) Wert für EPS zu verwenden.

Neben den mathematischen Funktionen beinhaltet die Headerdatei math.h auch einige nützliche Konstanten (siehe Tabelle 3.2). Diese Konstanten liegen in der optimalen Genauigkeit für die jeweilige Architektur vor. So ist z.B. M_PI_2 genauer als etwa M_PI/2.0 und daher zu bevorzugen. Aus demselben Grund sollte man Anweisungen wie z.B.

```
double pi=4*atan(1.0);
```

---

[1] genauer gesagt: beim Linken

Tabelle 3.1. Deklarationen einiger Funktionen in `math.h`

Deklaration	berechnet
`double fabs(double a)`	$\lvert a \rvert$
`float fabsf(float a)`	$\lvert a \rvert$
`long double fabsl(long double a)`	$\lvert a \rvert$
`int abs(int j)`	$\lvert j \rvert$
`long int abs(long int j)`	$\lvert j \rvert$
`double sqrt(double x)`	$\sqrt{x}$
`double cbrt(double x)`	$\sqrt[3]{x}$ (cubic root)
`double pow(double b, double e)`	b^e
`double exp(double x)`	e^x
`double log(double x)`	$\ln x$
`double log10(double x)`	$\log_{10} x$
`double log2(double x)`	$\log_2 x$
`double sin(double x)`	$\sin x$, x als Radiant
`double cos(double x)`	$\cos x$, x als Radiant
`double tan(double x)`	$\tan x$, als Radiant
`double asin(double x)`	$\arcsin x$ als Radiant
`double acos(double x)`	$\arccos x$, als Radiant
`double atan(double x)`	$\arctan x$, als Radiant, Wert liegt in $(-\pi/2,\ \pi/2)$.
`double atan2(double y, double x)`	$\arctan(y/x)$, als Radiant, Wert liegt in $(-\pi,\ \pi]$.
`double hypot(double x, double y)`	euklidische Länge des Vektors mit Komponenten x, y, d.h. $\sqrt{x^2 + y^2}$
`double erf(double x)`	Gaußsches Fehlerintegral $$\mathrm{erf}(x) = \frac{2}{\sqrt{\pi}} \int_0^x \exp(-\xi^2)\, d\xi\,.$$
`double erfc(double x)`	komplementäre erf-Funktion: $\mathrm{erfc}(x) = 1 - \mathrm{erf}(x)$.

vermeiden und statt dessen `M_PI` verwenden.

Zur Warnung sei jedoch bemerkt, dass die Werte in `<math.h>` von der Rechnerplattform abhängen. Für eine gegebene Architektur sind die Konstanten sehr gut, aber man riskiert, dass das gleiche Programm auf zwei verschiedenen Rechnerarchitekturen voneinander abweichende Ergebnisse liefert.

Tabelle 3.2. In `math.h` definierte Konstanten vom Typ `double`.

Bezeichnung	Bedeutung
M_E	e
M_LOG2E	$\log_2 e$
M_LOG10E	$\log_{10} e$
M_LN2	$\ln 2$
M_LN10	$\ln 10$
M_PI	π
M_PI_2	$\pi/2$
M_PI_4	$\pi/4$
M_1_PI	$1/\pi$
M_2_PI	$2/\pi$
M_2_SQRTPI	$2/\sqrt{\pi}$
M_SQRT2	$\sqrt{2}$
M_SQRT1_2	$1/\sqrt{2}$
MAXFLOAT	größte darstellbare `float`-Zahl

Unter LINUX z.B. sind die Konstanten auch im `long double`-Format verfügbar. Es lohnt sich durchaus, mit dem folgenden Befehl einen Blick in `<math.h>` zu werfen:

```
$ more /usr/include/math.h
```

3.4 Gültigkeit von Variablen

Es wäre schlimm, wenn eine irgendwo im Quelltext deklarierte Variable ihren Bezeichner für das ganze Programm „gepachtet" hätte! Wir müssten uns beim Verfassen umfangreicher Programme mit entsprechend vielen Variablen unzählige Variablennamen ausdenken und den Überblick über diese Legion von Bezeichnern behalten. Völlig inpraktikabel wäre dies für ein mehrköpfiges Entwicklerteam, dessen Mitglieder unabhängig voneinander an einzelnen Programmteilen wie z.B. Funktionen arbeiten.

Dass wir uns damit nicht herumplagen müssen, verdanken wir der Tatsache, dass in C Variablen nicht per se universelle Gültigkeit besitzen, sondern jeder von ihnen ein genau festgelegter *Gültigkeitsbereich* zugeteilt wird. Beim Zugriff auf einen Variableninhalt über den zugehörigen Namen ergibt sich aus der Art der Variablen und dem Ort ihrer Deklaration, welches Datenobjekt angesprochen wird.

Lokale und globale Variablen

Ein erstes Unterscheidungskriterium für Variablen ist der Ort ihrer Deklaration:

- *Lokale Variablen*: Der Variablenname ist in dem Anweisungsblock (z.B. dem Funktions- oder Schleifenrumpf) gültig, in dem die betreffende Variable deklariert wurde. Dieser Block wird daher auch der *Gültigkeitsbereich* der Variablen genannt.

- *Globale Variablen*: Sie werden außerhalb aller Funktionen, d.h. auch außerhalb von `main()`, deklariert (z.B. direkt nach den Präprozessordirektiven). Globale Variablen sind zunächst einmal im gesamten Programm einschließlich aller Subroutinen gültig. Dies bedeutet speziell, dass jede Funktion sie verändern kann, was sehr leicht zu einem nicht mehr nachvollziehbaren Programmverlauf führen kann. Daher und aus Gründen der Verständlichkeit des Quelltextes ist die Verwendung von globalen Variablen mit Vorsicht zu genießen.

Die universelle Gültigkeit globaler Variablen hat aber ihre Grenzen:

Lokale Variablen haben Vorrang vor globalen Variablen.

Genauer gesagt: Variablen, die auf einer übergeordneten Ebene deklariert sind (z.B. im Rumpf einer aufrufenden Funktion oder globale Variablen), werden durch Deklaration *gleichnamiger* lokaler Variablen *verdeckt*. In diesem Zusammenhang spricht man auch von der *Sichtbarkeit* von Variablen.

Beispiel 3.5 (Lokale und globale Variablen).

```
1   /* Headerdateien */
2   #include <stdio.h>
3
4   /* globale Variable */
5   int b=1;
6
7   /* Funktionsdefinition */
8   void erzwinge()
9   {
10      int a=3;
11      printf("Funktion erzwinge: a=%i\n", a);
12      printf("Funktion erzwinge: b=%i\n", b);
13      printf("Funktion erzwinge: Subtrahiere 1 von b.\n");
14      b--;
15      printf("Funktion erzwinge: b = %i\n", b);
16   }
17
18   void zeige_b()
```

```
19 {
20      printf("Funktion zeige_b: b= %i\n", b);
21 }
22
23 /* Hauptprogramm */
24 int main()
25 {
26      int a=2;
27      int b=4;
28
29      printf("Hauptprogramm: a=%i\n", a);
30      erzwinge();
31      zeige_b();
32      printf("Hauptprogramm: a=%i\n", a);
33      printf("Hauptprogramm: b=%i\n", b);
34      return 0;
35 }
```

Das Programm erzeugt die Ausgabe:

```
Hauptprogramm: a=2
Funktion erzwinge: a=3
Funktion erzwinge: b=1
Funktion erzwinge: Subtrahiere 1 von b.
Funktion erzwinge: b = 0
Funktion zeigeb: b= 0
Hauptprogramm: a=2
Hauptprogramm: b=4
```

Wir verfolgen die Ausführung:

Zeile 5: Die globale Variable b wird mit dem Wert 1 initialisiert.

Zeilen 8–21: Es werden die Funktionsdefinitionen erfasst (aber natürlich noch nicht ausgeführt).

Zeile 26: Zu Beginn der Ausführung des Hauptprogramms wird die lokale Variable a mit dem Wert 2 initialisiert.

Zeile 27: Die lokale Variable b überdeckt die globale Variable gleichen Namens. Sie wird mit 4 initialisiert.

Zeile 29: Es wird der Wert von a ausgegeben, also 2.

Zeile 30: Wegen des Funktionsaufrufs in *Zeile 31* betrachten wir den Funktionsrumpf in

Zeile 10: Die lokale Variable a überdeckt die gleichnamige Variable aus *Zeile 27*.

Zeile 11: Es wird der Wert der lokalen Variablen a, also 3, ausgegeben.

Zeile 12: In der Funktion wurde keine lokale Variable b deklariert, die die globale Variable gleichen Namens aus *Zeile 5* überdeckt. Daher wird deren Wert 1 ausgegeben.

Zeile 14: Hier wird der Wert der globalen Variablen b verändert, in
Zeile 15 wird daher 0 ausgegeben. Die Verringerung des Wertes um 1 bleibt
    bestehen.
Zeile 31: Das Hauptprogramm fährt mit Aufruf der Funktion `zeige_b()` fort.
    Wir betrachten den Funktionsrumpf in
Zeile 20: Es wird 0 ausgegeben, da b nicht von einer lokalen Variablen gleichen
    Namens überdeckt wird.
Zeilen 32 und 33: Es werden die in `main()` definierten lokalen Variablen a und
    b angesprochen. Speziell überdeckt b aus *Zeile 27* die globale Variable aus
    Zeile 5 und es wird daher 4 ausgegeben.

□

Die Gültigkeit von Variablen dient nicht nur der Bequemlichkeit bei der Na-
mensgebung. Ähnlich dem *Call by Value*-Konzept dienen Sichtbarkeit und
Gültigkeitsbereich von Variablen dem Zweck, unabsichtliche Änderungen an
Variableninhalten zu verhindern. Deshalb ist es auch nicht so, dass eine globale Variable eine lokale Variable gleichen Namens überschreibt, sondern die
lokale Variable die globale verdeckt.

Automatische und statische Variablen

Eine zweite Art der Unterscheidung von Variablen geht von der „Lebensdauer" der damit verbundenen Datenobjekte aus. Die Variablen, die wir bisher
kennen gelernt haben, waren *automatische* Variablen. Das bedeutet, dass die
Variable nur solange gültig ist, bis die Ausführung des Blocks, in dem sie
deklariert wurde, abgeschlossen ist. Danach existiert das mit diesem Bezeichner verbundene Datenobjekt samt Inhalt nicht mehr. Es würde auch wenig
Sinn machen, Speicherplatz für alle möglichen lokalen Variablen zu vergeu-
den, wenn diese gar nicht für die gesamte Laufzeit des Programms benötigt
werden. Insbesondere sind die innerhalb einer Funktion deklarierten lokalen
Variablen und die Funktionsargumente automatische Variablen.

Globale Variablen haben die Eigenschaft, dass sie für die gesamte Laufzeit des Programms – unter Umständen von lokalen Variablen verdeckt –
existieren. In manchen Situationen kann es erwünscht sein, dass lokale Variablen diese „Langlebigkeit" aufweisen und samt ihrem Inhalt unabhängig
von der Funktionsausführung erhalten bleiben. Solche *statischen* Variablen
erzeugt man, indem man bei ihrer Deklaration das reservierte Wort `static`
voranstellt:

```
static Typ Name = wert;
```

Wichtig ist, dass eine solche Variable bei der Deklaration initialisiert werden
muss.

Beispiel 3.6 (Zählen von Funktionsaufrufen).
Durch die Verwendung einer lokalen statischen Variablen kann man z.B. eine
Funktion dazu veranlassen, die Anzahl ihrer Aufrufe mitzuzählen:

```
1  void zaehle_mit()
2  {
3      int static zaehler = 1;
4      printf("%d.ter Aufruf !\n", zaehler);
5      zaehler++;
6  }
```

In *Zeile 3* wird beim ersten Aufruf von `zaehle_mit()` die Zählervariable `zaehler` initialisiert. Diese Zuweisung wird bei erneutem Aufruf natürlich nicht mehr ausgeführt und die Erhöhung des Werts von `zaehler` um 1 bleibt auch nach dem Verlassen der Funktion bestehen.   □

Die Variable `zaehler` in Beispiel 3.6 kann nur von der Funktion `zaehle_mit()` verändert werden. Vor Manipulationen von außen ist sie geschützt, was je nach Aufgabenstellung auch ein Nachteil sein kann.

3.5 Beispiel: Entfernungsmessung durch Peilung

Als kleines Anwendungsbeispiel entwickeln wir ein Programm, welches folgende Textaufgabe löst und diskutieren die Lösung:

> Person A und Person B stehen auf einer geraden Straße mit Abstand 1 km und schauen sich an. Sie peilen ein entferntes Objekt X wie folgt an: Person A dreht sich nach links zum Objekt X hin und misst einen Winkel α. Person B dreht sich entsprechend nach rechts zum Objekt und misst dabei den Winkel β (siehe Skizze).
> Bestimmen Sie den Abstand d des Objekts X zur Straße.

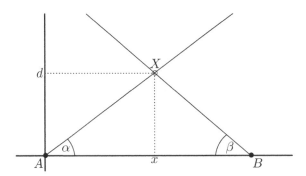

Die mathematische Lösung ist einfach: In rechtwinkligen Dreiecken gilt bekanntlich

$$\tan \alpha = \frac{d}{x} \quad , \quad \tan \beta = \frac{d}{1-x} ,$$

da wir ja annehmen, dass A und B gerade den Abstand 1 km voneinander haben. Es folgt offensichtlich

$$d = x \tan \alpha = (1 - x) \tan \beta$$

und somit durch Elimination von x:

$$d = \frac{\tan \alpha \, \tan \beta}{\tan \alpha + \tan \beta} .$$

Dieses Ergebnis führt zum folgenden C-Programm:

```
 1  #include <math.h>
 2  #include <stdio.h>
 3
 4  double berechne_abstand(double alpha, double beta)
 5  {
 6      double zaehler, nenner;
 7
 8      zaehler = tan(alpha)*tan(beta);
 9      nenner  = tan(alpha)+tan(beta);
10
11      return zaehler/nenner;
12  }
13
14  int main()
15  {
16      double alpha_in_grad, beta_in_grad, alpha, beta, d;
17      printf("Geben Sie den Winkel alpha in grad ein: ");
18      scanf("%lf", &alpha_in_grad);
19
20      printf("Geben Sie den Winkel beta in grad ein: ");
21      scanf("%lf", &beta_in_grad);
22
23      alpha = M_PI * alpha_in_grad / 180.0;
24      beta  = M_PI * beta_in_grad / 180.0;
25
26      d=berechne_abstand(alpha, beta);
27      printf("Abstand d beträgt %lf km\n", d);
28
29      return 0;
30  }
```

Man beachte, dass das Programm die Eingabe von Grad nach Radiant umrechnet. Andernfalls würde `tan()` in den *Zeilen 8* und *9* fehlerhafte Ergebnisse liefern.

Fehlerverstärkung bei der Abstandsmessung. Können auch bei der Entfernungsmessung kleine Messfehler zu großen Abweichungen im Ergebnis führen? Dazu betrachten wir die Situation, dass B sehr exakt vorgeht und $89°$ misst, während die Messung von A fälschlicherweise $88°$ statt den tatsächlichen $87°$ ergibt.

Das Programm liefert dann einen Abstand von $d = 19.09$ km statt des korrekten Abstands $d = 14.31$ km. Der relative Fehler im Ergebnis beträgt somit
$$\frac{19.09 - 14.31}{14.31} = 33.4\%.$$
Der relative Fehler in den Eingabedaten, d.h. der eigentliche Messfehler beträgt allerdings nur
$$\frac{88 - 87}{87} = 1.1\%,$$
d.h. wir beobachten eine Fehlerverstärkung um etwa das Dreißigfache! Dass ein solcher Fehler auftritt, sollte von der Anschauung her klar sein: Je mehr sich beide Winkel einem rechten Winkel annähern, desto „schneller" bewegt sich der Punkt X von der Straße weg.

Das Phänomen, dass die Lösung einer Aufgabe empfindlich auf geringe Änderungen der Eingabedaten reagiert, kennen wir bereits aus Abschnitt 1.3. Wir können unsere Beobachtung auch folgendermaßen ausdrücken: Sind die beiden Winkel ungefähr gleich und nahe $90°$, so ist das Problem schlecht konditioniert. Da die Kondition eine Eigenschaft des gestellten Problems und nicht des angewandten Lösungsverfahrens ist, wissen wir: Auch eine größere Rechengenauigkeit, z.B. indem man im Programm `double` durch `long double` ersetzt, wird hier nicht viel helfen.

Vielmehr muss man in einer solchen Situation das Problem selbst modifizieren. Hier können z.B. mehrfache Messungen mit anschließender Mittelung der gemessenen Winkel, oder die Hinzunahme einer weiteren Person, zu wesentlichen Verbesserungen führen.

Eine Konditionsanalyse für die Abstandsmessung. Wir wollen unsere Beobachtungen und Schlussfolgerungen mathematisch untermauern. Zur Vereinfachung nehmen wir wieder an, dass der vom Beobachter B gemessene Winkel β exakt ist und untersuchen das Verhalten des Abstands d in Abhängigkeit von α, gegeben als
$$d(\alpha) = \frac{\tan\alpha \, \tan\beta}{\tan\alpha + \tan\beta}. \tag{3.1}$$
Die Verstärkung des relativen Fehlers ist
$$\frac{\alpha\Delta d}{d\,\Delta\alpha} \approx \frac{\alpha\,d'(\alpha)}{d},$$

sofern die Abweichungen $\Delta\alpha$ klein sind. Unter Verwendung der Quotienten-regel berechnen wir für die Ableitung:

$$d'(\alpha) = \frac{\tan\beta}{\cos^2\alpha(\tan\alpha + \tan\beta)} - \frac{\tan\alpha\,\tan\beta}{\cos^2\alpha(\tan\alpha + \tan\beta)^2}$$

$$= \frac{\tan^2\beta}{\cos^2\alpha(\tan\alpha + \tan\beta)^2}$$

Zusammen mit (3.1) und der Beziehung

$$\tan\alpha = \frac{\sin\alpha}{\cos\alpha}$$

erhalten wir

$$\frac{\alpha\,d'(\alpha)}{d(\alpha)} = \frac{\alpha\,\tan\beta}{\sin^2\alpha + \sin\alpha\,\cos\alpha\,\tan\beta}. \tag{3.2}$$

Für $\alpha \nearrow \pi/2$, d.h. wenn sich α von unten dem Wert $\pi/2$ nähert, gilt

$$\lim_{\alpha\nearrow\pi/2}\sin\alpha = 1\,,\quad \lim_{\alpha\nearrow\pi/2}\cos\alpha = 0$$

und aus (3.2) folgt:

$$\lim_{\alpha\nearrow\pi/2}\frac{\alpha\,d'(\alpha)}{d(\alpha)} = \frac{\pi}{2}\tan\beta.$$

Daraus leitet sich sofort ab, dass die Messung eine schlecht konditionierte Aufgabe ist, wenn beide Beobachter einen nahezu rechten Winkel messen, d.h. wenn auch β nahe an $\pi/2$ liegt. Da A und B gleichberechtigt sind, können wir schlussfolgern, dass die Messung ein gut gestelltes Problem ist, wenn mindestens ein Beobachter einen kleinen Winkel misst.

3.6 Kontrollfragen zu Kapitel 3

Frage 3.1

Welche der folgenden Aussagen trifft nicht zu?

a) Für Namen von Funktionen gelten dieselben Regeln wie für Variablennamen. □
b) Für das Kompilieren eines Programmteils reicht die Funktionsdeklaration, erst für das Linken benötigt man die Funktionsdefinition. □
c) Funktionen dürfen auch in `main()` deklariert oder definiert werden. □
d) Die Definition einer Funktion darf nie ohne vorherige Deklaration erfolgen. □
e) Deklaration und Definition einer Funktion dürfen sich nicht widersprechen. □

Frage 3.2

Was versteht man unter einer impliziten Deklaration einer Funktion?

a) Die Deklaration einer Funktion innerhalb von `main()`. ☐
b) Die Deklaration einer Funktion innerhalb einer anderen Funktion. ☐
c) Die Deklaration einer Funktion durch Angabe der Funktionsdefinition. ☐
d) Die vom Compiler erzeugte Deklaration einer Funktion, wenn keine Deklaration im Quelltext vorhanden ist. ☐
e) Die Deklaration einer Funktion in einer eingebundenen Headerdatei. ☐

Frage 3.3

Für welche der folgenden Kombinationen gilt `tan(y/x) = atan2(y,x)`?

a) `x = y = 1.0` ☐
b) `x = 1.0, y = -1.0` ☐
c) `x = -1.0, y = 1.0` ☐
d) `x = y = -1.0` ☐

Frage 3.4

Welchen Wert hat die Anweisung `abs(-2.3) - abs(2)`?

a) `0.3` ☐
b) `0` ☐
c) `0.7` ☐

Frage 3.5

Welche mathematische Funktion f wird durch

```
z=x*x;
f=exp(-z)/(1+z);
```

ausgedrückt?

a) $f(x) = \dfrac{e^{-x^2}}{(1+x)^2}$ ☐

b) $f(x) = e^{-x^2}(1+x^2)$ ☐

c) $f(x) = \dfrac{e^{-x^2}}{1+x^2}$ ☐

d) $f(x) = e^{-\frac{x^2}{1+x^2}}$ ☐
e) Keiner der Ausdrücke a) - d). ☐

Frage 3.6

Durch welche der folgenden Anweisungen wird die Funktion

$$f(x) = \frac{e^{-|x-y|}}{x^2 + y^3}$$

für $x \in \mathbb{R}$ implementiert?

a) `exp(-|x-y|)/(x*x + pow(y,3))`   ☐

b) `exp(-fabs(x-y))/(pow(x,2) + pow(y,3))`   ☐

c) `exp(-abs(x-y))/(x*x + y*y*y)`   ☐

Frage 3.7

Welche der folgenden Optionen berechnet am exaktesten und zuverlässigsten den den Logarithmus von x zur Basis 2, wenn keine entsprechende Bibliotheksfunktion zur Verfügung steht?

a) `log(2)/log(x)`   ☐

b) `log(x)/log(2)`   ☐

c) `M_LOG2E*log(x)`   ☐

d) `log(x)/M_LOG2E`   ☐

e) `M_LOG2E/log(x)`   ☐

f) `log(x)/log(2)`   ☐

Frage 3.8

Was gibt das folgende Programm aus?

```
 1  #include <stdio.h>
 2
 3  int function(int a, int b)
 4  {
 5      a = a + b;
 6      b = b + a;
 7      return a;
 8  }
 9
10  int main()
11  {
12      int a, b;
13      a=3;
14      b=5;
15      b = function(a, b);
16      printf("a=%d, b=%d\n", a, b);
17  }
```

a) `a=3, b=5`   ☐

b) `a=3, b=8`   ☐

c) `a=8, b=13`   ☐

Frage 3.9

Welches Verhalten ist von dem folgenden Programmteil zu erwarten?

```
int i, N=10;
for (i=0; i<N; ++i)
{
    int N=i+1;
    printf("%i ", N);
}
```

a) Unvorhersehbar. Der Programmteil ist syntaktisch nicht korrekt.   ☐
b) Die Bildschirmausgabe lautet: 1 2 3 4 5 6 7 8 9 10   ☐
c) Bildschirmausgabe: 10 10 10 10 10 10 10 10 10 10   ☐
d) Es werden alle darstellbaren int-Werte in einer Endlosschleife ausgegeben. ☐

Frage 3.10

Welche Ausgabe liefert das folgende Programm?

```
#include <stdio.h>

int a=4;

int func(int a)
{
    return (--a);
}

void proc()
{
    ++a;
}

int main()
{
  proc();
  proc();
  func(a);
  printf("a= %i\n",a);

  return 0;
}
```

a) Das Programm ist syntaktisch nicht korrekt.   ☐
b) a= 3   ☐
c) a= 4   ☐
d) a= 5   ☐
e) a= 6   ☐

Frage 3.11

Was gibt folgendes Programm auf dem Bildschirm aus?

```
int fun()
{
    static int x=0, y=1;
    int xneu;

    xneu = y;
    y = x+xneu;
    x = xneu;
    return x;
}

main()
{
    fun(); fun(); fun(); fun();
    printf("%d\n", fun());
}
```

a) Den Wert 0 ☐
b) Den Wert 1 ☐
c) Den Wert 3 ☐
d) Den Wert 5 ☐

3.7 Übungsaufgaben zu Kapitel 3

*Aufgaben, die mit einem * markiert sind, sind vom Schwierigkeitsgrad etwas anspruchsvoller. Sie können beim ersten Durcharbeiten zurückgestellt werden.*

3.1 (Euklidischer Algorithmus und Kürzen von Brüchen).
Implementieren Sie den Euklidischen Algorithmus als Funktion ggT(int, int), wobei unabhängig vom Vorzeichen der Argumente ein positives Resultat zurückgeliefert werden soll.
Testen Sie die Funktion in einem Hauptprogramm, das Zähler und Nenner eines Bruchs von der Tastatur einliest und den Bruch vollständig kürzt.

3.2 (Skalarprodukt, Kreuzprodukt und Spatprodukt).
Schreiben Sie jeweils eine Funktion, die zu zwei Vektoren $a, b \in \mathbb{R}^3$

a) das euklidische Skalarprodukt

$$\langle a, b \rangle = \sum_{i=1}^{3} a_i \, b_i \,,$$

b) bzw. das Kreuzprodukt

$$a \times b = \begin{pmatrix} a_2 \, b_3 - a_3 \, b_2 \\ a_3 \, b_1 - a_1 \, b_3 \\ a_1 \, b_2 - a_2 \, b_1 \end{pmatrix}$$

berechnet. Die Komponenten sollen vom Typ `double` sein.
c) Schreiben Sie eine dritte Funktion, die die beiden Funktionen aus a) und b) aufruft
um das Spatprodukt

$$\big\langle (a \times b)\, , \, c \big\rangle$$

dreier Vektoren $a, b, c \in \mathbb{R}^3$ zu berechnen.

Testen Sie Ihre Routinen in einem Hauptprogramm.

3.3 (Fibonacci-Zahlen).
Die Fibonacci-Zahlen f_n genügen der Bildungsvorschrift $f_n = f_{n-1} + f_{n-2}$ mit
den Startwerten $f_0 = 0$ und $f_1 = 1$. So lauten die ersten sechs Glieder dieser
Folge $0, 1, 1, 2, 3, 5$. Schreiben Sie unter Zuhilfenahme von statischen Variablen eine
Funktion `int fibonacci()`, die mit 0 beginnend, von Aufruf zu Aufruf die nächste
Fibonacci-Zahl zurückliefert.

3.4 (Stabile Berechnung von $\sinh(x)$).

a) Implementieren Sie eine Funktion `sinh_def()`, die $\sinh(x)$ unter Verwendung der
Definiton

$$\sinh(x) = \frac{\exp(x) - \exp(-x)}{2} \,,$$

berechnet. Schreiben Sie auch eine Funktion `sinh_appr()`, die die Approximation
aus Beispiel 1.21 verwendet. Argument und Rückgabewert sollen dabei vom Typ
`float` sein.
b) Testen Sie Ihre Funktionen in einem Hauptprogramm, in dem die Funktion
`sinh()` aus der C-Mathematikbibliothek den entsprechenden Funktionswert vom
Typ `double` berechnet und bestimmen Sie, wie groß die jeweiligen relativen Abweichungen

$$\epsilon_1 = \frac{\texttt{sinh\_def(x)} - \texttt{sinh(x)}}{\texttt{sinh(x)}} \,, \quad \epsilon_2 = \frac{\texttt{sinh\_approx(x)} - \texttt{sinh(x)}}{\texttt{sinh(x)}}$$

sind. Lassen Sie sich die relativen Fehler auf dem Bildschirm ausgeben. Testen
Sie das Programm für `float`-Werte $x \approx 0$.

3.5 (Approximation der sin-Funktion).

Schreiben Sie eine Funktion

```
double sin_approx(double x, int N) ,
```

die die Sinusfunktion unter Verwendung der abgebrochenen Potenzreihe

$$\sin(x) \approx \sum_{n=0}^{N} (-1)^n \frac{x^{2n+1}}{(2n+1)!} ,$$

berechnet. Im Hauptprogramm sollen die Werte für x und N eingelesen und das von der Funktion `sin_approx()` berechnete Resultat am Bildschirm ausgegeben werden.

3.6 (Verbesserte Berechnung von $\sin(x)$).

a) Schreiben Sie ein Unterprogramm
     `void sin_quality(double x, int Nmax);`
   das zunächst die Bibliotheksfunktion `sin()` zur Berechnung von $\sin(x)$ aufruft. Danach berechnet die Funktion jeweils für N=1, ... , Nmax die relative Abweichung

$$\left| \frac{\sin(x) - \sin\_approx(x)}{\sin(x)} \right|$$

   mit `sin_approx()` aus Aufgabe 3.5 und gibt diese auf den Bilschirm aus.
b) Schreiben Sie ein Hauptprogramm, in dem der Benutzer x und Nmax eingeben kann. Untersuchen Sie die Qualität für x = 0.1 und Nmax = 1, 5, 100, 200.

c) * Sollte Ihr Programm für Nmax = 200 kein gültiges Ergebnis liefern, so ist das eine Frage der Stabilität Ihres Verfahrens: Finden Sie die Ursache heraus und beheben Sie diese.
   Hinweis: Was passiert mit Zähler und Nenner in der sin-Näherungsformel aus Aufgabe 3.5, wenn n groß wird?

3.7 (Quadratische Gleichung).
Sie haben in Beispiel 1.20 zwei Methoden zur Berechnung der Nullstellen x_1 und x_2 des Polynoms $x^2 + px + q$ kennen gelernt.

a) Schreiben Sie eine Funktion, welche zwei Zahlen a, b entgegennimmt und daraus die Koeffizienten p, q des Polynoms $f(x) = x^2 + px + q$ mit $f(a) = f(b) = 0$ bestimmt. Benutzen Sie dann die gebräuchliche Formel

$$x_1 = -\frac{p}{2} - \frac{1}{2}\sqrt{p^2 - 4q}$$
$$x_2 = -\frac{p}{2} + \frac{1}{2}\sqrt{p^2 - 4q}$$

um die Nullstellen auszurechnen und bestimmen Sie den relativen Fehler dieser berechneten Nullstellen im Vergleich zu den vorgegebenen a und b. Benutzen Sie hierbei Variablen vom Typ **float**.
Testen Sie Ihr Programm mit $a = 1.0$ und $b = 10^{-15}, 10^{-16}$ und 10^{-17}. Berechnen sie den jeweiligen relativen Fehler.

b) Wiederholen Sie den ersten Teil dieser Aufgabe unter Verwendung der in Beispiel 1.20 vorgestellten Alternative zur Berechnung der Nullstellen. Was stellen Sie fest? Können Sie diese Beobachtung erklären?

3.8 (Peilung zur Bestimmung der x-Koordinate).

Wie lautet die Formel, wenn die beiden Beobachter bei der Peilung statt des Abstands d die x-Koordinate des Objekts X bestimmen wollen? Überlegen Sie sich, wann diese Aufgabe schlecht konditioniert ist.
Hinweis: Es muss nicht unbedingt $0 \leq x \leq 1$ gelten.

3.9 (Verbesserung der Abstandsmessung).

Modifizieren Sie das Programm zur Abstandsmessung wie folgt: Der Benutzer gibt für beide Personen je zwei Winkel ein, die Funktion übernimmt diese vier Werte, bildet pro Person den Mittelwert der Winkel und berechnet den resultierenden Abstand. Schreiben Sie zur Berechnung des Mittelwertes zweier Zahlen eine eigene Funktion.
Testen Sie dieses Programm mit den folgenden Messdaten: A misst zwei mal $89°$, B misst zunächst exakt $87°$ und anschließend fehlerbehaftet $88°$.
Berechnen Sie die Fehlerverstärkung.

4

Zeiger und ihre Anwendungen

Zeiger werden von Programmieranfängern häufig als ein schwer zugängliches Konstrukt empfunden. Als ein wesentlicher Teil der Sprache sind sie jedoch für die Lösung sehr vieler Implementierungsaufgaben extrem hilfreich und werden für manche sogar zwingend benötigt. Nach einer allgemeinen Einführung werden wir wichtige Eigenschaften von Zeigern sowie einige Anwendungen vorstellen.

1. Wie wir bereits in Abschnitt 3.2 gesehen haben, ist es bei der Argument-übergabe mittels *Call by Value* nicht möglich, die Inhalte der übergebenen Variablen über die „Lebensdauer" des Unterprogramms hinaus zu ändern. Der *Call by Reference* genannte Übergabemechanismus macht dies mit Hilfe von Zeigern möglich. So können Funktionen nicht nur mittels `return` Variablenwerte verändern.

2. Von zentraler Bedeutung bei der Arbeit mit C ist der Zusammenhang zwischen Zeigern und Feldern. Wie wir sehen werden, kann man auf Feldkomponenten auch über entsprechende Zeiger zugreifen. Ein Stichwort hierzu ist die so genannte *Zeigerarithmetik*.

3. Bisher haben wir nur statische Felder kennen gelernt, deren Größe bereits bei der Deklaration festgelegt werden muss. Oft hängt die benötigte Feldgröße allerdings von Parametern ab, die erst zur Laufzeit des Programms bekannt sind. Bei der flexiblen Handhabung von Speicherressourcen sind Zeiger das Mittel der Wahl, wobei der unter 2. angesprochene Zusammenhang zwischen Zeigern und Feldern zum Tragen kommt.

4. Bei vielen fehlerhaften Programmen liegt die Ursache im falschen Umgang mit Zeigern. Diese Fehler werden in der Regel vom Compiler nicht erkannt, und das Verhalten eines solchen Programms ist in der Regel nicht vorhersehbar. Die Fehlersuche ist in diesem Fall recht schwierig. Wir werden einige typische Fallen und Stolpersteine diskutieren.

Als mathematische Paradeanwendung für die Arbeit mit Zeigern führen wir zwei Möglichkeiten zur dynamischen Implementierung von Matrizen in C vor und finden damit einen Einstieg in die Datenstrukturen der linearen Algebra.

4.1 Zeiger

Bei der Funktion `scanf()` haben wir gesehen, dass Variableninhalte auch über die Adresse der Variablen manipuliert werden können. Für diesen indirekten Zugang zum Wert eines Datenobjekts muss neben der Adresse auch der betreffende Datentyp bekannt sein. Der Compiler muss schließlich die Anzahl der vom Objekt belegten Speicherzellen wissen und das dort hinterlegte Bitmuster, d.h. die binäre Darstellung des Variablenwerts, korrekt interpretieren. Dieser Zugang ist dann sowohl lesend als auch schreibend.

Die Idee von Zeigern besteht darin, dass man den Inhalt einer Variablen durch direktes Ansprechen ihrer Position im Speicher statt über ihren Namen ausliest bzw. verändert. Im Programm realisiert man den Zugang durch *Zeigervariablen*, die die Adresse eines Datenobjekts in Form einer ganzen Zahl speichern.

Ein Zeiger (engl. pointer) markiert die Position eines Datenobjekts im Speicher oder alternativ ausgedrückt: Eine Zeigervariable speichert die Adresse des betreffenden Datenobjekts und gibt an, wie die unter der Adresse abgelegten Bytes zu interpretieren sind.

Um ein alltägliches Analogon zu bemühen: Möchte z.B ein Kabelnetzbetreiber über Wartungsarbeiten in einer bestimmten Gegend informieren, so hat er einerseits die Möglichkeit, die betroffenen Haushalte jeweils namentlich anzuschreiben (was dem Zugang durch Variablennamen entspricht), oder aber er wendet sich z.B. „an die Bewohner der Musterstr. 88". Letztere Variante entspricht dem Zugriff auf Daten über Zeiger und ist dadurch gekennzeichnet, dass der konkrete Familienname des Haushaltes keine Rolle spielt.

4.1.1 Elementare Operationen mit Zeigern

Bevor uns damit beschäftigen, welche Möglichkeiten der Einsatz von Zeigern bei der Programmierung bietet, machen wir uns anhand eines Beispiels mit den grundlegendsten Dingen vertraut.

Deklaration von Zeigern Durch die folgenden Anweisungen wird eine Variable `a` vom Typ `int` und eine Variable `adr_a` vom Typ „Zeiger auf `int`" deklariert:

```
int a;
int *adr_a;
```

Solche Variablen bezeichnen wir auch als Zeigervariablen.

Der Adressoperator. Eine erste Möglichkeit, eine Zeigervariable mit einem Wert zu belegen ist die folgende: Man wendet auf eine Variable passenden Typs den *Adressoperator* `&` an und weist das Ergebnis dieser Operation der Zeigervariablen zu. Wir erweitern unser obiges Beispiel um entsprechende Anweisungen:

```
int a;
int *adr_a;
a = 3;
adr_a= &a;
```

Durch die letzte Anweisung wird in der Zeigervariablen `adr_a` die Speicheradresse von a abgelegt. Die Variable a wiederum hat den Wert 3. Man sagt:
    „`adr_a` zeigt auf a."
oder
    „`adr_a` referenziert den Inhalt von a."

Der Inhaltsoperator. Wie funktioniert nun der eingangs erwähnte indirekte Zugriff auf Variableninhalte?

Um den Inhalt einer Speicheradresse, auf die sich ein Zeiger bezieht, auszulesen oder zu ändern, wendet man den *Inhaltsoperator* * auf die betreffende Zeigervariable an. Die Anwendung des Inhaltsoperators wird auch *Dereferenzieren* genannt. Wir erweitern wieder unser Beispiel:

```
int a, b;
int *adr_a;
a = 3;
adr_a= &a;
b = *adr_a;
*adr_a=b+1;
```

Hier wird noch eine zweite `int`-Variable b deklariert. Da `adr_a` auf die Variable a zeigt, sorgt die Anwendung des Inhaltsoperators in der vorletzten Zeile dafür, dass der Wert von a der Variablen b zugewiesen wird. In der letzten Anweisung wird der Wert von b um 1 erhöht und per Zuweisung an die von `adr_a` referenzierte Speicheradresse geschrieben. Da es sich dabei ja um die Adresse von a handelt, trägt die Variable a nach dieser Anweisung den Wert 4.

> *Der Adressoperator & kann ausschließlich zum Auslesen der Speicheradresse einer Variablen verwendet werden.*
> *Der Inhaltsoperator * ist invers zum Addressoperator. Er kann sowohl für lesende als auch für schreibende Zugriffe auf Speicheradressen benutzt werden.*

Die allgemeine Form der Deklaration einer Zeigervariablen lautet folgendermaßen:

```
Datentyp *Zeigervariablenname;
```

Bemerkung 4.1.

a) Eine Zeigervariable beansprucht auf einer Rechnerarchitektur immer die gleiche Anzahl Speicherzellen, auch wenn die angesprochene Variable je nach Typ unterschiedlich viele Speicherzellen belegt.

b) Da die Verwendung von * im Zusammenhang mit Zeigern leicht zu Ver-
   wechslungen oder Verständnisprobleme führen kann, weisen wir ausdrücklich auf die Doppelrolle von * als unärer Operator hin: Bei der Deklaration
   von Variablen werden durch Voranstellen von * Zeiger gekennzeichnet und
   bei Anweisungen wird mittels * auf den Inhalt zugegriffen.
   Man beachte die Ähnlichkeit zu den Feldern: In einer Deklaration werden
   durch die eckigen Klammern [] Felder vereinbart, in Anweisungen dagegen greift man mit ihnen auf eine Feldkomponente zu. Diese Analogie ist
   kein Zufall, da Felder und Zeiger eng miteinander verknüpft sind (siehe
   Abschnitt 4.3).

c) Bei der Deklaration von Zeigern bezieht sich * ausschließlich auf den nachfolgenden Bezeichner. So bedeutet z.B. die Deklaration

```
int *zgr1, zgr2;
```

dass zgr1 ein Zeiger auf den Datentyp int, zgr2 jedoch eine int-Variable
ist. Damit beides Zeiger auf int sind, muss die Deklaration folgendermaßen
lauten:

```
int *zgr1, *zgr2;
```

4.1.2 Der Datentyp void*

Eine Sonderrolle spielt der Datentyp void*. Dabei handelt es sich keineswegs
um den Typ „Zeiger auf Nichts", sondern um einen „universellen" Zeiger, der
Speicheradressen ohne Typinformation speichert. Ohne diese Information ist
aber nicht klar, welcher Art die unter der Speicheradresse abgelegte Information ist, so dass eine Variable vom Typ void* nicht dereferenziert werden
kann.

Die Universalität dieses Datentyps besteht darin, dass sich typbehaftete
Zeiger nach void* konvertieren lassen. Umgekehrt kann man Variablen vom
Typ void* durch Verwendung von *Casts* in typbehaftete Zeiger umwandeln:

```
float a=2.0f;
void *adr_a = &a;
printf("%d\n", *(int *) adr_a);
```

Der Compiler wird diese Anweisungen ohne Fehlermeldung übersetzen, die
printf()-Anweisung wird allerdings im allgemeinen nicht 2 ausgeben. Der
Zeiger adr_a zeigt zwar auf eine Speicherzelle an der der float-Wert 2.0
hinterlegt ist, bei der Dereferenzierung in der letzten Zeile wird der Inhalt
dieser Speicherzellen wegen des *Casts* allerdings als int interpretiert.

Der Programmierer ist also selbst verantwortlich für den richtigen Umgang
mit den Zeigervariablen, der Compiler bietet keine Hilfestellung. Im obigen
Beispiel hätte man also folgende Ausgabeanweisung verwenden müssen:

```
printf("%f\n", *(float *) adr_a);
```

Verwendet wird `void*` vor allem für die Arbeit mit Zeigern auf Datenobjekte deren Typ noch nicht feststeht („Zeiger auf Etwas"). Als Beispiele hierfür werden wir in Abschnitt 4.4 mehrere Bibliotheksfunktionen kennenlernen, die mit dem Rückgabetyp `void*` deklariert sind.

4.2 Call by Reference

Wir haben noch das Beispiel 3.3 in Erinnerung, wo wir wegen des *Call by Value*-Übergabemechanismus an der Vertauschung zweier Variableninhalte gescheitert sind. Jetzt, da wir über die Zeigervariablen direkten Zugriff auf die Speicheradresse haben, können wir das Problem lösen.

Doch zuerst schauen wir uns noch das folgende Beispiel an, das uns wieder einmal die Tücke des *Call by Value*-Konzepts zeigt:

Beispiel 4.2. In umfangreicheren Projekten wird man bestrebt sein, die Dateneingabe durch wiederverwendbare Unterprogramme zu realisieren. In seiner einfachsten Form sieht das ungefähr wie folgt aus:

```
1  #include <stdio.h>
2
3  void einlesen(float x)
4  {
5      printf("Eingabe float-Zahl:");
6      scanf("%f", &x);
7  }
8
9  int main()
10 {
11     float zahl = 2.0;
12     einlesen(zahl);
13     printf("'zahl' hat Wert %f\n", zahl);
14     return 0;
15 }
```

Zu unserer Enttäuschung können wir hier eingeben, was wir wollen: Die `printf()`-Anweisung in *Zeile 13* gibt immer den Wert 2.0 aus, obwohl die Funktion `scanf()` die Adresse der zu manipulierenden Variablen entgegennimmt.

Die Ursache hierfür, dass bei Aufruf der Funktion `einlesen()` in *Zeile 12* eben nicht die Variable `zahl` selbst, sondern ein Duplikat übergeben wird. Diese Kopie hat ihre eigene Speicherposition und an *diese* leitet die `scanf()`-Anweisung den Wert weiter: Der eingegebene Zahlenwert landet buchstäblich an der falschen Adresse. □

Diese Probleme sind beseitigt, wenn wir den Kopiermechanismus bei der Argumentübergabe „überlisten": Statt der zu bearbeitenden Variablen übergeben wir der Funktion die Adressen dieser Variablen als Argumente.

Beim Funktionsaufruf Call by Reference werden Zeiger auf Datenobjekte als Argumente übergeben.
Im Funktionsrumpf werden die zugehörigen Variableninhalte z.B. durch Anwendung des Inhaltsoperators manipuliert. Diese Änderungen bleiben daher auch nach Beendigung der Funktion wirksam.

Wir müssen nur sehr wenig an unserem Programm in Beispiel 4.2 ändern, damit es das Gewünschte tut:

Beispiel 4.3 (Funktion zum Einlesen von Werten). Wir realisieren die Einlesefunktion durch *Call by Reference*:

```
 1  #include <stdio.h>
 2
 3  void einlesen(float *x)
 4  {
 5      printf("Eingabe float-Zahl:");
 6      scanf("%f", x);
 7  }
 8
 9  int main()
10  {
11      float zahl = 2.0;
12      einlesen(&zahl);
13      printf("'zahl' hat Wert %f\n", zahl);
14      return 0;
15  }
```

Zeile 3: Das Argument ist jetzt ein Zeiger auf `float`.
Zeile 6: Da Zeiger ja bereits Adressen entsprechen, muss der Adressoperator & im Aufruf von `scanf()` weggelassen werden.
Zeile 12: Statt eigens eine Zeigervariable zu deklarieren, übergeben wir einen Zeiger auf die Variable `zahl` mit Hilfe des Adressoperators. Das ist vollkommen analog zur Verwendung von `scanf()`.   □

Jetzt ist auch klar, wie man ein Unterprogramm zum Vertauschen zweier Variableninhalte mit Hilfe von *Call by Reference* implementiert:

Beispiel 4.4 (Vertauschen von Variableninhalten).

```
1  void swap(int *a, int *b)
2  {
3      int hilf;
4      hilf = *a;
```

```
5       *a = *b;
6       *b = hilf;
7   }
```

Wir übergeben der Funktion Zeiger auf die beteiligten Variablen und verwenden den Inhaltsoperator *, um die Werte zu tauschen. Im Hauptprogramm rufen wir die Funktion swap() mit Hilfe des Adressoperators auf:

```
1   int main()
2   {
3       int x=1, y=2;
4       printf("x = %d , y = %d\n", x, y);
5       swap(&x, &y);
6       printf("x = %d , y = %d\n", x, y);
7       return 0;
8   }
```

□

Wir fassen zusammen: Durch *Call by Reference* sind wir in der Lage, Variablen des Hauptprogramms mit Hilfe von Funktionen zu manipulieren. Diese Art der Argumentübergabe ermöglicht offensichtlich mehr Kontrolle darüber, welche Funktion was mit welcher Variablen anstellt, als etwa die Verwendung globaler Variablen. In diesem Zusammenhang bietet es sich an, unter diesen Gesichtspunkten Beispiel 3.5 noch einmal anzuschauen.

4.3 Zeiger und Felder: Zeigerarithmetik

Wie das folgende Beispiel zeigt, ist für den C-Compiler der Inhalt einer Zeigervariablen zunächst einmal eine vorzeichenlose ganzzahlige Größe.

Beispiel 4.5 (Feldnamen und -adressen). Ein Feld der Länge 3 wird mit Einträgen vom Typ unsigned belegt. Anschließend lassen wir uns die erste Feldkomponente und die Adresse der ersten Feldkomponente anzeigen. Wir gehen sogar noch weiter und lassen uns ganz formal den Feldnamen sowie die „Adresse des Feldnamens" als positive ganze Zahl ausgeben:

```
1   #include <stdio.h>
2
3   int main()
4   {
5       unsigned feld[]={2, 4, 6};
6
7       printf("feld[0]        : %u\n", feld[0]);
8       printf("Adresse feld[0]: %p\n", &(feld[0]));
9       printf("feld           : %p\n", feld);
```

```
10      printf("Adresse feld    : %p\n", &feld);
11
12      return 0;
13 }
```

Zeilen 8–10: Zur Ausgabe von Adressen ist der Formatbezeichner %p vorgesehen. Man kann in Abhängigkeit von der Architektur auch %u bzw. %lu (für unsigned long) wählen und die printf() zu einer Typkonversion bei der Ausgabe benutzen.

Eine mögliche Bildschirmausgabe des Programms sieht so aus:

```
feld[0]        : 2
Adresse feld[0]: 0xbfffdc70
feld           : 0xbfffdc70
Adresse feld   : 0xbfffdc70
```

Wie man sieht, sorgt die Formatangabe %p dafür, dass die Adressen in Hexadezimaldarstellung ausgegeben werden. Das Verblüffende an den beiden letzten Ausgabezeilen ist, dass beide Zahlenwerte mit der Adresse der ersten Feldkomponente übereinstimmen.   □

Das Beispiel hat folgendes illustriert:

Der Name eines Feldes ist zugleich ein konstanter Zeiger auf das erste Feldelement.

Wenn wir uns nun einerseits ein Feld so vorstellen, dass die einzelnen Komponenten hintereinander im Speicher abgelegt werden und andererseits Speicheradressen als ganze Zahlen aufgefasst werden können, so stellt sich uns die Frage: Ist möglich, sich durch das Feld zu bewegen, indem man geeignete ganzzahlige Werte zur Adresse des Feldanfangs addiert?

Zur Beantwortung dieser Frage vergleichen wir den Zugriff auf Feldelemente über die Indizes mit dem Zugriff über Zeiger und Inhaltsoperator.

Beispiel 4.6 (Zeigerarithmetik).

```
1 #include <stdio.h>
2
3 int main()
4 {
5      float a[]={1.1f, 2.2f, 3.3f};
6      float *zgr;
7
8      printf("   a[2] = %f\n", a[2]);
9      printf("  *(a+2) = %f\n", *(a+2));
10
11     zgr = a;
```

```
12      printf("   *zgr = %f\n", *zgr);
13      printf("*(zgr++) = %f\n", *(zgr++));
14      printf("   *zgr = %f\n", *zgr);
15      printf("*(++zgr) = %f\n", *(++zgr));
16
17      return 0;
18  }
```

Die Ausgabe des Programms sieht folgendermaßen aus:

```
     a[2] = 3.300000
   *(a+2) = 3.300000
     *zgr = 1.100000
  *(zgr++) = 1.100000
     *zgr = 2.200000
  *(++zgr) = 3.300000
```

Zeile 9: Wie man an der Bildschirmausgabe erkennt, kann man auf die Komponente mit Index 2 auch zugreifen, indem man zum Zeiger auf den Feldanfang 2 addiert und den Inhaltsoperator anwendet.

Man beachte, dass der Compiler aus dem zu Grunde liegenden Datentyp ableitet, um wieviel Bytes er sich im Speicher weiter bewegen muss, wenn man den Zeiger um 2 erhöht.

Zeile 11: Wir verwenden die Tatsache, dass der Feldbezeichner ein Zeiger auf die erste Komponente ist; die Zuweisung ist damit syntaktisch korrekt. Die anschließende Ausgabe des Speicherinhalts bestätigt dies noch einmal.

Zeile 13: Die Anwendung des Inkrementoperators in der Suffixversion in Verbindung mit dem Inhaltsoperator führt erst die Dereferenzierung durch und bewegt erst dann den Zeiger um eine Position weiter.

Zeile 15: Die Präfixvariante des Inkrementoperators in Verbindung mit dem Inhaltsoperator bewegt zuerst den Zeiger um eine Position weiter und greift erst anschließend auf den Speicherinhalt zu.

An dieser Stelle wollen wir noch auf folgendes hinweisen:

- Die Klammerung in *Zeile 9* ist notwendig, da der unäre Inhaltsoperator Vorrang vor dem binären Additionsoperator hat.
- In den *Zeilen 13* und *15* hätte man die Klammerung auch weglassen können, da der Compiler die Rangfolge daraus ableitet, ob Inkrement bzw. Dekrement in der Prä- oder Suffixform vorliegt.
  Entscheidend ist allerdings, dass sich die Inkrementierung bzw. Dekrementierung stets auf den Zeiger und nicht auf den dereferenzierten Inhalt bezieht!
- Im Gegensatz zu Anweisungen wie a+2 verändern Inkrementierung und Dekrementierung den Zeiger dauerhaft.

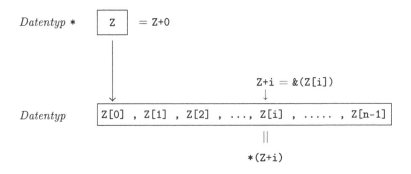

Abb. 4.1. Zeiger Z zum Adressieren der Elemente eines Feldes (Vektors).

- Der Feldbezeichner ist ein *konstanter* Zeiger auf das mit 0 indizierte Feldelement. Deshalb werden Manipulationsversuche wie z.b. a++ oder Zuweisung von Adressen an a scheitern.   □

Für ein Feld Z mit Einträgen beliebigen Datentyps sind

Z, &Z, &(Z[0]), Z+0

jeweils Zeiger auf das erste Feldelement. Feldeinträge können über Indizes (Z[i]) oder durch Zeigerarithmetik über den Inhaltsoperator (*(Z+i)) angesprochen werden. Entsprechend kann man die Adresse einer Feldkomponente in äquivalenter Weise durch &(Z[i]) oder Z+i auslesen (siehe Abb. 4.1). Diese Äquivalenz ist für die dynamische Speicherverwaltung in C von einiger Bedeutung. Wir kommen im nächsten Abschnitt wieder darauf zurück.

Eine weitere wichtige Folgerung aus unseren Betrachtungen in diesem Abschnitt ist, dass es zur Manipulation von Feldkomponenten durch eine Funktion vollkommen ausreicht, den Feldbezeichner als Argument zu übergeben. Da dieser gleichzeitig ein Zeiger ist, handelt es sich bei einem solchen Funktionsaufruf automatisch um *Call by Reference*.

Beispiel 4.7 (Einlesen eines Feldes). Die folgende Funktion verwendet Zeigerarithmetik, um ein Feld mit Werten zu belegen:

```
void lies_vektor(float f[], int N)
{
    int i;
    for(i=0; i<N; i++)
        scanf("%f", f+i);
}
```

Im einem entsprechenden Hauptprogramm werden Feldbezeichner und Feldlänge als Argumente übergeben, z.B. für float feld[50]:

```
lies_vektor(feld, 50);
```

Die Funktion lässt sich recht flexibel einsetzen: Angenommen, das Feld muss nicht vollständig mit Werten belegt werden, sondern nur bis zu einem Index $n < 50$, der vom Benutzer einzugeben ist. Dann leistet der Aufruf

```
lies_vektor(feld, n);
```

das Gewünschte. Sollen danach noch die k nachfolgenden Feldelemente belegt werden, so verwendet man einfach die folgende Anweisung:

```
lies_vektor(feld+n, k);
```

$\square$

4.4 Dynamische Speicherverwaltung

Bisher wurde die Größe von Feldern bereits bei der Deklaration angegeben, z.b. mittels `float xvec[100];`
Man könnte auf die Idee kommen, Felder pauschal mit einer maximal in Frage kommenden Größe zu deklarieren, unabhängig vom tatsächlichen Bedarf. Diese Strategie, die in Beispiel 4.7 angedeutet wurde, findet man zwar gelegentlich (noch) in der Praxis, sie ist aber aus zwei offensichtlichen Gründen nicht zu empfehlen:

- Sie führt in den meisten Fällen zu einem unnötig verschwenderischen Umgang mit dem verfügbaren Speicher.
- Die Obergrenze wird vom Programmierer mehr oder weniger willkürlich, und nicht durch die tatsächlich verfügbaren Resourcen festgelegt. Wenn heute eine Obergrenze von z.b. 10000 als ausreichend angesehen wird, so ist nicht garantiert, dass dies für künftige Anwendungen noch ausreichend ist. Sollte diese Grenze nicht mehr ausreichen, so muss das Programm immer wieder an allen hiervon betroffenen Stellen geändert und neu übersetzt werden.

In diesem Abschnitt zeigen wir, wie man mit Bibliotheksfunktionen und dem bereits Erlernten dynamisch Felder erzeugen, manipulieren und auch wieder freigeben kann.
Als Anwendung führen wir vor, wie man Vektoren und Matrizen implementiert, ohne verschwenderisch mit dem Speicher umzugehen.
Zunächst gehen wir noch kurz auf die Bestimmung der Größe eines Datenobjekts ein. Man kann die `sizeof`-Anweisung auf folgende Arten benutzen:

- `size_t sizeof(`*Datentyp*`);`
  Diese in `<stdlib.h>` deklarierte Funktion liefert die Größe von *Datentyp* in Bytes zurück. Der Rückgabetyp `size_t` ist ganzzahlig, vorzeichenlos und eigens für die Größenangabe von Datentypen und -objekten vorgesehen.

- `size_t sizeof` *Datenobjekt*;
  In der Variante als unärer Operator kann das Datenobjekt eine konkrete Variable, ein Feld (mit fest vorgegebener Länge) oder eine Struktur (siehe Kapitel 8) sein.

Dynamische Speicherverwaltung wird in C folgendermaßen realisiert:

1. Man deklariert eine Zeigervariable des gewünschten Typs, mit der ein Speicherbereich im Programm angesprochen werden soll.
2. Man fordert vom System einen Speicherbereich in der benötigten Größe an.
3. Bei Erfolg wird per Zuweisung dafür gesorgt, dass der Zeiger auf den Anfang dieses Speicherbereichs zeigt.

Es gibt vier Bibliotheksfunktionen zur dynamischen Speicherverwaltung, die wir im Folgenden vorstellen werden. Alle diese Funktionen gehören zur Standardbibliothek von C. Dem Programm muss daher die Präprozessoranweisung

```
#include <stdlib.h>
```

hinzugefügt werden. Ein in diesem Zusammenhang wichtiges Objekt ist der so genannte *Nullzeiger (engl. null pointer)* NULL, der als Zeiger auf einen nicht existierenden Speicherbereich aufgefasst werden kann.

1. `malloc()` - **Reservieren eines Speicherbereichs**

```
void* malloc(size_t groesse);
```

fordert vom Betriebssystem einen Speicherbereich von **groesse** Bytes an.
- Ist diese Anfrage erfolgreich, so gibt die Funktion einen Zeiger vom Typ void * auf diesen Speicherbereich zurück.
- Schlägt die Anforderung fehl, so wird der vordefinierte Zeigerwert NULL zurückgeliefert. Eine Zeigervariable mit Wert NULL referenziert sozusagen einen nicht existierenden Speicherbereich, daher sollte man bei Speicheranforderungen das zurückgelieferte Resultat immer auf den Wert NULL hin überprüfen, da das Programm sonst in seinem weiteren Verlauf unkontrollierbar werden bzw. abstürzen kann.
- Der reservierte Speicherbereich ist mit zufälligen Werten gefüllt. Damit man den Bereich nutzen kann, muss beim Aufruf von `malloc()` der Rückgabewert vom Typ void* in den gewünschten Datentyp mit einem *Cast* umgewandelt werden.

Ein Beispiel hierzu: Um Speicher für 100 Datenobjekte vom Typ float zu reservieren, und den Beginn des betreffenden Bereichs über den Bezeichner xvec ansprechen zu können, geht man folgendermaßen vor:

```
float *xvec;
....
xvec = (float *) malloc(100 * sizeof(float));
```

Wie wir wissen, kann man bei Erfolg mit `xvec[0]` bis `xvec[99]` auf den reservierten Speicherbereich zugreifen.

2. `calloc()` - **Reservieren und Initialisieren eines Speicherbereichs**

```
void* calloc(size_t anzahl, size_t groesse);
```

verhält sich ähnlich wie `malloc()`, beim Aufruf wird aber nicht direkt die Größe des Speicherbereichs angegeben, sondern die Anzahl der Datenobjekte plus die Größe eines einzelnen Datenobjekts.
Im Gegensatz zu `malloc()` wird der Speicherbereich mit Nullen initialisiert.

3. `free()` - **Freigeben eines Speicherbereichs**

```
void free(void *zeiger);
```

gibt den Speicherbereich, auf den *zeiger* zeigt, wieder frei.
- Die Variable *zeiger* muss dabei auf einen durch `malloc()`- oder `calloc()` erhaltenen Speicherbereich zeigen. Ist *zeiger* der NULL-Zeiger, so kehrt `free()` umgehend zum aufrufenden Programm zurück.
- Das System kann danach wieder über den Speicher verfügen. Ausdrücke wie `zeiger[0]` oder `*zeiger` sind jetzt nicht mehr definiert und führen in der Regel zu einem Absturz des Programms.
- Zu jedem `malloc()` bzw. `calloc()` sollte eine `free`-Anweisung existieren.

4. `realloc()` - **Wiederanfordern eines Speicherbereichs**

```
void *realloc(void *zeiger, size_t groesse);
```

ändert die Größe des Speicherbereichs, auf den *zeiger* zeigt, auf *groesse* Bytes.
- Bis zum Minimum aus alter und neuer Speicherbereichsgröße bleibt der Speicherinhalt unverändert. Neu hinzukommender Speicher wird nicht initialisiert.
- Ist *zeiger* der NULL-Zeiger, so ist die `realloc()`-Anweisung äquivalent zur `malloc()`-Anweisung.
- Ansonsten muss *zeiger* durch eine vorangegangene `malloc()`- bzw. `calloc()`-Anweisung erzeugt worden sein.
- Ist *groesse* gleich 0, so ist die `realloc()`-Anweisung äquivalent zur `free()`-Anweisung.
- Der zurückgelieferte Zeiger zeigt auf den neu angeforderten Speicherbereich. Auch `realloc()` liefert den NULL-Zeiger zurück, wenn die Anforderung fehlgeschlagen ist.

Anmerkung. Man kann bei aufeinanderfolgenden Aufrufen von `malloc()` bzw. `calloc()` nicht davon ausgehen, dass die angeforderten Speicherbereiche im Speicher hintereinander angeordnet sind.

Bemerkung 4.8. Wie alle Variablen bleiben auch die angeforderten Speicherbereiche (höchstens) während der Laufzeit des Programms reserviert. Wird ein Speicherbereich schon während der Laufzeit nicht mehr benötigt, so sollte er im Sinne einer speichereffizienten Programmierung mit Hilfe von `free()` wieder freigegeben werden.

Bei der Reservierung können die mittels `sizeof` ermittelten Größen natürlich explizit angegeben werden, z.b. kann man auf vielen 32-Bit-Rechnern die Anweisung

```
fp = (float *) malloc(100*4)
```

durch

```
fp = (float *) malloc(100*sizeof(float))
```

ersetzen, wenn `float`-Datenobjekte 4 Bytes lang sind. Da die Größe des Datentyps `float` aber von der Architektur des verwendeten Rechners abhängt, wird das Programm portabler, wenn man die zweite Möglichkeit wählt.

Im folgenden etwas ausführlicheren Beispiel werden die oben vorgestellten Bibliotheksfunktionen zur dynamischen Speicherverwaltung vorgeführt. Dabei beachte man, dass die Prozedur `zeige_vektor()` das `%e`-Format zur Ausgabe von `double`-Variablen verwendet. Oft können nur so die nicht initialisierten Speicherbereiche von den mit 0 initialisierten unterschieden werden.

```
 1  /* Praeprozessordirektiven */
 2  #include <stdio.h>
 3  #include <stdlib.h>
 4
 5  /* Funktionsdeklarationen */
 6  void zeige_vektor(double v[], int dim);
 7
 8  /* HAUPTPROGRAMM */
 9  int main()
10  {
11      int N;          /* Feldlaenge */
12      double *feld;   /* mit calloc() erzeugt */
13      double *neu;    /* fuer realloc() */
14
15      printf("Feldlaenge: ");
16      scanf("%i", &N);
17
18      feld = (double *) calloc(N, sizeof(double));
19      if (NULL == feld)
20      {
21          printf("Zu wenig freier Speicher.\n");
22          return 1;
```

```
23      }
24
25      /* feld zur Ueberpruefung ausgeben */
26      zeige_vektor(feld, N);
27
28      /* Mit Werten belegen .... */
29      int i;
30      for (i=0; i<N; i+=2) feld[i]= +1.0;
31      for (i=1; i<N; i+=2) feld[i]= -1.0;
32
33      /* ... und wieder ausgeben */
34      zeige_vektor(feld, N);
35
36      /* zwei weitere Eintraege anfuegen */
37      neu = (double *) realloc(feld, (N+2)*sizeof(double));
38
39      if (NULL == neu)
40      {
41          printf("Zu wenig freier Speicher.\n");
42          free(feld);
43          return 1;
44      }
45
46      /* erweitertes Feld angeben ... */
47      zeige_vektor(neu, N+2);
48
49      /* ... wieder mit Werten belegen .... */
50      for (i=0; i<N+2; i+=2) neu[i]= -1.0;
51      for (i=1; i<N+2; i+=2) neu[i]= +1.0;
52
53      /* ... und wieder ausgeben */
54      zeige_vektor(neu, N+2);
55      free(neu);
56      free(feld);
57
58      return 0;
59  }
60
61  /* Funktionsdefinitionen */
62  void zeige_vektor(double v[], int dim)
63  {
64      int i;
65      printf("( ");
66      for (i=0; i<dim; i++)
```

```
67      {
68          printf("%e", v[i]);
69          if (i<dim-1) printf(" , ");
70      }
71      printf(" )\n ");
72 }
```

Man beachte die *Zeilen 39–44*: Wenn die Anforderung von weiterem Speicher fehlschlägt, geben wir auch den bereits unter `feld` erfolgreich reservierten Speicherbereich frei.

Bemerkung 4.9. Man beachte die Deklaration in *Zeile 6* so wie die Definition in *Zeile 60*:

```
void zeige_vektor(double v[], int dim);
```

ist äquivalent zu

```
void zeige_vektor(double *v, int dim);
```

Die erste Deklaration ist allerdings von der Bedeutung her besser zu interpretieren und zu verstehen, da man es wirklich mit einem Feld und nicht mit einem beliebigen Zeiger zu tun hat.

4.5 Dynamische Implementierung von Matrizen

Die Funktionen zur dynamischen Speicherverwaltung fordern vom Betriebssystem Speicherbereiche in Form eindimensionaler Felder an. Matrizen sind aber zweidimensionale Gebilde und es stellt sich die Frage, wie man ihre Implementierung dynamisch gestalten kann. Das ist wünschenswert, da dann die Anzahl der Zeilen und Spalten Parameter sind, die erst zur Laufzeit festgelegt werden. Die Angabe fester Werte für diese Matrixdimensionen im Quellcode entfällt und das Programm wird flexibler.

4.5.1 Implementierung über Doppelzeiger

Auch bei zweidimensionalen Feldern kann die Zeigereigenschaft des Feldnamens zur Adressierung von Feldkomponenten verwendet werden. In diesem Fall ist der Feldname ein *Doppelzeiger*. Als ein Zeiger auf einen Zeiger speichert er die Adresse einer Zeigervariablen. Die Deklaration eines Doppelzeigers hat die folgende Struktur:

```
Datentyp **Variablenname;
```

Für eine Matrix $P \in \mathbb{R}^{m \times n}$, die mit Gleitpunktzahlen doppelter Genauigkeit realisiert werden soll, hieße das

```
double **P;
```

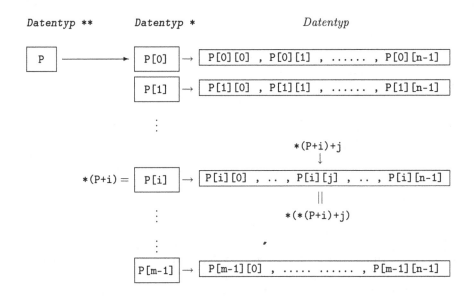

Abb. 4.2. Doppelzeiger P zum Adressieren der Elemente einer Matrix.

Der Zeiger P zeigt auf die erste Komponente eines Feldes, dessen Einträge P[i] selbst wieder Zeiger sind. P[i] zeigt auf die i-te Zeile, genauer: der Zeiger P[i] zeigt auf die erste Komponente P[i][0] des Feldes mit den Einträgen der i-ten Zeile. Der Zugriff auf die i-te Zeile und j-te Spalte von P erfolgt dann einfach mittels P[i][j]. Die Organisation des Speichers entspricht der in Abb. 4.2 gezeigten Situation. Natürlich sollte auch hier jeweils überprüft werden, ob die Reservierung erfolgreich war oder das Programm ggf. abgebrochen werden muss.

Beispiel 4.10 (Speicheranforderung für eine $m \times n$-Matrix).
Um dieses Konzept besser zu verstehen, zeigen wir, wie man eine Matrix im Speicher anlegt. Die analoge Freigabe des Speichers ist Gegenstand von Aufgabe 4.4 und sollte auf jeden Fall bearbeitet werden.
Die folgende Funktion reserviert den Speicherbereich für eine Matrix mit m Zeilen, n Spalten und ganzzahligen Einträgen:

```
1  int ** erzeuge_int_matrix(int m, int n)
2  {
3      int ** matrix;
4      int    i;
5      matrix = (int**) malloc(m * sizeof(int*));
```

```
6      if (matrix == NULL) return NULL;
7
8      for (i=0; i<m; i++)
9      {
10         matrix[i] = (int*) malloc(n * sizeof(int));
11         if (matrix[i] == NULL) {
12             int j;
13             for (j=0; j<i; ++j)
14                 free(matrix[j]);
15             free(matrix);
16             return NULL;
17         }
18     }
19     return matrix;
20 }
```

- Zuerst wird in *Zeile 5* ein Feld `matrix` der Größe m von `int`-Zeigern angelegt. Dies sind die Zeiger auf die jeweiligen Zeilen.
- Die `for`-Schleife ab *Zeile 8* legt in jedem Durchlauf eine Zeile der Matrix an.
- Schlägt die Speicheranforderung in *Zeile 10* jedoch fehl, so müssen wir den gesamten in der Funktion bereits reservierten Speicher wieder freigeben (*Zeilen 12–15*). Damit werden so genannte *Speicherleichen* vermieden (siehe Abschnitt 4.6).
- Der Rückgabewert `NULL` in den *Zeilen 6* und *16* hat die gleiche Bedeutung wie bei den bereits bekannten Bibliotheksfunktionen. Er signalisiert ein Fehlschlagen der Speicheranforderung.   □

Für weitere Beispiele zum Umgang mit dieser Datenstruktur verweisen wir auf die Übungsaufgaben.

4.5.2 Implementierung durch Indextransformation

Im folgenden beschreiben wir eine andere verbreitete Vorgehensweise, um Matrizen variabler Größe in C umzusetzen.

Die Grundidee dabei, ist, die Matrix $A \in \mathbb{R}^{m \times n}$ Spalte für Spalte im Speicher abzulegen. Beginnt man die Indizierung wie in C üblich mit 0, so legt man zuerst $a_{0,0}$ bis $a_{m-1,0}$, dann $a_{0,1}$ bis $a_{m-1,1}$, bis hin zur letzten Spalte, d.h. $a_{0,n-1}$ bis $a_{m-1,n-1}$, im Speicher nacheinander ab.

Man kann die zweidimensionalen Indizes wie folgt auf eine Dimension abbilden:

$$\Phi : \{0, \ldots, m-1\} \times \{0, \ldots, n-1\} \longrightarrow \{0, \ldots, mn-1\},$$

$$(i,j) \longmapsto i + j\,m\,.$$

Es handelt sich um eine Bijektion, die durch

$$\Phi^{-1}(l) = (l \mod m, l \div m)$$

invertiert werden kann. Dabei steht $\div$ für die ganzzahlige Division.
Diese Vorgehensweise wird später wichtig, wenn wir FORTRAN-Funktionen
von C aus aufrufen wollen, denn die hier beschriebene Vorgehensweise der
spaltenweisen Ablage entspricht genau der internen Darstellung von Matrizen
in FORTRAN. In C könnte man die Matrix auch zeilenweise im Feld ablegen.
Diese Methode kommt ohne die etwas umständlich erscheinenden Doppelzeiger aus, führt aber zu schlechter lesbarem Code. So könnte man die Multiplikation einer Matrix mit einem Vektor, d.h.

$$y_i = (Ax)_i = \sum_{j=0}^{n-1} a_{ij} x_j \,, \quad i = 0, \ldots, m-1 \,,$$

wie folgt implementieren:

```
 1  /* m x n-Matrix mal Vektor, ergebnis unter y */
 2  void produkt (int m, int n, float A[], float x[],
 3                 float y[])
 4  {
 5      float sum;
 6      int   i, j;
 7
 8      for (i=0; i<m; i++)
 9      {
10          sum = 0.0f;
11          for (j=0; j<n; ++j)
12              sum += A[i+j*m] * x[j];
13          y[i] = sum;
14      }
15  }
```

In *Zeile 12* wird, wie oben beschrieben, auf die i-te Zeile und j-te Spalte
der Matrix zugegriffen.
Diese Vorgehensweise hat aber die folgenden Nachteile

- Der Zugriff auf die Elemente der Matrix ist schlechter zu lesen. Spalten-
  und Zeilenindizes sind schnell verwechselt und man macht beim Programmieren eher Fehler.
- Einige Operationen, wie das Tauschen oder Löschen von Zeilen, führen
  bei der zweiten Vorgehensweise dazu, dass viele Daten im Speicher bewegt
  werden müssen. Bei der Verwendung von Doppelzeigern hingegen müssen
  diese Operationen nur auf Zeigern durchgeführt werden. Der Tausch zweier

Zeilen einer Matrix hat dann eine konstante Laufzeit. Benutzt man die alternative Vorgehensweise, so ist die Laufzeit proportional zur Anzahl der Spalten.

Ein vergleichsweise geringer Nachteil der Methode mit den Doppelzeigern ist der etwas größere Speicherbedarf für die Zeiger, welche auf die Zeilen zeigen. Manchmal muss man trotzdem die Methode der Indextransformation benutzen, denn viele Bibliotheken für numerische Anwendungen stellen geschwindigkeitsoptimierte Funktionen zur Verfügung, welche diese Art der Speicherung voraussetzen.

4.6 Typische Fehlerquellen

Der Einsatz von Zeigern kann durchaus zu schwer lokalisierbaren Fehlern führen. Diese zeigen sich oft erst während der Ausführung eines Programms, und sind nicht immer reproduzierbar.

Wendet man den Inhaltsoperator * auf einen „ungültigen" Zeiger an, so ist das weitere Laufzeitverhalten des Programms nicht mehr vorhersehbar. Häufig bemerkt man dies erst, wenn das Programm abstürzt, eine unter LINUX/UNIX typische Fehlermeldung des Systems lautet dann *"segmentation fault"*. Das Programm läuft unter Umständen aber auch einfach weiter, liefert aber am Ende fehlerhafte Resultate.

Es gibt verschiedene Szenarien, wie ein ungültiger Zeiger zustande kommen kann:

- Wir überschreiten den durch `malloc()` reservierten Speicherbereich:

  ```
  float *f = (float *) malloc(10*sizeof(float));
  f[10] = 2.0f;
  ```

  Dies ist ein sehr häufiger Fehler, der uns schon bei den statischen Feldern in Kapitel 2 begegnet ist: Da die Indizierung der Feldkomponenten bei 0 beginnt, sind lediglich Zugriffe auf die Werte in `f[0]` bis `f[9]` definiert. Der Zugriff auf `f[10]` führt zu unvorhersehbarem Verhalten.

- Wie wir gesehen haben, sind Feldnamen nichts anderes als konstante Zeiger auf den ersten Eintrag des Feldes (also den mit Index 0). Zwischen den Deklarationen

  ```
  float f1[10];
  float *f2;
  ```

  gibt es aber einen wichtigen Unterschied: `f1` zeigt auf ein im Speicher angelegtes Feld der Größe 10, `f2` ist lediglich ein nicht initialisierter Zeiger. Die Anweisungen

  ```
  f1[0] = 1.0:
  f2[0] = 1.0;
  ```

setzen zuerst den ersten Eintrag von **f1** auf den Wert 1.0, die folgende Anweisung schreibt jedoch in eine beliebige unbekannte Speicherzelle.

- Es wird vergessen, den Rückgabewert von **malloc()**, **calloc()** bzw. **realloc()** zu prüfen. Wie bereits erwähnt, liefern diese Bibliotheksfunktionen den Wert **NULL** zurück, falls das System den angeforderten Speicherplatz nicht zur Verfügung stellen kann.

  Das kann ganz einfach auf einen Mangel an freiem Speicherplatz zurückzuführen sein. Folgendes Programmfragment sollte auf 32-Bit-PCs zu einem Absturz führen:

  ```
  float *fp = (float *) malloc(1000000000*sizeof(float));
  fp[0] = 3.141;
  ```

  Es wird für eine Milliarde Werte vom Typ **float** Speicher angefordert, was auf den 32-Bit-Systemen vier Gigabyte Speicher entspricht, welcher wiederum von dieser Hardware nicht adressiert werden kann. **fp** erhält von der **malloc()**-Anweisung in diesem Fall den Wert **NULL** und der im Beispiel folgende schreibende Zugriff ist undefiniert.

- Nach Freigabe von Speicher mit **free()** werden Zeiger auf diesen Bereich ungültig. Weiteres Zugreifen führt zu fehlerhaftem Verhalten.

- Die von **malloc()** bzw. **calloc()** gelieferte Adresse darf während des Programmablaufs nicht verloren gehen, wie es bei den folgenden Anweisungen der Fall ist:

  ```
  float *p1, p2;
  p1 = (float *) malloc(10*sizeof(float));
  p1 = &p2;
  ```

  Hier ist die Freigabe des angeforderten Speichers durch **free()** nicht mehr möglich, der ursprüngliche Rückgabewert von **malloc()** ist nicht mehr bekannt, es ensteht eine *Speicherleiche (engl. memory leak)*.

  Fehler dieser Art machen sich bei Programmen oft erst nach längerer Laufzeit bemerkbar: Ein Programm liest eine Benutzereingabe, reserviert Speicher, berechnet ein Ergebnis, vergisst die Freigabe des Speichers und kehrt zur Benutzereingabe für eine neue Rechnung zurück. Hier sammeln sich von Durchlauf zu Durchlauf Speicherleichen, und je nach Speicherausbau des Rechners wird es erst nach einiger Laufzeit zu einem erkennbarem Fehlverhalten kommen.

  Anmerkung. Ein empfehlenswertes und freies Werkzeug zum automatischen Aufspüren von memory leaks unter Linux ist **valgrind**, für mehr Informationen hierzu verweisen wir auf [20].

Eine weitere Fehlerquelle im Zusammenhang mit Funktionen beruht auf dem Missverständnis, dass man die Übergabe durch *Call by Reference* für „allmächtig" hält. Auch bei der Übergabe der Adresse eines Datenobjekts hat man es stets mit einem *Duplikat* dieser Adresse zu tun. Dadurch kann man zwar den referenzierten Inhalt dauerhaft ändern, eine im Funktionsrumpf durchgeführte Manipulation am Wert der betreffenden Zeigervariable besteht aber nur lokal und geht nach Verlassen der Funktion verloren. *Call by Reference* ist mehr als nur *Call by Value* mit Zeigervariablen: Entscheidend ist auch, wie man im Funktionsrumpf mit den übergebenen Kopien von Speicheradressen umgeht. Um diese Tatsache zu verdeutlichen, betrachten wir folgendes Beispiel:

Beispiel 4.11 (Wirkungslose Änderung an Zeigern).

```
 1 #include <stdio.h>
 2
 3 void manipuliere_zeiger(int *p)
 4 {
 5     printf("Funktion: Zeigerinhalt: %d\n", *p);
 6     (*p)++;
 7     p++;
 8     printf("Funktion: Adresswert nach Inkrement: %u\n", p);
 9 }
10
11 int main()
12 {
13     int a=1;
14     int *zgr;
15
16     zgr = &a;
17     printf("Hauptprogramm: &a=%u\n", zgr);
18     manipuliere_zeiger(zgr);
19     printf("Hauptprogramm: a=%d\n", a);
20     printf("Hauptprogramm: &a=%u\n", zgr);
21
22     return 0;
23 }
```

Die Ausgabe dieses Programms sieht z.B. so aus:

```
Hauptprogramm: &a=3221216004
Funktion: Zeigerinhalt: 1
Funktion: Adresswert nach Inkrement: 3221216008
Hauptprogramm: a=2
Hauptprogramm: &a=3221216004
```

Zeilen 3–9: Die Funktion `manipuliere_zeiger()` gibt den Inhalt ihres Arguments aus und inkrementiert anschließend sowohl den Wert als auch die Adresse. Der neue Adresswert wird noch innerhalb der Funktion ausgegeben.

Zeile 13: Wir definieren eine `int`-Variable a mit Wert 1.

Zeile 16: Der in *Zeile 14* deklarierte Zeiger auf `int` wird mit der Adresse von a belegt.

Zeilen 17 u. 18: Vor Aufruf der Funktion `manipuliere_zeiger()` wird der in der Zeigervariablen gespeicherte Adresswert ausgegeben.

Zeile 18: Die von `manipuliere_zeiger()` veranlasste Ausgabe zeigt, dass der Adresswert um 4 Bytes erhöht wurde.

Zeilen 19 u. 20: Zum Vergleich erfolgt die Ausgabe der gleichen Daten nach Beendigung der Funktion. Erwartungsgemäß ist der von `zgr` referenzierte Inhalt der Variablen a von der Funktion dauerhaft erhöht worden. Der Adresswert selbst wurde jedoch von der Funktion nicht verändert.   □

4.7 Kontrollfragen zu Kapitel 4

Frage 4.1

Welche der folgenden Deklarationen deklarieren zwei Zeiger?

a) `int x*, y*;`   □
b) `int* x,y;`   □
c) `int *x, *y;`   □
d) `int** x,y;`   □

Frage 4.2

Sei x vom Typ `int *` und y vom Typ `int`. Welche der folgenden Anweisungen kopiert den Wert, auf den x zeigt, in die Variable y?

a) `y = &x;`   □
b) `&y = x;`   □
c) `*y = x;`   □
d) `y = *x;`   □
e) `y = x*;`   □

Frage 4.3

Sei x vom Typ `int *` und y vom Typ `int`. Welche der folgenden Anweisungen kopiert die Adresse des unter y abgelegten Wertes in die Zeigervariable x?

a) `*x = y;`   □
b) `x = &y;`   □
c) `x* = y;`   □
d) `*x = &y;`   □
e) `x = *y;`   □

Frage 4.4

Betrachten Sie die folgende statische Deklaration eines Feldes:

```
float feld[100];
```

Welche der folgenden Ausdrücke liefert die Anzahl der Feldelemente zurück?

a) `sizeof feld;`   ☐
b) `sizeof feld /sizeof(float);`   ☐
c) `sizeof(feld) : sizeof(float);`   ☐
d) `sizeof(feld);`   ☐
e) Keiner dieser 4 Ausdrücke.   ☐

Frage 4.5

Betrachten Sie folgendes Programm:

```c
#include <stdio.h>

void set_value(void *p)
{
    *(int *)p = 1;
}

void main()
{
    int k=0;
    float l=2.0f;
    set_value(&k);
    set_value(&l);
    printf("%d %f\n", k, l);
}
```

Welche Ausgabe wird das Programm erzeugen?

a) `1 1.0`   ☐
b) `1 2.0`   ☐
c) `0 2.0`   ☐
d) `0 1.0`   ☐
e) Wegen des Casts in der Funktion `set_value()` wird für `l` im Allgemeinen nicht `1.0` ausgegeben werden.   ☐

Frage 4.6

Es sei `a` ein initialisiertes Feld. Welcher der folgenden Ausdrücke liefert `a[3]`?

a) `a+3` wegen der Zeigerarithmetik.   ☐
b) Natürlich `*a+3`.   ☐
c) Richtig ist `*(a+3)`.   ☐
d) `*a+4`, da Feldindizes mit 0 beginnend gezählt werden.   ☐
e) `*(a+4)`, da Feldindizes mit 0 beginnend gezählt werden.   ☐

Frage 4.7

Das Codefragment

```
int a[] = { 1,2,3,4,5 };
printf("%i %u\n", sizeof(a), (unsigned int) a);
```

gibt 20 100 aus. Wo im Speicher liegt der Wert 4?

a) 112–116 □
b) 103 □
c) 116–119 □
d) 100–103 □
e) 112–115 □

Frage 4.8

Zum Speichern einer Matrix werde die Variable `double **A` verwendet. Welcher der folgenden Ausdrücke ist zu `A[i][j]` äquivalent?

a) `*A[i]+j` □
b) `A[i]+j` □
c) `**(A+i+j)` □
d) `*(*(A+i)+j)` □

Frage 4.9

Sei `float **M` ein Doppelzeiger, der auf eine Matrix zeigt. Einer der folgenden Ausdrücke ist äquivalent zu `&M[i][j]`. Welcher?

a) `(M+i)+j` □
b) `*(*(M+i)+j)` □
c) `&(**(M+i)+j)` □
d) `M[i]+j` □
e) Keiner der Ausdrücke a) - d). □

Frage 4.10

Welchen Rückgabewert liefert die `malloc()`-Anweisung, wenn die Speicheranforderung scheitert?

a) `NULL` □
b) `void` □
c) Der Rückgabewert ist unbestimmt. □

Frage 4.11

Es soll Speicher für einen Vektor der Länge n mit Einträgen vom Typ `float` reserviert werden. Welche der folgenden Anweisungen ist korrekt?

a) `vektor = (float) malloc(n*sizeof(float *));`   ☐
b) `vektor = (float *) calloc(n,sizeof(float));`   ☐
c) `malloc(vektor,n*sizeof(float));`   ☐
d) `calloc((float *) vektor,n, sizeof(float));`   ☐
e) Keine dieser 4 Anweisungen.   ☐

Frage 4.12

Wir legen eine 3×4-Matrix unter Zuhilfenahme der Bijektion Φ (siehe 4.5.2) in einem Feld `float f[12]` ab. Welche der folgenden Aussagen treffen zu?

a) $\Phi(1,1) = 0$ ☐
b) $\Phi(0,0) = 0$ ☐
c) $\Phi(1,1) = 4$ ☐
d) $\Phi(1,1) = 5$ ☐

Frage 4.13

Betrachten Sie die folgende Funktion:

```
void swap_by_ref(int *x, int *y)
{
   int *h;
   h = x; x = y; y = h;
   return;
}
```

Im Hauptprogramm seien die `int`-Variablen a und b mit Werten belegt worden. Welche Wirkung wird durch den Aufruf

```
swap_by_ref(&a,&b);
```

erzielt?

a) Adressen sowie Werte von a und b sind vertauscht.   ☐
b) Nur die Werte sind vertauscht, aber nicht die Adressen.   ☐
c) Nur die Adressen sind vertauscht, aber nicht die Werte.   ☐
d) Weder Adressen noch Werte sind vertauscht.   ☐

Frage 4.14

Betrachten Sie die folgende Funktion zur Speicherreservierung für double-Felder:

```
void erzeuge_vektor(double *v, int dim)
{
    int i;
    v = (double *) malloc(dim*sizeof(double));
    if (NULL == v)
        printf("Speicheranforderung gescheitert!\n");
    else
        for(i=0; i<dim; i++)
            v[i]=0.0;
}
```

Im Hauptprogramm die sei die Zeigervariable double *vektor deklariert. Nach Aufruf von

```
erzeuge_vektor(vektor, 50);
```

stellt sich aber heraus, dass im Feld keine Nullen, sondern rein zufällige Zahlenwerte stehen, obwohl die Funktion kein Scheitern der Speicheranforderung gemeldet hat. Wie erklären Sie sich das?

4.8 Übungsaufgaben zu Kapitel 4

4.1 (Zyklische Vertauschung).
Schreiben Sie eine Funktion, die drei Zahlen entgegennimmt und diese mittels *Call by Reference* zyklisch tauscht. D.h. aus (a, b, c) wird (c, a, b).

4.2 (2D-Mittelung).
Schreiben Sie eine Funktion, die ein beliebiges zweidimensionales Feld von float-Werten mit dessen Größe entgegennimmt und die Summe aller Einträge, dividiert durch die Anzahl, zurückgibt.

4.3 (Funktion zur Speicherreservierung).
Ändern Sie die Prozedur in Frage 4.14 so ab, dass sie das Gewünschte leistet.

4.4 (Matrizen und Vektoren im $\mathbb{R}^n$).
Implementieren Sie die folgenden Unterprogramme, wobei für die Implementierung von Matrizen Doppelzeiger eingesetzt werden sollen:

a) erzeuge_vektor() zum Reservieren von Speicher für einen n-dimensionalen Vektor,
b) erzeuge_matrix() zum Reservieren von Speicher für eine $m \times n$-Matrix und erzeuge_quad_matrix() zum Reservieren von Speicher für eine $n \times n$-Matrix,

c) `free_matrix()` und `free_quad_matrix()`, die den mit den Funktionen aus Teil
   b) reservierten Speicher wieder freigeben, ohne Speicherleichen zu erzeugen,
d) `matrix_sum()` und `matrix_prod()` zum Addieren und Multiplizieren von $n \times n$-
   Matrizen,
e) `vektor_sum()` und `matrix_vektor()` zum Addieren von Vektoren aus $\mathbb{R}^n$ bzw.
   zur Berechnung des Matrix-Vektor-Produkts (wobei $m \neq n$ möglich sein soll),
f) `euklid_norm()` zur Berechnung der Euklidischen Norm eines Vektors aus $\mathbb{R}^n$,
g) schließlich die Eingabe- und Ausgaberoutinen `lies_vektor()`, `lies_matrix()`,
   `zeige_vektor()` und `zeige_matrix()` für Vektoren aus dem $\mathbb{R}^n$ bzw. für $m \times n$-
   Matrizen.

Testen Sie die Subroutinen in einem Hauptprogramm, das das Produkt BAB berechnet, wobei

$$A = \begin{pmatrix} 1 & 2 & 3 & 4 \\ 2 & 3 & 4 & 1 \\ 3 & 4 & 1 & 2 \\ 4 & 1 & 2 & 3 \end{pmatrix} \in \mathbb{R}^{4 \times 4} \quad , \quad B = \begin{pmatrix} 1 & 0 & 0 & 0 \\ 0 & 0 & 1 & 0 \\ 0 & 1 & 0 & 0 \\ 0 & 0 & 0 & 1 \end{pmatrix} \in \mathbb{R}^{4 \times 4} .$$

Lassen Sie auch das Matrix-Vektor-Produkt $\tilde{B}x$ mit

$$x = \begin{pmatrix} 1 \\ 2 \\ 3 \\ 4 \end{pmatrix} \in \mathbb{R}^4$$

berechnen. Dabei bezeichne $\tilde{B}$ die 3×4-Matrix, die man aus B durch Weglassen der
letzten Zeile erhält.

4.5 (Matrixoperationen).
Implementieren Sie für beide in Abschnitt 4.5 vorgestellten Möglichkeiten der Darstellung von Matrizen folgende Operationen als Funktionen:

1. Tausch zweier Zeilen,
2. Löschen einer beliebigen Zeile,
3. Hinzufügen einer beliebigen Zeile.

4.6 (Indextransformation in 3D).
Wie sieht die zu 4.5.2 analoge Bijektion aus, wenn Sie anstelle einer zweidimensionalen Matrix ein dreidimensionales Objekt auf einen eindimensionalen Speicherbereich
abbilden möchten? Geben Sie auch die Umkehrabbildung an.

5

Numerisches Zwischenspiel

Wir haben bereits in den Beispielen 1.6 und 1.21 numerische Methoden kennen gelernt. Das Euler-Verfahren und die Approximation der hyperbolischen Sinusfunktion dienten dazu, brauchbare Näherungen für die gesuchten Werte auch in solchen Fällen zu liefern, in denen die Auswertung der exakten Formeln unmöglich oder numerisch instabil ist. Mit solchen Problemen wird man häufig konfrontiert, wenn es bei der Umsetzung von Algorithmen um die Berechnung konkreter Zahlenwerte geht.

In diesem Abschnitt werden wir sehen, dass unsere bis hierher erworbenen C-Kenntnisse dazu ausreichen, einfache und nützliche numerische Computerprogramme zu schreiben. Als Beispiele betrachten wir drei der grundlegendsten und häufigsten Aufgabenstellungen in der numerischen Mathematik: Wir werden

- Nullstellen von Funktionen näherungsweise berechnen,
- uns mit der Interpolation von Funktionswerten beschäftigen
- und Integrale von Funktionen approximieren.

Dabei können wir die Anwendung der Sprachelemente aus den vorangegangenen Kapiteln weiter einüben und nebenbei ein wenig numerische Mathematik lernen. Für das bessere Verständnis der Ideen und um die notwendigen mathematischen Vorkenntnisse so gering wie möglich zu halten, beschränken wir uns auf die Betrachtung einfacher Fälle und Beispiele. Wir möchten den Leserinnen und Lesern die Bearbeitung der Aufgaben am Ende des Kapitels besonders ans Herz legen, denn das Experimentieren mit Programmen hilft sehr dabei, die Arbeitsweise numerischer Methoden zu verstehen.

Für eine allgemeinere Darstellung sowie mathematisch exakte Analysen der hier vorgestellten Verfahren verweisen wir auf die einführenden Vorlesungen zur Numerik und die entsprechende Literatur (siehe z.B. [2], [13]).

5.1 Nullstellenbestimmung

Es sei $[a, b] \subset \mathbb{R}$ ein Intervall und

$$f : [a, b] \longrightarrow \mathbb{R}$$

eine Funktion. Das Nullstellenproblem besteht darin, eine Stelle $x_* \in [a, b]$ zu berechnen, für die gilt:

$$f(x_*) = 0 \,.$$

Wir wollen im Folgenden annehmen, dass es mindestens eine solche Nullstelle im Intervall $[a, b]$ gibt. Für manche Funktionen f kann man die Gleichung leicht durch wenige Äquivalenzumformungen lösen, aber schon bei der Kurvendiskussion recht einfacher Funktionen ist dies nicht mehr möglich: Wenn wir z.B. die Extremstellen der Funktion

$$g : \mathbb{R} \longrightarrow \mathbb{R}\,, \quad g(x) = \frac{1}{2}\sin(2x) - \frac{1}{3}x^3$$

bestimmen wollen, so läuft dies auf die Berechnung der Nullstellen der Ableitung

$$f(x) = g'(x) = \cos(2x) - x^2$$

hinaus. An ein Auflösen der Gleichung nach x_* ist hier nicht zu denken.

Wir suchen daher nach solchen Verfahren zur Nullstellenbestimmung, die möglichst wenige einschränkende Annahmen über die Eigenschaften oder Gestalt der Funktion f benötigen. Wir sind bereit, dafür in Kauf zu nehmen, dass ein solches Verfahren die Nullstellen nur näherungsweise berechnet – solange die Näherung für den jeweiligen Zweck ausreichend gut ist.

Nullstellenbestimmung durch Intervallschachtelung

Nach dem Zwischenwertsatz nimmt eine auf dem Intervall $[a, b]$ stetige Funktion jeden Wert zwischen $f(a)$ und $f(b)$ an. Haben diese beiden Funktionswerte verschiedene Vorzeichen, so besitzt f mindestens eine Nullstelle $x_* \in [a, b]$. Diese Tatsache macht man sich bei der *Intervallschachtelung* zum Auffinden einer Nullstelle zu Nutze. Dazu gibt man eine Genauigkeitsschranke $\epsilon > 0$ vor (z.B. $\epsilon = 10^{-6}$) und verfährt wie folgt:

1. Berechne den Mittelpunkt des Intervalls

$$m = \frac{a + b}{2}$$

   sowie den Funktionswert $f(m)$.

2. Haben $f(a)$ und $f(m)$ verschiedene Vorzeichen, dann setze

$$b := m$$

   andernfalls setze

$$a := m \,.$$

3. Wiederhole die Schritte 1. und 2., bis die Länge des aktuellen Intervalls $[a, b]$ kleiner als das vorgegebene ϵ ist. Das zuletzt berechnete m wird dann als Näherungswert für die Nullstelle x_* genommen.

In jedem Verfahrensschritt wird also das aktuelle Intervall in der Mitte geteilt und festgestellt, mit welcher der beiden Intervallhälften weiter gemacht wird. Wir grenzen so durch fortlaufende Intervallhalbierung die Position der Nullstelle immer genauer ein. Deshalb wird das Verfahren auch *Intervallhalbierungsmethode* oder *Bisektionsverfahren* genannt. Die Näherung der Nullstelle erfolgt durch Wiederholung derselben Vorgehensweise, es handelt sich also auch hier wieder um ein *iteratives* Verfahren.

Man könnte versucht sein, den Fall $f(m) = 0$ in jedem Schritt zu überprüfen und die Iteration in diesem Fall abzubrechen. Das wäre allerdings nur von theoretischer Bedeutung, da wir ja wissen, dass die Prüfung zweier Gleitpunktzahlen auf Gleichheit eine heikle Angelegenheit ist. Um das zu vermeiden, kann man die Iteration auch durch die Bedingung $|f(m)| < \epsilon$ beenden. Dieses Kriterium ist aber schlechter als die Überprüfung der Intervalllänge, wenn der Graph der Funktion f in einer Umgebung der Nullstelle sehr flach verläuft. Wir merken uns:

Das Bisektionsverfahren setzt nur voraus, dass die Funktion f stetig ist. Ein Nachteil der Methode ist, dass sie keine geraden Nullstellen, also solche ohne Vorzeichenwechsel, finden kann.

Beispiel 5.1 (Bisektionsmethode).
Wir kehren zum eingangs gegebenen Beispiel zurück und wenden das Bisektionsverfahren auf die Funktion $f(x) = \cos(2x) - x^2$ an.

```
1  #include <stdio.h>
2  #include <math.h>
3
4  #define EPS 1e-6
5
6  double fun(double x)
7  {
8      return cos(2*x)-x*x;
9  }
10
11  double bisekt(double a, double b)
12  {
13      double m, fa, fb, fm;
14      fa=fun(a); fb=fun(b);
15
16      while(b-a>EPS)
17      {
18          m=(a+b)/2.0;
```

```
19          fm = fun(m);
20
21          if (fa*fm < 0) {
22              b=m;
23              fb=fm;
24          }
25          else {
26              a=m;
27              fa=fm;
28          }
29      }
30      return m;
31 }
32
33 int main()
34 {
35     printf("Nullstelle ist: %lf\n", bisekt(.0, .8));
36 }
```

Hier noch einige Bemerkungen zur Implementierung:

- Man beachte *Zeile 4*: Hier haben wir mit Hilfe der Präprozessordirektive #define ein *Makro* EPS mit dem Zahlenwert 10^{-6} erzeugt. Auf diese Weise werden übrigens auch die Konstanten in Tabelle 3.2 auf Seite 88 in der Headerdatei <math.h> definiert. Von dieser Möglichkeit sollte man nicht zu ausgiebig Gebrauch machen, da Makros keine Variablen sind. Der Compiler verfügt also über keine Typinformationen, um bei unsachgemäßem Umgang mit ihnen zu warnen. Eine robustere Alternative wäre eine schreibgeschützte globale Variable const double EPS = 1.0e-6;
- Wir haben die Berechnung von f in eine eigene Funktion fun() (*Zeilen 6–9*) ausgelagert. Durch Anpassen von *Zeile 8* kann man so die Nullstellen anderer Funktionen berechnen, ohne in bisekt() etwas ändern zu müssen.
- In *Zeile 21* wird auf unterschiedliches Vorzeichen von $f(a)$ und $f(m)$ getestet, indem man das Produkt berechnet.
- Wie wir an den *Zeilen 23* und *27* sehen, kann man den Funktionswert $f(m)$ weiter verwenden. Somit braucht man pro Schleifendurchlauf nur eine Auswertung von f, d.h. einen Aufruf von fun().
- Wichtig ist die Wahl der Startwerte in *Zeile 35*: Durch Skizzieren von $\cos(2x)$ und x^2 kann man sehen, dass die Nullstelle zwischen 0 und $\pi/4$ liegen muss. Daher bietet sich die Wahl $a = 0.0$ und $b = 0.8$ an.

Das Newton-Verfahren

Die Anzahl der durchzuführenden Schritte bei der Intervallhalbierungsmethode hängt nur von der Länge und der Lage des Startintervalls, von der Genau-

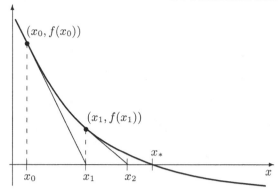

Abb. 5.1. Newton-Verfahren zur Bestimmung einer Nullstelle.

igkeitsschranke ϵ und vom Abbruchkriterium ab. Von der Funktion f werden nicht einmal die Werte selbst verwendet, sondern nur deren Vorzeichen.

Die Anzahl der Iterationen bei der Nullstellenberechnung kann reduziert werden, wenn das Verfahren mehr Informationen über f berücksichtigt. Dazu betrachtet man statt der Funktion f eine Näherungsfunktion $\tilde{f}$, deren Nullstellen exakt und auf einfachere Weise berechnet werden können.

Diese Idee wird beim *Newton-Verfahren* folgendermaßen umgesetzt: Ausgehend von einem Startpunkt x_0 wird die Funktion f durch ihre Tangente im Punkt $(x_0, f(x_0))$ genähert. Da die Tangente eine Gerade ist, lässt sich ihre Nullstelle x_1 ohne Weiteres berechnen und wird als eine erste Näherung für die gesuchte Nullstelle x_* betrachtet. Man wiederholt das Verfahren mit x_1 als Startpunkt und erhält so x_2 als Nullstelle der Tangente an f im Punkt $(x_1, f(x_1))$ (siehe Abb. 5.1). Auf diese Weise fährt man fort, bis die Nullstelle mit der gewünschten Genauigkeit approximiert ist.

Die mathematische Formulierung dieser Herangehensweise lautet folgendermaßen: Die Tangente $T(x)$ an den Graphen von f im Punkt $(x_0, f(x_0))$, gegeben durch

$$T(x) = f(x_0) + f'(x_0)(x - x_0)\,,$$

besitzt die Nullstelle

$$x_1 = x_0 - \frac{f(x_0)}{f'(x_0)}\,.$$

Durch Wiederholung dieses Schritts gelangt man zu der folgenden *Iterationsvorschrift* für das Newton-Verfahren:

$$x_{k+1} = x_k - \frac{f(x_k)}{f'(x_k)} \quad,\quad k = 0, 1, \ldots. \tag{5.1}$$

Das Newton-Verfahren ist im allgemeinen deutlich schneller als die Intervallhalbierungsmethode. Zwar muss die Funktion f für die Anwendbarkeit differenzierbar sein und nicht bloß stetig, dafür ist das Newton-Verfahren aber in

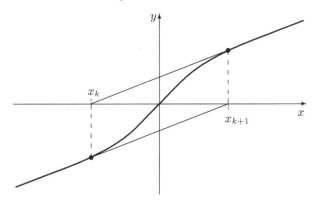

Abb. 5.2. Zyklische Punkte bei Verwendung des Newton-Verfahrens.

der Lage, auch Nullstellen ohne Vorzeichenwechsel näherungsweise zu berechnen.

> *Das Newton-Verfahren führt nicht unter allen Umständen zum Erfolg.*
> *Besonders entscheidend ist die Wahl des Startwerts x_0.*

Bei der Wahl sind u.a. die folgenden Punkte zu beachten:

a) Damit sich die *Iterierten* x_k mit wachsendem Index k auch wirklich der gesuchten Nullstelle nähern, muss der Startwert x_0 bereits hinreichend nahe bei der Nullstelle liegen (*good initial guess*).

b) Das Newton-Verfahren kann instabil werden, wenn man sich bei der Iteration einer kritischen Stelle x_E mit $f'(x_E) = 0$ und $f(x_E) \neq 0$ nähert. In dieser Umgebung verläuft die Tangente an den Graphen der Funktion f fast waagerecht und somit wird der Nenner in (5.1) sehr klein.

c) Bei der Iteration können zyklische Stellen erreicht werden, d.h. es existieren ein $p \in \mathbb{N}$ und ein Index k_0, so dass gilt:

$$x_{k+p} = x_k, \quad \text{für alle } k \geq k_0.$$

Solche Effekte können z.B. bei Funktionen auftreten, die symmetrisch zu einem Wendepunkt sind, wie z.B. arctan und die erf-Funktion (siehe Abb. 5.2). Wenn man die Lage dieser Symmetriestelle kennt und außerdem gesichert ist, dass die Ableitung dort nicht verschwindet, dann ist dieser Punkt eine gute Wahl für den Startpunkt x_0 der Newton-Iterationen.

Beispiel 5.2 (Newton-Verfahren für $f(x) = \cos(2x) - x^2$).

```
1  #include <stdio.h>
2  #include <math.h>
3
4  const double EPS = 1.0e-6;
```

```
 5
 6  double fun(double x)
 7  {
 8      return cos(2*x)-x*x;
 9  }
10
11  double dfun(double x)
12  {
13      return -2.0*(sin(2*x)+x);
14  }
15
16  double newton(double x0)
17  {
18      double xalt;
19      do {
20          xalt = x0;
21          x0 = x0-fun(x0)/dfun(x0);
22      }
23      while (fabs(x0-xalt)>EPS);
24      return x0;
25  }
26
27  int main()
28  {
29      printf("Nullstelle ist: %lf\n", newton(1.0));
30  }
```

Im Gegensatz zur Bisektionsmethode in Beispiel 5.1 wird hier in *Zeile 4* die Genauigkeitsschranke EPS als globale schreibgeschützte Variable implementiert. □

5.2 Interpolation

Oft sind von einer Funktion

$$f : [a, b] \longrightarrow \mathbb{R}$$

nur ihre Werte an bestimmten Stellen im Intervall bekannt, d.h. man verfügt nur über N Wertepaare

$$(x_1, f_1), \ (x_2, f_2), \ \ldots, \ (x_N, f_N),$$

wobei $f_i = f(x_i)$ gilt und die *Stützstellen* ohne Einschränkung folgendermaßen nummeriert sind:

$$a \leq x_1 < x_2 < \ldots < x_N \leq b\,.$$

Die folgenden Gründe können zu dieser Situation führen:

- Die Funktionswerte lassen sich nur für gewisse Werte von x exakt berechnen oder die Auswertung der Funktion ist so aufwendig, dass man möglichst darauf verzichten möchte.
- Die Funktionswerte sind Messergebnisse.
- Die Funktionswerte sind Resultat einer *Diskretisierung*: Der Computer kann nur mit endlichen Objekten hantieren. Das hat zur Folge, dass wir Funktionen bei der numerischen Bearbeitung im Programm durch endliche Wertetabellen darstellen müssen.

Es stellt sich nun die folgende Frage: Welchen Wert soll man der Funktion an einer Stelle x zuschreiben, die keine Stützstelle ist?

Es bietet sich an, „vernünftige" Näherungswerte für $f(x)$ zu verwenden. Wie beim Newton-Verfahren besteht auch hier die Idee darin, f durch eine Funktion $\tilde{f}$ zu ersetzen, die ohne größere Mühe ausgewertet werden kann und die die folgenden Bedingungen erfüllt:

$$\tilde{f}(x_k) = f_k \text{ für alle } k = 1, \ldots, N\,. \tag{5.2}$$

Liegt die interessierende Stelle x *zwischen* zwei Stützstellen, so spricht man von einer *Interpolationsaufgabe*. Liegt x außerhalb des Intervalls $[x_1, x_N]$, so liegt eine *Extrapolationsaufgabe* vor, worauf wir hier aber nicht weiter eingehen. Man nennt die Forderungen in (5.2) *Interpolationsbedingungen* und eine Funktion $\tilde{f}$, die diesen Bedingungen genügt, wird *Interpolierende* zu f genannt.

Interpolation durch Konstanten

Bei der einfachsten Interpolationsvariante wählt man als Näherung für $f(x)$ einfach denjenigen Wert f_k, der zu der Stützstelle x_k gehört, die x am nächsten liegt. Man interpoliert also durch eine stückweise konstante Funktion:

$$f(x) \approx \tilde{f}(x) = f_k\,,$$

wobei für den Index k gilt:

$$|x - x_k| \leq |x - x_l| \text{ für alle } l = 1, \cdots, N\,.$$

Liegt x genau in der Mitte zwischen zwei Stützstellen, so wählen wir den größeren der beiden Indizes. Im Englischen nennt man diese Vorgehensweise auch treffend *nearest neighbour*-Interpolation. Die so gewonnene interpolierende Funktion $\tilde{f}$ weist Sprungstellen auf, ihr Graph besitzt eine charakteristische Stufenform (siehe Abb. 5.3).

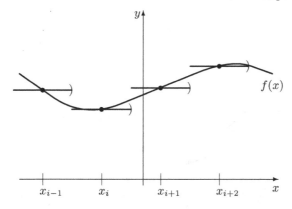

Abb. 5.3. *Nearest neighbour*-Interpolation. Die Klammer) bedeutet, dass an der betreffenden Stelle der Wert des rechten Nachbarintervalls genommen wird.

Lineare Interpolation

Man kann sich leicht vorstellen, dass die *nearest neighbour*-Interpolation nur brauchbare Ergebnisse liefert, wenn die Werte f_k nicht zu weit auseinander liegen. Wenn dies doch der Fall ist, so verwendet man besser die *lineare Interpolation*.

Bei dieser Methode konstruiert man die interpolierende Funktion, indem man jeweils zwei benachbarte Punkte (x_k, f_k), (x_{k+1}, f_{k+1}) durch ein Geradenstück miteinander verbindet. Für $x \in [x_k, x_{k+1}]$ wählt man also

$$f(x) \approx \tilde{f}(x) = f_k + \frac{f_{k+1} - f_k}{x_{k+1} - x_k}(x - x_k) \tag{5.3}$$

als Näherungswert. Setzt man

$$t := \frac{x - x_k}{x_{k+1} - x_k} \in [0, 1],$$

so lautet die abschnittsweise Definition der Interpolierenden $\tilde{f}$ auf dem Intervall $[x_1, x_N]$ folgendermaßen:

$$\tilde{f}(x) = (1 - t)f_k + tf_{k+1} \text{ für } x \in [x_k, x_{k+1}]. \tag{5.4}$$

Bei dieser Variante ist der Graph der Interpolierenden $\tilde{f}$ ein Polygonzug, der durch die Punkte (x_k, f_k) verläuft (siehe Abb. 5.4).

Bei der Interpolation müssen wir zu vorgegebenem $x \in [x_1, x_N]$ den Index $k(x)$ desjenigen Teilintervalls finden, in dem x liegt. Dazu haben wir mehrere Möglichkeiten:

1. Man durchläuft nacheinander alle x_k, bis zum ersten Mal die Bedingung $x < x_k$ erfüllt wird. Der gesuchte Index ist dann $k(x) = k - 1$. Die hierfür benötigte Laufzeit ist von der Ordnung $\mathcal{O}(N)$, man führt also eine *lineare Suche* durch.

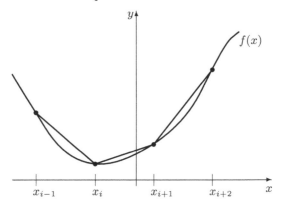

Abb. 5.4. Lineare Interpolation einer Funktion f.

2. Da die x_k ihrer Größe nach aufsteigend sortiert sind, kann man $k(x)$ durch *binäre Suche* (siehe Kapitel 9) sogar in nur $\mathcal{O}(\log_2 N)$ Schritten bestimmen.

3. In vielen praktischen Anwendungen bilden die Stützstellen eine *äquidistante Zerlegung* des Intervalls $[a, b]$, d.h. es gilt

$$x_k = a + (k - 1) \frac{b - a}{N - 1} \quad \text{für alle } k = 1, ..., N.$$

Speziell ist in diesem Fall $x_1 = a$ und $x_N = b$. Es gilt offensichtlich

$$x_k \leq x \leq x_{k+1} \Longleftrightarrow k - 1 \leq \frac{N - 1}{b - a}(x - a) \leq k.$$

Hieraus erhält man für den gesuchten Index

$$k(x) = 1 + \left\lfloor \frac{N - 1}{b - a}(x - a) \right\rfloor,$$

wobei $\lfloor x \rfloor$ die größte ganze Zahl bezeichnet, die kleiner oder gleich x ist:

$$\lfloor x \rfloor := \max\{z \in \mathbb{Z} : z \leq x\}.$$

Für die Realisierung hiervon ist in `<math.h>` die Funktion
```
double floor(double x);
```
deklariert, die ihr Argument auf den nächstgelegenen ganzzahligen Wert nach unten abrundet. Im Sonderfall $x = x_N$ muss man natürlich nicht die Interpolationsformel (5.3) verwenden, so dass man entsprechend im Programm darauf reagieren kann.

Beispiel 5.3 (Lineare Interpolation einer Wertetabelle).

```
1  #include <stdio.h>
2
3  double interpol(int n, double xv[], double yv[], double x)
4  {
5      int k;
6      double t;
7
8      for (k=0; k<n; ++k)
9          if (x<xv[k]) break;
10
11     /* ende des intervalls */
12     if (k==n) return yv[k];
13     k--;
14
15     t = (x-xv[k])/(xv[k+1]-xv[k]);
16     return (1-t)*yv[k]+t*yv[k+1];
17 }
18
19 int main()
20 {
21     double x[]= { 1.0, 2.0, 4.0, 5.0 };
22     double y[]= { 2.0, 3.0, 5.0, 6.0 };
23     printf("x=%f y=%f\n", 1.0, interpol(4, x, y, 1.0));
24     printf("x=%f y=%f\n", 1.2, interpol(4, x, y, 1.2));
25     printf("x=%f y=%f\n", 3.0, interpol(4, x, y, 3.0));
26     printf("x=%f y=%f\n", 5.0, interpol(4, x, y, 5.0));
27 }
```

Zeilen 3–17: Die Funktion erwartet von ihren Argumenten, dass die Zahlen in xv[] und yv[] aufsteigend sortiert sind, dass in xv[] keine Zahlen mehrfach vorkommen, und dass $xv[0] \leq x \leq xv[n-1]$ gilt. Dass die letztere Bedingung erfüllt ist, lässt sich allerdings auch leicht überprüfen und die Funktion kann mit einer entsprechenden Meldung beendet werden, wenn sich x außerhalb des Intervalls befindet. Ferner muss n der gemeinsamen Länge von xv und yv entsprechen.

Zeilen 8–13: Der Index des Teilintervalls, in dem x liegt, wird durch lineares Suchen bestimmt. In *Zeile 12* wird der Sonderfall $x = x_N$ behandelt.

Zeilen 15 und 16: Die lineare Interpolation wird nach der Formel (5.4) durchgeführt.

Zeilen 21–26: Im Hauptprogramm wird die Interpolation getestet. Wegen $y[i] = x[i]+1$ lässt sich das Programm durch die printf()-Anweisungen leicht auf Fehler überprüfen. Das tun wir für Teilintervalle verschiedener Länge und an den Rändern. □

Auf eines wollen wir zum Schluss dieses Abschnitts noch hinweisen: Die Interpolierende ist nicht unbedingt die beste Näherung für eine Funktion. Sie zeichnet sich aber dadurch aus, dass sie mit relativ wenig Aufwand zu berechnen ist.

5.3 Numerische Integration

Bei der Berechnung von Integralen

$$I[f] = \int_a^b f(x)\,dx$$

tritt nicht selten das Problem auf, dass die Auswertung der Stammfunktion des Integranden aufwendig oder numerisch instabil ist. Für manche Integranden kann man die Stammfunktion gar nicht explizit angeben, dies ist z.B. bei

$$\text{erf}(x) = \frac{2}{\sqrt{\pi}} \int_0^x e^{-\xi^2}\,d\xi$$

der Fall.

Um diese Schwierigkeiten zu beseitigen, verfolgt man bei der numerischen Integration, auch (numerische) *Quadratur* genannt, eine ähnliche Strategie wie beim Newton-Verfahren und bei der Interpolation: Der Integrand f wird ersetzt durch eine Funktion $\tilde{f}$, deren exakter Integralwert leicht und stabil zu berechnen ist:

$$I[f] \approx I[\tilde{f}].$$

Wegen

$$\left| I[f] - I[\tilde{f}] \right| \leq \int_a^b |f(x) - \tilde{f}(x)|\,dx$$

ist die Genauigkeit der Approximation des Integralwerts damit verknüpft, wie gut $\tilde{f}$ die Funktion f annähert. Je nach Wahl von $\tilde{f}$ erhält man unterschiedliche *Quadraturformeln* mit individuellen Stärken und Schwächen.

Als konkretes Beispiel für $\tilde{f}$ betrachten wir die stückweise lineare Interpolierende zu f aus dem vorangegangenen Abschnitt für den einfachsten Fall $N = 2$: Wir wählen $x_1 = a$, $x_2 = b$ und verwenden als Näherung

$$\tilde{f}(x) = f(a) + \frac{f(b) - f(a)}{b - a}(x - a)\,.$$

Durch die Substitution

$$t = \frac{x - a}{b - a}\,, \quad dx = (b - a)\,dt\,,$$

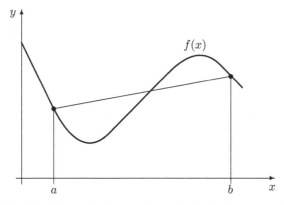

Abb. 5.5. Interpolationsquadratur mit der Trapezregel.

erhalten wir

$$I[\tilde{f}] = \int_a^b \left(f(a) + \frac{f(b) - f(a)}{b - a}(x - a) \right) dx$$

$$= (b - a) \int_0^1 f(a) + \big(f(b) - f(a)\big)\, t\, dt$$

$$= (b - a) \left(f(a) + \frac{f(b) - f(a)}{2} \right).$$

Unsere Quadraturformel lautet also

$$\int_a^b f(x)\, dx \approx \frac{b - a}{2} \big(f(a) + f(b) \big). \tag{5.5}$$

Geometrisch kann man diese Formel so interpretieren, dass das Integral durch den Flächeninhalt eines Trapezes approximiert wird, deshalb heißt diese Quadraturformel auch *Trapezregel* (siehe Abb. 5.5).

Wenn die Intervalllänge klein ist, kann die Formel in (5.5) sehr brauchbare Näherungen für den exakten Integralwert liefern. Für größere Intervalle $[a, b]$ empfiehlt sich die folgende Vorgehensweise: Wir wählen eine äquidistante Zerlegung in $N - 1$ Teilintervalle

$$[x_k, x_{k+1}], \ x_k = a + (k - 1)\frac{b - a}{N - 1}, \ \text{für } k = 1, \ldots, N - 1,$$

und wenden auf jedes dieser Teilintervalle die Trapezregel (5.5) an. Setzen wir

$$h := \frac{b - a}{N - 1}, \quad f_k := f(x_k) \ \text{für } k = 1, \ldots, N,$$

so gilt $h = x_{k+1} - x_k$ für $k = 1, \ldots, N - 1$ und wir haben

$$\int_{x_k}^{x_{k+1}} f(x)\,dx \approx \frac{h}{2}(f_k + f_{k+1})\,.$$

Unter Beachtung von

$$\int_a^b f(x)\,dx = \sum_{k=1}^{N-1} \int_{x_k}^{x_{k+1}} f(x)\,dx$$

erhalten wir daraus die *summierte Trapezregel*:

$$\int_a^b f(x)\,dx \approx h\left(\frac{f_1 + f_N}{2} + \sum_{k=2}^{N-1} f_k\right). \qquad (5.6)$$

Beispiel 5.4 (Numerische Integration mit der Trapezregel).
Wir verwenden die summierte Trapezregel (5.6) zur Approximation des Integrals

$$\int_{-1}^{1} \sqrt{1 - x^2}\,dx = \frac{\pi}{2}\,.$$

Von der Richtigkeit dieser Gleichung kann man sich übrigens ohne Bestimmung einer Stammfunktion überzeugen, denn der Graph des Integranden ist nichts anderes als die obere Halbkreislinie.

```
 1  #include <math.h>
 2  #include <stdio.h>
 3
 4  double fun(double x)
 5  {
 6      return sqrt(1.0-x*x);
 7  }
 8
 9  double trapezregel(double a, double b, int N)
10  {
11      double summe, xk;
12      int    k;
13
14      summe = 0.5*(fun(a)+fun(b));
15      for (k=2; k<N; k++) {
16          xk = (k-1.0)/(N-1.0)*(b-a)+a;
17          summe += fun(xk);
18      }
```

```
19
20      return (b-a)/(N-1)*summe;
21 }
22
23 int main()
24 {
25      double wert_integral  = trapezregel(-1.0, 1.0, 1000);
26      printf("Exakt     : %e\n", M_PI_2);
27      printf("Trapezregel: %e\n", wert_integral);
28      printf("Abs. Fehler: %e\n", fabs(wert_integral-M_PI_2));
29 }
```

Zeile 16: Hier darf man nicht (k-1)/(N-1) verwenden, sondern muss mindestens eine 1 durch 1.0 ersetzen. Andernfalls käme es hier zu einer ganzzahligen Division und der Ausdruck würde wegen k < N immer den Wert 0 liefern. Dies ist eine häufig auftretende Fehlerquelle in „frühen Programmversionen". In *Zeile 20* kann das nicht passieren, da der erste Faktor b-a bereits vom Typ double ist.

Zeile 26: Wir verwenden die in math.h vordefinierte Konstante M_PI_2, um $\pi/2$ in der optimalen Genauigkeit zur Verfügung zu haben.

Zeile 28: Wie bereits in Abschnitt 3.3 gesagt wurde, muss man zur Berechnung des Betrags einer Gleitpunktzahl die Bibliotheksfunktion fabs() und nicht etwa abs() benutzen, damit man nicht zur Laufzeit die Nachkommastellen und anschließend bei der Fehlersuche die Geduld verliert.

□

Durch eine Verfeinerung der Zerlegung des Intervalls erreicht man im allgemeinen bessere Resultate, stößt aber für kompliziertere Integranden wegen des zunehmenden Aufwands an die Grenzen des Praktikablen. Man sucht zur Verbesserung der Ergebnisse daher nach alternativen Approximationsansätzen (siehe [2], [13]).

5.4 Kontrollfragen zu Kapitel 5

Frage 5.1

Zur Berechnung der Nullstelle von $x^2 - 2$ wird das Bisektionsverfahren auf das Startintervall $[0, 2]$ angewendet. Welche Werte nimmt der Mittelpunkt m während der ersten Schritte an?

a) $m = 1.0, 1.5, 1.4$ □

b) $m = 1.0, 1.5, 1.25$ □

c) $m = 1.0, 1.25, 1.375$ □

Frage 5.2

Führen Sie das Newtonverfahren von Hand durch, indem Sie die Nullstelle zu $x^2 - 2$ berechnen. Starten Sie mit $x_0 = 1.0$. Welchen Wert nimmt x_2 an?

a) $x_2 = 1.41$ ☐

b) $x_2 = 1.42$ ☐

c) $x_2 = \dfrac{17}{12}$ ☐

d) $x_2 = \dfrac{18}{12}$ ☐

Frage 5.3

Welche der folgenden Iterationen approximiert $\sqrt[3]{3}$?

a) $x_{n+1} = x_n + \dfrac{x_n^3 - 3}{3x_n^2}, \quad x_0 = 1$ ☐

b) $x_{n+1} = x_n - \dfrac{3x_n^2}{x_n^3 - 3}, \quad x_0 = 1$ ☐

c) $x_{n+1} = \dfrac{2x_n^3 + 3}{3x_n^2}, \quad x_0 = 1$ ☐

d) $x_{n+1} = \dfrac{2x_n^3 - 3}{3x_n^2}, \quad x_0 = -1$ ☐

Frage 5.4

Berechnen Sie die lineare Interpolation von $\sin(x)$ in $x = \pi/4$. Wählen Sie hierbei als Stützstellen $x_1 = \pi/6$ und $x_2 = \pi/2$. Welchen Wert erhalten Sie?

a) $1/\sqrt{2}$ ☐

b) $5/8$ ☐

c) $\sqrt{3}/2$ ☐

d) $7/8$ ☐

Frage 5.5

Welchen Näherungswert liefert die Trapezregel für das Integral

$$\int_0^1 x^2 \, dx \,,$$

wenn $[0, 1]$ in zwei gleich große Intervalle unterteilt wird?

a) 0.375 ☐

b) 0.5 ☐

c) $\dfrac{1}{3}$ ☐

Frage 5.6

In Beispiel 5.2 wurde in den *Zeilen 19–22* eine `do-while` Schleife gewählt. Warum wurde nicht eine `while` oder `for`-Schleife gewählt?

a) Das ist egal, man kann `do-while` durch `while` ersetzen, ohne das Ergebnis zu verändern.   □

b) Man kann `do-while` durch eine der beiden Alternativen ändern, muss aber die ganze Funktion anpassen.   □

c) Die vorgestellte Implementierung ist eleganter, man muss um das Abbruchkriterium anwenden zu können, mindestens eine Iteration durchführen.   □

5.5 Übungsaufgaben zu Kapitel 5

*Aufgaben, die mit einem * markiert sind, sind vom Schwierigkeitsgrad etwas anspruchsvoller. Sie können beim ersten Durcharbeiten zurückgestellt werden.*

5.1 (* Ziegen und nichtlineare Gleichungen).
Eine Ziege ist am Rande einer kreisförmigen Wiese mit Radius r angebunden. Wie lang muss die Leine sein, damit sie genau die Hälfte der Wiesenfläche abgrasen kann?

5.2 (Tests zur Nullstellenbestimmung).
Erweitern Sie die Programme zum Bisektionsverfahren (Beispiel 5.1) und zum Newton-Verfahren (Beispiel 5.2) dahingehend, dass die Anzahl der Funktionsauswertungen gezählt wird.

a) Testen Sie verschiedene Genauigkeitsschranken ϵ und untersuchen Sie den Zusammenhang zwischen ϵ und der Anzahl der Funktionsauswertungen.

b) Testen Sie veschiedene Startwerte für das Newton-Verfahren, inbesondere $x_0 = 0$ und $x_0 = 10^{-10}$.

5.3 (Abbruchbedingungen für das Newton-Verfahren).
Berechnen Sie die Nullstellen von $f(x) = x^5 - 1$ und $g(x) = x^5$ mit Hilfe des Newton-Verfahrens. Verwenden Sie jeweils als Startwert $x_0 = 0.5$ und testen Sie die beiden vorgestellten Abbruchkriterien für $\epsilon = 10^{-6}$. Bestimmen Sie jeweils die Anzahl der Iterationen sowie den absoluten Fehler.

5.4 (* Die Lambertsche W-Funktion).
Die Umkehrfunktion zu

$$f : (-1, \infty) \longrightarrow \mathbb{R} , \quad f(x) = xe^x ,$$

heißt *Lambertsche W-Funktion*. Die W-Funktion kann nicht durch elementare Funktionen in geschlossener Form dargestellt werden.

a) Formulieren Sie das Newton-Verfahren zur Auswertung der W-Funktion an einer Stelle $x > -1/e$.

b) Implementieren Sie ein Unterprogramm `lambertW()`, das die W-Funktion auf diese Weise auswertet und testen Sie sie, indem Sie $|f(W(x)) - x|$ an den äquidistanten Stellen

$$x_i = \frac{i}{N} \ , \quad i = 0, \ldots, N \ ,$$

berechnen lassen.

c) Die Auswertung von W auf diese Art ist recht aufwendig. Verwenden Sie daher die Funktion zur linearen Interpolation aus Beispiel 5.3, um Werte an den Stellen

$$x_{i+1/2} = \frac{i + 1/2}{N} \ , \quad i = 0, \ldots, N - 1 \ ,$$

zu erhalten. Vergleichen Sie die interpolierten Werte mit jenen, die `lambertW()` an diesen Stellen liefert.

5.5 (Summierte Trapezregel).
Berechnen Sie das Integral

$$\int_{-1}^{1} f(x) \, dx$$

für den Integranden

$$f(x) = \begin{cases} \sqrt{1 - x^2} & : \quad x < 0 \\ 1 - \sqrt{1 - x^2} & : \quad x \geq 0 \end{cases}$$

mit Hilfe der Trapezregel. Vergleichen Sie, beginnend mit $N = 2$, die jeweilige Näherung mit dem exakten Integralwert (siehe Beispiel 5.4) und betrachten Sie die Entwicklung des Fehlers mit wachsendem N. Welches Verhalten stellen Sie fest? Wie erklären Sie sich dieses Verhalten?

5.6 (Quadratur von Integranden mit Polstellen).
Oft kann man mit ein wenig Analysis die Anwendbarkeit numerischer Verfahren erheblich erweitern: Obwohl das (uneigentliche) Integral

$$\int_{0}^{1} \frac{1 + x^2}{2\sqrt{x}} \, dx \ , \tag{5.7}$$

existiert, können wir die Trapezregel nicht verwenden, da der Integrand in $x = 0$ eine Polstelle hat.

a) Benutzen Sie die Formel der partiellen Integration,

$$\int_{a}^{b} f'(x)g(x) \, dx = \left[f(x)g(x) \right]_{a}^{b} - \int_{a}^{b} f(x)g'(x) \, dx \ ,$$

um das Integral in (5.7) so umzuformen, dass nur noch unproblematische Terme bzw. Integranden vorkommen – spalten Sie sozusagen den Term mit der Polstelle ab.

b) Formulieren Sie die summierte Trapezregel für das Integral, das in a) entstanden ist. Schreiben Sie eine C-Funktion zur Berechnung des Integrals in (5.7) und testen Sie sie für verschiedene N.

6

Zeichen und Strings

Wenn wir auch in diesem Buch hauptsächlich die C-Programmierung für mathematische Anwendungen im Sinn haben: Gewisse Grundkenntnisse über dem Umgang mit Zeichen und Zeichenketten (engl. *strings*) sind auch in diesem Anwendungsbereich unabdingbar.

Zuerst beschäftigen wir uns in diesem Kapitel mit dem *ASCII*-Standard zur Interpretation ganzzahliger Werte als Zeichen, die in C durch den Datentyp `char` repräsentiert werden. Für Strings wird kein eigener Datentyp benötigt, denn C betrachtet sie einfach als Felder, deren Einträge vom Typ `char` sind. Zur Verarbeitung von Zeichen und Strings existiert eine Fülle von Bibliotheksfunktionen, von denen wir hier nur eine für unsere Zwecke ausreichende Auswahl vorstellen. Als Anwendung zeigen wir zum Schluss ein einfaches aber wirksames Verfahren zum Ver- und Entschlüsseln von Texten. Mit diesem kleinen Ausflug in die Kryptographie schlagen wir wieder die Brücke zur Mathematik.

6.1 Zeichen

Für die Verarbeitung von Zeichen ist von grundlegender Bedeutung, dass sie eigentlich nichts anderes sind als Zahlenwerte, die eine Doppelrolle spielen:

Auf dem Computer werden Zeichen intern wie ganzzahlige Werte behandelt. Erst durch die standardisierte Zuordnung der Zeichen zu den Zahlen von 0 bis 127 in der so genannten ASCII-Tabelle entsteht die Rolle als Zeichen.

So wird beispielsweise dem Zahlwert 65 das Zeichen 'A' zugeordnet. Andere Zuordnungen können wir der Tabelle 6.1 entnehmen, die den für uns relevanten Teil der ASCII-Tabelle auflistet. Man benutzt allerdings meist den erweiterten Bereich von 0 bis 255, um auch Umlaute oder Sonderzeichen abbilden zu können.

Ob eine Variable vom Typ `char` als Zahl oder Zeichen interpretiert wird, liegt in der Hand des Programmierers.

Tabelle 6.1. Ein Ausschnitt aus der ASCII-Tabelle.

Zahlwert	Zeichen	Zahlwert	Zeichen	Zahlwert	Zeichen
32	␣	64	@	96	'
33	!	65	A	97	a
34	"	66	B	98	b
35	#	67	C	99	c
36	$	68	D	100	d
37	%	69	E	101	e
38	&	70	F	102	f
39	'	71	G	103	g
40	(	72	H	104	h
41	)	73	I	105	i
42	*	74	J	106	j
43	+	75	K	107	k
44	,	76	L	108	l
45	-	77	M	109	m
46	.	78	N	110	n
47	/	79	O	111	o
48	0	80	P	112	p
49	1	81	Q	113	q
50	2	82	R	114	r
51	3	83	S	115	s
52	4	84	T	116	t
53	5	85	U	117	u
54	6	86	V	118	v
55	7	87	W	119	w
56	8	88	X	120	x
57	9	89	Y	121	y
58	:	90	Z	122	z
59	;	91	[	123	{
60	<	92	\	124		
61	=	93	]	125	}
62	>	94	^	126	~
63	?	95	_		

Bei der Ausgabe mittels `printf()` liefert die Formatangabe '`%c`' die Ausgabe des entsprechenden Werts als Zeichen. So liefert

```
char c=65;
printf("%c %d\n", c, c);
```

zuerst die Ausgabe des Buchstaben 'A', dann die Ausgabe der Zahl 65.

Wie wir bereits aus Abschnitt 2.4 wissen, werden Zeichenkonstanten durch Setzen von einfachen Anführungsstrichen gebildet. Nach der ASCII-Tabelle ist z.B.

```
char c='A';
```

äquivalent zu der folgenden Initialisierung:

```
char c=65;
```

Eine besondere Art von Zeichenkettenkonstanten haben wir bereits kennengelernt: `\n` steht für die Zahl 13 (dies ist die Position des Buchstabens 'n' im Alphabet) und bewirkt bei der Ausgabe als Zeichen einen Zeilenumbruch. Zeichenkonstanten können auch oktal in der Form `\ooo` und hexadezimal als `\xhh` angegeben werden. Der folgende Quelltext veranlasst die dreifache Ausgabe des Buchstaben 'Z':

```
printf("Z \132 \x5a \n");
```

Da Werte vom Typ `char` ganze Zahlen sind, ist der folgende Quelltextteil syntaktisch völlig korrekt:

```
char c='A';
int  diff = 'C' - c;
c = 'B' + diff;
```

`diff` hat dann den Wert 2, `c` den Wert 68.

Eingabe von Zeichen

Das Einlesen von Zeichen von der Standardeingabe und die Zuweisung an Variablen vom Typ `char` geschieht mit Hilfe der folgenden Funktion:

```
int getchar(void);
```

`getchar()` liefert das eingelesene Zeichen als **unsigned int** (ggf. mit *Cast* zu **int**) zurück. Die Belegung einer Variablen vom Typ `char` erfolgt duch Zuweisung:

```
c = getchar();
```

Diese Funktion ist in `<stdio.h>` deklariert.

Man kann diese Funktion z.B. dazu nutzen, um auf einen Tastendruck des Anwenders zu warten:

Tabelle 6.2. Prüffunktionen für `char`-Werte.

Funktion	überprüfte Eigenschaft
`int isalpha(int c);`	c ist Buchstabe
`int isdigit(int c);`	c ist (Dezimal-)Ziffer
`int isalnum(int c);`	c ist Buchstabe oder Ziffer
`int isblank(int c);`	c ist Leerzeichen oder Tabulator
`int iscntrl(int c);`	c ist Steuerzeichen
`int islower(int c);`	c ist Kleinbuchstabe
`int isupper(int c);`	c ist Großbuchstabe
`int isspace(int c);`	c ist \n, \t, \f, \v, \r
	oder Leerzeichen
`int isxdigit(int c);`	c ist Hexadezimalziffer

```
...
printf("Zum Fortfahren bitte beliebige Taste drücken");
getchar();
...
```

Prüffunktionen

Wenn wir Programme für den Alltagseinsatz entwickeln, werden wir uns nicht darauf verlassen können, dass die Anwender stets korrekte Eingaben vornehmen. Wenn eine `scanf()`-Anweisung z.B. die Eingabe eines `double`-Wertes erwartet, über die Tastatur aber ein Zeichen eingegeben wird, so wird das sicherlich negative Auswirkungen auf den weiteren Programmablauf haben. Um Eingaben auf ihre Korrektheit überprüfen zu können, gibt es die Funktionen in Tabelle 6.2. Sie sind in `<ctype.h>` deklariert und überprüfen die Eigenschaften eines Zeichens. Sie liefern allesamt den Wert 0 zurück, wenn das Argument nicht vom fraglichen Typ ist.
Ferner gibt es in `<ctype.h>` noch die beiden Funktionen

```
int toupper(int c);
int tolower(int c);
```

die das ihnen übergebene Zeichen als Groß- bzw. Kleinbuchstaben zurückliefern. Ist diese Umwandlung nicht möglich (z.B. bei Ziffern), wird das Zeichen unverändert zurückgeliefert.

Man kann sich sicherlich vorstellen, dass die sorgfältige Prüfung von eingegebenen Zeichen sehr schnell zu länglichen Quelltextpassagen führt. Um nicht von den eigentlichen Programmbestandteilen abzulenken, verzichten wir auch im weiteren Verlauf des Buchs in unseren Quelltexten auf entsprechende Prüfungen. Daraus soll man aber keineswegs schlussfolgern, dass solche Überprüfungen nicht so wichtig sind!

6.2 Strings

Strings (Zeichenketten) sind Felder mit Einträgen vom Typ `char`*. Aus diesem Grund gelten alle über Felder getroffenen Aussagen sinngemäß auch für Strings.*

Entsprechend werden Strings

- statisch durch

```
char Stringname[groesse];
```

- und dynamisch durch

```
char *Stringname;
```

deklariert.

6.2.1 Initialisierung und Terminierung

Das Ende einer Zeichenkette wird mit der Zeichenkonstante '\0', d.h. dem Wert 0, markiert. Deshalb wird diese besondere Zeichenkonstante auch als *Stringterminierung* bezeichnet.
Stringkonstanten sind Zeichenketten, die in doppelte Anführungsstriche " gesetzt sind. Mit ihnen kann man Stringvariablen folgendermaßen initialisieren:

```
char str[]="Hallo";
```

Hier wird die Stringterminierung \0 automatisch angehängt, das Feld `str` hat also die Länge 6. Diese Art der Initialisierung ist deutlich bequemer als die äquivalente Variante, die für alle Felder möglich ist:

```
char str[]={ 'H', 'a', 'l', 'l', 'o', '\0' };
```

Da die Größe in beiden Beispielen feststeht, entfällt jeweils die Größenangabe in den eckigen Klammern.
Die Ausgabe von Zeichenketten kann mittels `printf()` geschehen. Der zugehörige Formatbezeichner lautet `%s` und veranlasst die Ausgabe der entsprechenden Zeichenkette bis zum abschließenden '\0' .

Beispiel 6.1 (Elementare Stringoperationen).

```
1  int string_laenge(const char what[])
2  {
3      int i = 0;
4      while (what[i]) i++;
5      return i;
6  }
7
```

```
 8  int main()
 9  {
10      char str1[] = { 'E', 'i', 'n', ' ',
11                      'S', 't', 'r', 'i', 'n', 'g', '\0' };
12      char str2[] = "Ein String";
13
14      printf("str1='%s'\n", str1);
15      printf("str2='%s'\n", str2);
16      printf("Laenge von str1: %d\n", string_laenge(str1));
17
18      str1[3]=0;
19      printf("\nstr1 verkuerzt: '%s'\n", str1);
20      printf("Laenge von str1: %d\n", string_laenge(str1));
21
22      str1[0]=0;
23      printf("\nstr1 geloescht: '%s'\n", str1);
24      printf("Laenge von str1: %d\n", string_laenge(str1));
25  }
```

Wir sehen in den *Zeilen 10* und *12* zwei äquivalente Arten, Stringkonstanten anzugeben. Wie schon gesagt, terminiert die in *Zeile 12* dargestellte Methode die Zeichenkette automatisch mit dem Wert 0.

In den *Zeilen 14, 15, 19* und *23* sieht man die Ausgabe von Strings durch die Funktion printf(). □

Die Funktion string_laenge() in Beispiel 6.1 dient nur der Illustration des Umgangs mit Strings. Eine entsprechende Funktion aus der Standardbibliothek stellen wir im Folgenden vor.

6.2.2 Bibliotheksfunktionen für Strings

Da je nach Problemstellung die Manipulation von Zeichenketten einen beträchtlichen Teil des Programms ausmachen kann, wird in C eine Vielzahl von Bibliotheksfunktionen hierzu angeboten. Um diese nutzen zu können, muss die Headerdatei <string.h> den Präprozessordirektiven hinzugefügt werden. Wir stellen hier eine Auswahl häufig verwendeter Bibliotheksfunktionen vor. Für eine vollständige Liste verweisen wir auf die Hilfeseite, die mit

```
$ man 3 string
```

angesehen werden kann.

- strcpy() - **Kopieren eines Strings.**

```
char *strcpy(char *ziel, const char *quelle);
```

kopiert den String mit Namen *quelle* bzw. eine Zeichenkettenkonstante in den String mit Namen *ziel*. Die Stringterminierung '\0' wird mitkopiert. Alternative Lesart: strcpy() kopiert den String, auf den *quelle* zeigt, in den String, auf den *ziel* zeigt.

Die Feldgröße von *ziel* muss ausreichen, um den Inhalt von *quelle* aufzunehmen. Ist dies nicht der Fall, so kann das weitere Verhalten nicht vorhergesagt werden – dieser Umstand wird übrigens bei vielen Hackerangriffen ausgenutzt. Die Funktion liefert einen Pointer auf *ziel* zurück.

- strncpy() - **Beschränktes Kopieren eines Strings.**

```
char *strncpy(char *ziel, const char *quelle,
        size_t anzahl);
```

Kopiert höchstens die ersten **anzahl** Zeichen von *quelle* nach *ziel*. Befindet sich die Stringterminierung von *quelle* nicht darunter, so bleibt *ziel* unterminiert. Auch diese Funktion liefert einen Pointer auf *ziel* zurück.

- strlen() - **Länge eines Strings.**

```
size_t strlen(const char *string);
```

Liefert die Anzahl der Zeichen des Strings *string* zurück, wobei die Terminierung nicht mitgezählt wird.

- strcat() - **Anhängen eines Strings an einen anderen.**

```
char *strcat(char *ziel, const char *quelle);
```

hängt den String *quelle* an den String *ziel* an. Die Terminierung von *ziel* wird dabei überschrieben und der entstehende String terminiert. Auch hier muss *ziel* groß genug sein.

Analog zu strncpy() existiert eine Variante strncat(). Auch diese Funktionen liefern einen Zeiger auf *ziel* zurück.

- strcmp() - **Vergleichen zweier Strings.**

```
int strcmp(const char *s1, const char *s2);
```

stellt fest, ob die Zeichenkette *s1* nach lexikographischer Ordnung kleiner, größer oder gleich *s2* ist. Der Rückgabewert ist jeweils
- -1, falls *s1* lexikographisch kleiner als *s2*,
- +1, falls *s1* lexikographisch größer als *s2*,
- 0, falls *s1* und *s2* identisch sind.

Zu `strcmp` existiert die Variante `strncmp()`, die nur die ersten n Zeichen zweier Strings miteinander vergleicht.

Bemerkung. Aufgrund der Definition der Rückgabewerte von `strcmp()` ist

```
if (strcmp(s1,s2))  ...
```

ein Test auf Ungleichheit und nicht etwa auf Gleichheit, auch wenn es die Schreibweise so suggeriert. Dies ist ein häufig anzutreffender Fehler.

Beispiel 6.2 (Funktionen aus `<string.h>`).
Wir demonstrieren die Verwendung der vorgestellten Bibliotheksfunktionen:

```
 1  #include <string.h>
 2  #include <stdio.h>
 3
 4  char *verdopple_string(char what[])
 5  {
 6      char *result;
 7      int  lwhat = strlen(what);
 8
 9      result = (char *) malloc((2*lwhat +1)*sizeof(char));
10      if (result==NULL)
11          return NULL;
12
13      strcpy(result, what);
14      strcat(result, what);
15      return result;
16  }
17
18  int main()
19  {
20      char str[]="Einfach";
21      char *verdoppelt_str = verdopple_string(str);
22      if (verdoppelt_str)
23          printf("%s\n", verdoppelt_str);
24      else
25          printf("fehler\n");
26      free(verdoppelt_str);
27  }
```

Die Funktion `verdopple_string()` verdoppelt einen String, ihre Anwendung auf `"Einfach"` erzeugt also den String `"EinfachEinfach"`.

In *Zeile 7* wird die Länge `lwhat` des Arguments `what` ermittelt. Das Ergebnis benötigt wegen der Stringterminierung `'\0'` `2*lwhat+1` Zeichen, in

Zeile 9 wird der entsprechende Speicherplatz angefordert. In *Zeile 13* wird **what** nach **result** kopiert, in *Zeile 14* wird **what** an das Ergebnis angehängt. Das Hauptprogramm (*Zeilen 18–27*) demonstriert den Gebrauch dieser Funktion. Zu beachten ist *Zeile 26*: Die Funktion **free()** muss den in *Zeile 9* angeforderten Speicherplatz wieder freigeben.   □

Einlesen von Strings

Die Funktion **scanf()** ist nur begrenzt dazu geeignet, Strings von der Tastatur entgegenzunehmen, denn bei der entsprechenden Formatangabe **%s** wird der String nur bis zum ersten auftretenden Leerzeichen eingelesen. Die einfachste Funktion zum Einlesen eines Strings von der Tastatur ist **gets()**. Sie überprüft jedoch nicht, ob im Zielstring genügend Platz für die Eingabe vorhanden ist und überschreibt evtl. dahinter liegende Speicherbereiche. Es ist daher besser, die Funktion **fgets()** zu verwenden:

```
char *fgets(char *string, int anzahl, FILE *Ds);
```

Diese liest höchstens **anzahl**-1 Zeichen aus dem *Eingabestrom Ds* und speichert sie in der Zeichenkette *string*. Weitere Zeichen werden ignoriert. Der nächste Aufruf von **fgets()** beginnt an dieser Stelle des Eingabestroms.

Der Datentyp **FILE** ist ein so genannter *Dateideskriptor*. In Kapitel 7 werden wir ausführlich darauf eingehen; hier genügt es zu wissen, dass der Deskriptor für die Tastatur mit **stdin** bezeichnet wird.

Möchte man die gesamte Feldlänge von *string* zum Einlesen nutzen, so kann man durch Verwendung von **sizeof** *string* als zweites Argument die Implementierung dynamisch gestalten. Nach dem letzten eingelesenen Zeichen wird eine Stringterminierung angefügt.

Bei Erfolg liefert die Funktion den Zeiger *string* zurück bzw. NULL, wenn ein Fehler beim Einlesen auftrat.

Die Verwendung von **fgets()** zum Einlesen von Strings über die Tastatur sieht dann wie folgt aus:

```
char string[101];
fgets(string, sizeof string, stdin);
```

Hier wird eine Zeichenkette mit maximaler Länge 100 eingelesen.

Umwandlungen

C stellt Umwandlungsfunktionen zur Verfügung, die Strings und Zeichen in andere Datentypen konvertieren. Diese Konvertierungsfunktionen sind in **<stdlib.h>** deklariert.

Wir geben einen kurzen Überblick über die wichtigsten Umwandlungsroutinen:

- Umwandlung von Strings in Ganzzahlen:

```
int atoi(const char *nptr);
long atol(const char *nptr);
```

Beispielsweise liefert `atoi("100")` den `int`-Wert 100.

- Umwandlung von Strings in Gleitpunktformate:

```
float strtof(const char *nptr, char **endptr);
double strtod(const char *nptr, char **endptr);
```

Für *endptr* kann normalerweise NULL gewählt werden. Zur detaillierten Erklärung der Bedeutung dieses Doppelpointers lese man die entsprechende Manpage.

- Statt der Anweisung `strtod(nptr, (char **)NULL);` kann man auch die Funktion

```
double atof(const char *nptr);
```

verwenden. Der Name `atof()` ist etwas irreführend: Er suggeriert eine Umwandlung nach `float`, obwohl die Funktion `double`-Werte zurückliefert.

Bemerkung. Eine zu `atoi()` „inverse" Bibliotheksfunktion `itoa()`, die `int`-Datenwerte in Strings konvertiert, existiert nicht in jeder C-Entwicklungsumgebung, obwohl man ein derartiges Unterprogramm häufig gut gebrauchen kann (siehe Aufgabe 6.5).

6.3 Beispiel: Einfache Kryptographie

Eine interessante Anwendung für das bisher Gelernte ist die Ver- und Entschlüsselung von Texten. Wir demonstrieren eine einfache, aber recht effektive Verschlüsselungsmethode. Grundlage hierfür ist die sogenannte „Exklusiv-Oder"-Verknüpfung, die folgendermaßen definiert ist:

A	B	A ⊔ B
0	0	0
0	1	1
1	0	1
1	1	0

Diese wird oft auch als XOR-Verknüpfung bezeichnet. Man prüft leicht nach, dass für beliebige $A, B \in \{0, 1\}$ gilt:

$$A \sqcup B \sqcup B = A.$$

Diese Abbildung kann man jetzt auf alle ganzzahligen Argumente fortsetzen, indem man diese zuerst in eine Dualzahl wandelt, dann bitweise $\sqcup$ anwendet und das Ergebnis wieder als ganze Zahl interpretiert. So ist z.b. $10 \sqcup 12 = 6$, wie man an der binären Darstellung sofort erkennt:

$10 =$		1	0	1	0
$12 =$		1	1	0	0
$6 =$		0	1	1	0

Satz 6.3 (Schlüssel und Schlüsselfunktion).
Zu der ganzen $k \in \{1, \ldots, 63\}$, genannt Schlüssel, *sei eine „Verschlüsselungsfunktion" ϕ_k definiert durch die Abbildungsvorschrift:*

$$\phi_k(c) = ((c - 32) \sqcup k) + 32.$$

Dann gilt:

a) Die Funktion ϕ_k ist eine Abbildung der Menge $\mathcal{Z} = \{32, \ldots, 95\}$ in sich selbst, d.h.

$$\phi_k : \{32 \ldots 95\} \to \{32 \ldots 95\}.$$

b) Die Verschlüssungsfunktion ist bijektiv und selbstinvers:

$$\phi_k(\phi_k(c)) = c \text{ für alle } c \in \mathcal{Z}.$$

Statt den einfachen Beweis (siehe Aufgabe 6.6) hier vorzuführen, interpretieren wir die Aussage des Satzes für unsere Anwendung:

- Wir verwenden die ASCII-Tabelle 6.1 und nennen die Zeichen ' ' (Leerzeichen, Zahlwert 32) bis '_' (Zahlwert 95) *darstellbare Zeichen*. Die Verschlüsselungsfunktion ϕ_k bildet also darstellbare Zeichen auf darstellbare Zeichen ab.
- Man kann ein durch Anwendung von ϕ_k verschlüsseltes Zeichen durch erneutes Anwenden derselben Funktion wieder entschlüsseln.

Die Verschlüsselungsfunktion ϕ_k kann man jetzt auf einen gegebenen Text $c_1 \ldots c_m$ der Länge m zeichenweise anwenden. Am einfachsten wäre die Verschlüsselung des gesamten Textes für ein fest gewähltes k. Das wäre aber auch viel zu leicht zu entschlüsseln, denn in jeder Sprache gibt es einen Buchstaben, der am häufigsten vorkommt. Wenn man das im verschlüsselten Text am häufigsten vorkommende Zeichen gefunden hat, ist man also so gut wie sicher im Besitz des Schlüssels für den ganzen Text.

Sicherer ist es daher, den Schlüssel k von Zeichen zu Zeichen zu ändern. Hier bietet es sich an, ein *Schlüsselwort* $w_1 \ldots w_n$ mit Zeichen aus $\{32, \ldots, 95\}$

vorzugeben, und daraus gültige Schlüsselwerte $k_i \in \{0, \ldots, 63\}$ abzuleiten. Die geschieht am einfachsten, indem man den ersten Buchstaben des Texts mit $w_1 - 32$, den zweiten Buchstaben des Texts mit $w_2 - 32$ usw. verschlüsselt. Um den $(n + 1)$-ten Buchstaben zu verschlüsseln, nehmen wir wieder $w_1 - 32$ als Schlüssel. Man verschlüsselt den i-ten Buchstaben des Texts mit dem Schlüssel $w_{(i \bmod n)} - 32$. Einen so chiffrierten Text ohne Kenntnis des Schlüssels zu dechiffrieren, erfordert schon erheblich mehr Aufwand.

Beispiel 6.4 (Chiffrieren von Texten).

```
1  #include <string.h>
2
3  void verschluessle(char text[], const char geheimnis[])
4  {
5      /* annahme: text und geheimnis zeigen jew. auf
6       * string mit zeichen aus bereich 32..95 */
7
8      int i;
9      int lt = strlen(text);
10     int lg = strlen(geheimnis);
11
12     for (i=0; i<lt; ++i)
13     {
14         char c   = text[i]-' ';
15         char key = geheimnis[i % lg]-' ';
16         c ^= key;
17         text[i] = c + ' ';
18     }
19 }
20
21 main()
22 {
23     char text[]="DIES IST DER ZU VERSCHLUESSELNDE TEXT";
24     char geheimnis[]="PSST GEHEIM";
25
26     printf("Vor Verschlüsselung:   %s\n", text);
27     verschluessle(text, geheimnis);
28     printf("Nach Verschlüsselung:  %s\n", text);
29     verschluessle(text, geheimnis);
30     printf("Nach Entschlüsselung:  %s\n", text);
31 }
```

Die Funktion `verschluessle()` verschlüsselt den Text im String `text` *in place*, d.h. er wird mit seiner verschlüsselten Variante überschrieben.

Die *Zeilen 12–18* enthalten die Umsetzung des oben beschriebenen Verschlüsselungsverfahrens. Die ⊔-Verknüpfung wird in C durch den *bitweisen Oder*-Operator ^ realisiert (siehe Anhang D), der wie die arithmetischen Operatoren eine Zuweisungsvariante besitzt (*Zeile 16*).

6.4 Kontrollfragen zu Kapitel 6

Frage 6.1

Welchen Wert hat der Ausdruck 2*('H'/2+'*')-'8'?

a) \142   ☐
b) 100   ☐
c) 'd'   ☐
d) \x64   ☐

Frage 6.2

Welche Aussage trifft nicht zu?

a) char-Variablen werden intern als ganzzahliger Datentyp behandelt.   ☐
b) char-Variablen können addiert und voneinander subtrahiert werden.   ☐
c) Es existieren Bibliotheksfunktionen, die char-Variablen daraufhin untersuchen, ob es sich um einen Buchstaben, eine Ziffer o.ä. handelt.   ☐
d) Strings sind Felder, deren Einträge vom Typ char * sind.   ☐
e) Genau eine der Aussagen a) - d) trifft nicht zu.   ☐

Frage 6.3

Eine Variable vom Typ char* soll mittels atof() in eine double-Variable umgewandelt werden. Worauf ist dabei zu achten?

a) Die Präprozessordirektive #include <stdlib.h> muss im Quelltext enthalten sein.   ☐
b) Die Funktion wandelt lediglich in den Typo float um.   ☐
c) Die Verwendung von Casts ist zu bevorzugen.   ☐

Frage 6.4

Sei durch char wort[30]; ein String deklariert und durch

    strcpy(wort, "Programmierung");

mit einer Stringkonstanten belegt. Welche der folgenden Anweisungen verkürzt den Wert von wort auf "Program"?

a) wort[8]='\0';   ☐
b) wort[7]='\0';   ☐
c) wort[8]=0;   ☐
d) wort[7]=\000;   ☐
e) strdel(wort,7,strlen(wort));   ☐

6.5 Übungsaufgaben zu Kapitel 6

6.1 (String auf ganze Zahl testen).

Schreiben Sie eine eigene Prüffunktion

```
int ist_ganze_zahl(const char *str)
```

welche einen String entgegennimmt und diesen darauf testet, ob er eine ganze Zahl
darstellt. Testen Sie diese Funktion anhand der Strings "123", "-12", "1.0", "abc"
auf Korrektheit.

6.2 (Stellt der String einen C-Bezeichner dar?).

Schreiben Sie eine Funktion

```
int ist_c_bezeichner(const char *str)
```

die einen String entgegennimmt und diesen darauf testet, ob er einen gültigen C-
Bezeichner darstellt.

6.3 (Palindrome).

Schreiben Sie ein Programm, das eine Zeichenkette der maximalen Länge 100 einliest und diese darauf testet, ob es sich um ein *Palindrom* handelt. Ein *Palindrom*
ist ein Wort, das rückwärts wie vorwärts gelesen das gleiche Wort ergibt, wobei keine Unterscheidung zwischen Groß- und Kleinschreibung gemacht wird. So ist z.B.
„Reliefpfeiler" ein Palindrom.

6.4 (Bibliotheksfunktionen).

Programmieren Sie die Funktionen `strlen()`, `strcat()` und `strcmp()` nach.

6.5 (Ganze Zahlen in Strings umwandeln).

Schreiben Sie eine Funktion

```
char *itoa(int value)
```

welche eine ganze Zahl `value` in eine Zeichenkette konvertiert. Testen Sie Ihre Funktion für verschiedene ganzzahlige Argumente.

6.6 (Ein wenig Theorie der Kryptographie).

Beweisen Sie Satz 6.3.

Fortgeschrittene Ein- und Ausgabe

Bisher stehen uns lediglich die Eingabe von Daten durch den Benutzer sowie die Ausgabe auf den Bildschirm zur Verfügung. Für umfangreichere Parametereingaben bzw. die permanente Speicherung der vom Programm berechneten Ergebnisse sind Dateien natürlich ein geeigneteres Medium, denn einerseits liegen Eingabegrößen wie z.b. Messdaten sehr oft in Form von Dateien vor, andererseits wollen wir aufwendig berechnete und somit kostbare Hilfsgrößen und Ergebnisdaten sicher aufbewahren. Wir haben dann u.a. auch die Möglichkeit, unsere Ergebnisse mit einem Programm wie GNUPLOT graphisch darstellen zu lassen (siehe dazu Anhang C).

In diesem Kapitel beschäftigen wir uns daher mit den Schnittstellen, die C für die Interaktion mit dem Dateisystem und der Kommandozeile vorsieht.

7.1 Arbeiten mit Dateien

Für den Informationsaustausch mit Dateien, oder allgemein mit *Datenströmen* (engl. *data streams*), gibt es in C den Datentyp FILE, der in <stdio.h> deklariert ist. Um im Programm mit einem Datenstrom arbeiten zu können, muss eine entsprechende Zeigervariable, der *Dateideskriptor*, deklariert werden:

```
FILE *Datenstrom1 [, ... *DatenstromN ];
```

Um eine Datei anzulegen oder zu bearbeiten, muss der Datenstrom zu dieser Datei geöffnet werden. Dazu dient die folgende, in <stdio.h> deklarierte Funktion:

```
FILE *fopen(const char *Name, const char *Modus);
```

Hierbei ist *Name* ein String, der den Dateinamen enthält. *Modus* gibt an, zu welchem Zweck die Datei geöffnet werden soll:

- r *(read)*: Die Datei soll zum Lesen geöffnet werden.

- w *(write)*: Die Datei soll zum Schreiben geöffnet werden. Existiert die Datei *Name* noch nicht, wird sie angelegt. Andernfalls wird der Inhalt der Datei mit dem neuen Inhalt überschrieben.
- a *(append)*: Es sollen Daten am Ende der betreffenden Datei angehängt werden. Existiert die Datei *Name* noch nicht, so entspricht das Verhalten dem des w-Modus, d.h. die Datei wird neu angelegt.

Die Funktion liefert einen Zeiger auf den geöffneten Datenstrom zurück bzw. NULL, wenn das Öffnen fehlschlägt.

Beispiel 7.1 (Öffnen einer Datei zum Lesen).

```
FILE * infile;
...
infile = fopen("parameter.dat", "r");
if (infile == NULL)
{
    printf("Datei konnte nicht geöffnet werden.\n");
    return 1;
}
```

□

Das Schließen von Datenströmen geschieht mit Hilfe von

```
int fclose(FILE *Datenstrom);
```

Der Rückgabewert ist 0, wenn der Datenstrom erfolgreich geschlossen wurde. Um sicher zu sein, dass eine Datei wirklich geschlossen ist, sollte man stets vor dem Programmende alle mit fopen() geöffneten Datenströme auch wieder schließen.

Die folgenden speziellen Datenströme sind vordefiniert und müssen nicht eigens geöffnet werden:

- stdin: Standardeingabe, dieser Datenstrom liefert Eingaben über die Tastatur.
- stdout: Standardausgabe, dieser Datenstrom schreibt *gepuffert* auf den Bildschirm, d.h. dass die Programmausgaben so lange gesammelt werden, bis entweder der vom Betriebssystem bereit gestellte *Ausgabepuffer* vollgeschrieben oder etwa das Programm beendet ist.
- stderr: Standardfehlerausgabe, dieser Datenstrom schreibt *ungepuffert* auf den Bildschirm. Lenkt man, wie in Anhang B gezeigt, die Ausgabe eines Programms in der Kommandozeile mittels > um, so wirkt dies nur auf die Standardausgabe. Fehlermeldungen über stderr erscheinen weiterhin auf dem Bildschirm.

7.1.1 ASCII-Format

Die folgenden in `<stdio.h>` deklarierten Funktionen dienen dem zeichen- bzw. stringorientierten Austausch von Daten eines Programms mit Dateien.

• `fprintf()` - **Ausgaben in Datei (Datenstrom).**

```
int fprintf(FILE *Ds, const char *Format [, Daten ]);
```

Gibt analog zu `printf()` Daten gemäß den Angaben in *Format* über den Datenstrom *Ds* aus. Daher ist `printf(...)` identisch mit
    `fprintf(stdout, ...).`
Die Funktion liefert die Anzahl der erfolgreich geschriebenen Zeichen zurück (ohne die Stringterminierung) [1].

• `fscanf()` - **Einlesen aus einer Datei (Datenstrom).**

```
int fscanf(FILE *Ds, const char *Format, ..., Daten ]);
```

Liest analog zu `scanf()` Daten gemäß den Angaben in *Format* vom Datenstrom *Ds* ein. Daher ist `scanf(...)` äquivalent zu
    `fscanf(stdin, ...).`
Die Funktion liefert die Anzahl der erfolgreich an Variablen in *Daten* zugewiesenen Werte zurück. Damit hat man eine zusätzliche Möglichkeit, auf falsche Eingaben zu reagieren.

• `fputc()` - **Ausgabe eines Zeichens in eine Datei (Datenstrom).**

```
int fputc(int zeichen, FILE *Ds);
```

Schreibt *zeichen* in die Datei bzw. den Datenstrom, auf den der Deskriptor *Ds* zeigt, und liefert bei Erfolg *zeichen* zurück. Der Wert von *zeichen* wird allerdings intern in den Typ `char` umgewandelt.

• `fgetc()` - **Einlesen eines Zeichens aus einer Datei (Datenstrom).**

```
int fgetc(FILE *Ds);
```

Liest ein Zeichen aus der Datei bzw. dem Datenstrom, auf den *Ds* zeigt, aus und liefert bei Erfolg dieses Zeichen zurück. Bei erneutem Aufruf wird das nächste Zeichen des Datenstroms eingelesen.
• `fgets()` haben wir bereits auf Seite 157 kennen gelernt.

---

[1] Insbesondere folgt hieraus, dass auch die `printf()`-Funktion diesen Rückgabewert besitzt.

Wir können nun ein eigenes Programm zum Kopieren von Textdateien schreiben:

Beispiel 7.2 (Zeichenweises Kopieren von Dateien).

```c
 1  #include <stdio.h>
 2
 3  void kopiere(FILE *von, FILE *nach)
 4  {
 5      int c;
 6      for (;;)
 7      {
 8          c = fgetc(von);
 9          if (c == EOF) break;
10          fputc(c, nach);
11      }
12  }
13
14  int main ()
15  {
16      FILE *von_datei, *nach_datei;
17      char von_name[100], nach_name[100];
18
19      printf("Name Eingabedatei: ");
20      scanf("%s", von_name);
21
22      von_datei = fopen(von_name, "r");
23      if (!von_datei)
24      {
25          fprintf(stderr, "Fehler beim Öffnen von %s\n",
26                  von_name);
27          return 1;
28      }
29
30      printf("Name Ausgabedatei: ");
31      scanf("%s", nach_name);
32
33      nach_datei = fopen(nach_name, "w");
34      if (!nach_datei)
35      {
36          fprintf(stderr, "Fehler beim Öffnen von %s\n",
37                  nach_name);
38          return 1;
39      }
40
```

```
41        kopiere(von_datei, nach_datei);
42
43        fclose(von_datei);
44        fclose(nach_datei);
45 }
```

- In *Zeile 6* erzeugt `for(;;)` eine Endlosschleife, man kann alternativ auch `while(1)` verwenden.
- *Zeile 9*: Das vordefinierte Zeichen `EOF` markiert das Ende der Eingabedatei. Ist dieses erreicht, so wird die Schleife verlassen. In *Zeile 5* wird daher für das Ergebnis von `fgetc()` in *Zeile 8* nicht `char`, sondern `int` benutzt. Somit können sowohl alle Werte (0, ..., 255) eines einzelnen Bytes, als auch `EOF` abgebildet werden.
  `EOF` wird nicht nach dem Lesen des letzten Bytes geliefert, sondern erst bei dem darauf folgenden Leseversuch. Daher findet der Test auf Erreichen des Dateiendes in *Zeile 9* statt.
- In den *Zeilen 20* und *31* liest `scanf()` den Dateinamen (bis zum ersten Leerzeichen).
- In den *Zeilen 23* und *34* wird getestet, ob die jeweilige Datei im gewünschen Modus (*Zeilen 22* und *33*) geöffnet werden konnte.
- Die Fehlermeldungen in den *Zeilen 25* und *36* werden zur Standardfehlerausgabe geschickt.   □

Das nächste Beispiel erzeugt eine Wertetabelle für die Sinusfunktion und speichert sie in einer Datei.

Beispiel 7.3 (Erzeugen einer Wertetabelle).

```
1  #include <stdio.h>
2  #include <math.h>
3
4  void erzeuge_daten(float a, float b, int N, float x[],
5                     float y[])
6  {
7      /* erzeugt wertetabelle der sin-funktion im
8       * bereich [a, b] an N gleichverteilten stellen.
9       */
10
11     int i;
12     float h=(b-a)/(N-1.0);
13     for (i=0; i<N; ++i)
14     {
15         x[i] = a + i * h;
16         y[i] = sin(x[i]);
17     }
```

```
18  }
19
20  void schreibe_daten(FILE *out, int N, float x[],
21                                      float y[])
22  {
23      int i;
24      for (i=0; i<N; ++i)
25          fprintf(out, "%e %e\n", x[i], y[i]);
26  }
27
28  int main()
29  {
30      FILE *out;
31      float x[200], y[200];
32
33      /* sin-tab von x=0 bis x=10.0, in 200 punkten */
34      erzeuge_daten(0.0, 10.0, 200, x, y);
35
36      out=fopen("sin.dat", "w");
37      if (!out)
38      {
39          fprintf(stderr, "Fehler beim Schreiben.");
40          return 1;
41      }
42      schreibe_daten(out, 200, x, y);
43
44      fclose(out);
45  }
```

Wenn man die erzeugte Datei sin.dat mit einem Texteditor öffnet, sieht man pro Zeile ein x-y-Paar. Zur Visualisierung der Daten können wir GNU-PLOT (siehe Anhang C) einsetzen und erhalten nach Eingabe von

```
gnuplot> plot 'sin.dat'
```

ein Fenster, in dem die Daten dargestellt werden.   □

7.1.2 Binäre Ein- und Ausgabe

Als Alternative zur zeichenorientierten Ein- und Ausgabe in Dateien gibt es noch die Möglichkeit, die Daten binär zu verarbeiten.

Vorteile:

- Bei der Ausgabe von Gleitpunktzahlen als Zeichen hängt der benötigte Speicher von der Anzahl der Stellen ab. Dagegen bestimmt im Binärformat allein der Datentyp die Größe. Binärdaten verbrauchen daher meistens deutlich weniger Speicherplatz als die ASCII-Variante.

- Die binäre Ein- und Ausgabe ist maschinennah und damit deutlich schneller.

Nachteile:

- Binäre Daten sind nicht direkt für den Menschen lesbar.
- Binärformate unterscheiden sich von System zu System, so dass Daten in manchen Fällen erst umgewandelt werden müssen.

Bei den meisten Systemen werden die Datenströme im Prinzip wie bei der zeichenorientierten Ein- und Ausgabe geöffnet. Auch wenn dies nicht auf allen Plattformen nötig ist, sollte dem Modusbezeichner ein "b" hinzugefügt werden, z.B. statt "r" zum binären Lesen "rb".

Zur binären Ein- und Ausgabe verwendet man

- **Binäre Ausgabe:**

```
size_t fwrite(const void *ptr, size_t groesse,
                    size_t anzahl, FILE *Ds);
```

Die Funktion schreibt von der Speicherposition, auf die *ptr* zeigt, *anzahl* Datenobjekte der Größe *groesse* in den Datenstrom *Ds*. Der Rückgabewert ist die Anzahl der erfolgreich geschriebenen Datenobjekte.

- **Binäre Eingabe:**

```
site_t fread(const void *ptr, size_t groesse,
                    size_t anzahl, FILE *Ds);
```

Die Funktion liest *anzahl* Datenobjekte der Größe *groesse* aus dem Datenstrom *Ds* und speichert sie (sequenziell) ab der Position, auf die *ptr* zeigt. Der Rückgabewert ist die Anzahl der erfolgreich gelesenen Datenobjekte.

Beispiel 7.4 (Kopieren von Dateien, Binärversion).
Wir können die Funktion copy() aus Beispiel 7.2 wie folgt modifizieren:

```
1  void kopiere(FILE *von, FILE *nach)
2  {
3      const size_t BUFFERLEN = 1024; /* 1 kbyte */
4      char buffer[BUFFERLEN];
5      size_t anz_dat;
6
7      do {
8          anz_dat = fread((void *) buffer, sizeof(char),
9                          BUFFERLEN, von);
```

```
10          fwrite((void *)buffer, sizeof(char), anz_dat, nach);
11     }
12     while (!feof(von));
13 }
```

- Das Programm kopiert die mit dem Modus "rb" zu öffnende Datei nicht Zeichen für Zeichen, sondern versucht, Blöcke der Größe 1024 Byte zu lesen und zu schreiben (Modus "wb"). Diese Version ist daher in der Regel wesentlich schneller als die ASCII-Variante aus Beispiel 7.2.
- *Zeile 12*: Mit Hilfe der Bibliotheksfunktion feof() kann man feststellen, ob das Dateiende erreicht ist.
- Die Abbruchbedingung findet sich hier an einer anderen Stelle als in Beispiel 7.2: Liest das Programm in den *Zeilen 8–9* über das Dateiende hinweg, so wird das EOF-Flag des Datenstroms gesetzt. Die bereits gelesenen Daten müssen aber noch in *Zeile 10* geschrieben werden. Sollte die Eingabedatei eine Größe haben, die ein Vielfaches der verwendeten Pufferlänge ist, so wird beim letzten Durchlauf in den *Zeilen 8–9* nichts mehr gelesen und anz_dat hat dann den Wert 0. Entsprechend wird dann in *Zeile 10* auch nichts geschrieben und die Funktion terminiert korrekt in *Zeile 12*.

□

Beispiel 7.5 (Schreiben einer Wertetabelle, binäre Version).
Wir können das Beispiel 7.3 so abändern, dass die Tabelle im Binärformat geschrieben wird. Das Programm hat dann die folgende Gestalt:

```
1 #include <stdio.h>
2
3 /* erzeuge_daten() hier einfügen */
4
5 void schreibe_vektor_bin(FILE *out, int N, float x[])
6 {
7     size_t anz;
8     anz=fwrite(&N, sizeof(int), 1, out);
9     if (anz != 1) {
10         fprintf(stderr, "Kann N nicht schreiben.");
11         return;
12     }
13     anz=fwrite(x, sizeof(float), N, out);
14     if (anz != N) {
15         fprintf(stderr, "Kann x nicht schreiben.");
16         return;
17     }
18 }
19
20 int main()
```

```
21 {
22     FILE *out;
23     float x[200], y[200];
24
25     /* hier einfügen: aufruf erzeuge_daten() und
26      * datei öffnen.
27      */
28
29     schreibe_vektor_bin(out, 200, x);
30     schreibe_vektor_bin(out, 200, y);
31
32     fclose(out);
33 }
```

Das Programm ist aus Platzgründen in dieser Version nicht lauffähig, man muss noch in den *Zeilen 3* und *25–27* die entsprechenden Quelltextteile wie in Beispiel 7.3 einfügen. Man sollte dieses Programm testweise übersetzen und die Größe der von Beispiel 7.3 erzeugten Datei mit der Größe der hier erzeugten binären Version vergleichen. □

7.2 Kommandozeilenargumente

Unsere Kopierprogramme in den Beispielen 7.2 und 7.4 sind noch etwas umständlich in ihrer Bedienung, da der Benutzer zur Eingabe der Dateinamen aufgefordert werden muss. Zum Glück sieht C die Verwendung von *Kommandozeilenargumenten* vor. Diese Schnittstelle basiert darauf, dass man main() wie einer gewöhnlichen Funktion auch Argumente übergeben kann.

Die Argumentübergabe an main() muss zwar auf vordefinierte Art und Weise geschehen, ist aber sehr flexibel gestaltet, wie man an der Deklaration erkennen kann:

```
int main(int argc, char **argv);
```

Dabei ist

- argc die Anzahl der beim Programmaufruf übergebenen Argumente, einschließlich des Programmnamens,
- argv ein Feld von Strings, dessen Einträge die übergebenen Argumente sind. Die Nummerierung beginnt wie immer mit 0, wobei argv[0] der Programmname selbst ist.

Hat man z.B. ein Programm prog übersetzt, so führt der Aufruf

    $ prog abc 1234

zu der folgenden Belegung:

- argc : 3
- argv[0] : "prog"
- argv[1] : "abc"
- argv[2] : "1234"

Die Zeichenketten sind natürlich mit '\0' terminiert. Durch diesen Zugriff auf die Kommandozeile kann das Verhalten eines Programms sehr komfortabel bereits beim Aufruf gesteuert werden.

Beispiel 7.6 (Ausgabe der Kommandozeilenargumente).

```
1  #include <stdio.h>
2
3  int main(int argc, char **argv)
4  {
5      int i;
6      for (i=0; i<argc; i++)
7          printf("Arg Nr. %d: %s\n", i, argv[i]);
8  }
```

Nach dem Übersetzen kann man beim Programmaufruf eine willkürliche Liste von Parametern übergeben, die durch Leerzeichen voneinander getrennt sind. Diese werden der Reihe nach auf dem Bildschirm ausgegeben.   □

Zunächst sind also alle Kommandozeilenargumente vom Datentyp her Strings. Damit man sie zur Belegung von Variablen mit Werten verwenden kann, müssen sie unter Umständen mit Hilfe der Funktionen aus Abschnitt 6.2.2 in den jeweiligen Datentyp umgewandelt werden.

Mit Hilfe der Variablen argc kann man prüfen, ob dem Programm die richtige Anzahl an Eingabeparametern mitgegeben wurde und entsprechend reagieren. Betrachten wir dazu die folgende Modifikation des Hauptprogramms aus Beispiel 7.3.

Beispiel 7.7 (Wertetabellen mit Kommandozeilenargumenten).

```
1  int main(int argc, char **argv)
2  {
3      FILE *out;
4      int   N;
5      float a, b, *x, *y;
6
7      if (argc !=5) {
8          fprintf(stderr, "Verwendung:\n");
9          fprintf(stderr, "  %s <N> <a> <b> <dateiname>\n",
10                 argv[0]);
11          return 1;
```

```
12      }
13
14      N = atoi(argv[1]);
15      a = atof(argv[2]);
16      b = atof(argv[3]);
17
18      printf("N=%d, a=%f, b=%f\n", N, a, b);
19
20      x = (float *) malloc(N*sizeof(float));
21      if (x==NULL) {
22          fprintf(stderr, "Nicht genügend Speicher\n");
23          return 1;
24      }
25      y = (float *) malloc(N*sizeof(float));
26      if (y==NULL) {
27          fprintf(stderr, "Nicht genügend Speicher\n");
28          free(x);
29          return 1;
30      }
31
32      erzeuge_daten(a, b, N, x, y);
33
34      out=fopen(argv[4], "w");
35      if (!out) {
36          fprintf(stderr, "Kann '%s' nicht beschreiben",
37                       argv[4]);
38          free(x);
39          free(y);
40          return 1;
41      }
42      schreibe_daten(out, N, x, y);
43
44      free(x);
45      free(y);
46      fclose(out);
47  }
```

- In den *Zeilen 9–10* wird argv[0] dazu benutzt, den aktuellen Programm-
  namen mit auszugeben.
- In den *Zeilen 14–16* benutzen wir die bekannten Bibliotheksfunktionen aus
  <stdlib.h>, um die Argumente vom Typ char * nach int bzw. float
  zu konvertieren.

- Da das Programm mit Feldern arbeitet, deren Größe bei der Übersetzung des Programms nicht feststeht, müssen wir mit `malloc()` und `free()` arbeiten.
- *Zeile 34:* Das vierte Kommandozeilenargument wird zur Übergabe des Dateinamens benutzt. □

Hat man den Quelltext erfolgreich zu einem ausführbaren Programm namens `sinwerte` übersetzt, so ruft man es für die Erzeugung einer Wertetabelle im Intervall $[0, 1]$ mit 21 Stützstellen folgendermaßen auf:

```
$ ./sinwerte 21 0 1 werte.dat
```

Bei dieser einfachen Verwendung wurde weder auf Zulässigkeit, d.h. Konvertierbarkeit der Parameter geprüft, noch ist die Implementierung flexibel, was die Reihenfolge der Parameter betrifft. In der UNIX-Welt ist es verbreitet, zu diesem Zweck eine mit '-' versehene Parameterbezeichung zu verwenden. So führen sowohl `ls *.c -l` als auch `ls -l *.c` zum gleichen Ergebnis. Ist diese Bezeichnung eindeutig, so kann der nachfolgende String im Hauptprogramm der richtigen Variablen zugeordnet werden. Diese Überprüfungen können sehr aufwendig sein. Es gibt zum Glück hierfür – je nach Compiler – die in `<getopt.h>` oder `<unistd.h>` deklarierten Funktionen. Mit dem Befehl

```
$ man 3 getopt
```

kann man prüfen, ob und wie diese Funktionen zu verwenden sind.

7.3 Beispiel: Unbeschränktes Bakterienwachstum

Wir kehren zu dem in Beispiel 1.1 gewonnenen Modell für die Beschreibung des Wachstums von Bakterienkulturen zurück und simulieren die zeitliche Entwicklung der Kultur mit Hilfe des Euler-Verfahrens (Beispiel 1.6).

Das zu lösende Anfangswertproblem lautet für $t \in [0, T]$:

$$N'(t) = \lambda N(t), \quad N(0) = N_0$$

Hierbei ist N_0 der Bakterienbestand der Kultur zur Beginn der Simulation und $\lambda > 0$ die Wachstumsrate. Die Qualität unserer Näherungslösung bestimmen wir durch Vergleich mit der exakten Lösung

$$N(t) = N_0 e^{\lambda t},$$

die ein unbeschränkt mögliches Wachstum der Kultur beschreibt.

```
1  #include <stdio.h>
2  #include <math.h>
3
4  double run_euler(FILE *out, double dt, double tmax,
```

```
5                       double N0, double lambda)
6   {
7        double t=0, max_err = 0, err, N=N0, N_exakt;
8
9        while (t<tmax+dt)
10       {
11           N_exakt = N0*exp(lambda*t);
12
13           err = fabs(N_exakt-N);
14           if (err>max_err)
15               max_err=err;
16
17           fprintf(out, "%e %e %e\n", t, N, N_exakt);
18
19           N += dt*lambda*N;
20           t += dt;
21       }
22       return max_err;
23   }
24
25   int main()
26   {
27       FILE *fp;
28       double max_err;
29
30       fp=fopen("exp.dat", "w");
31       max_err=run_euler(fp, .05, 1.0, 100.0, 1.5);
32       printf("Maximaler absoluter Fehler: %e\n", max_err);
33       fclose(fp);
34   }
```

- *Zeilen 4–23*: Die Funktion run_euler() schreibt in die durch out referenzierte Datei je Zeile die drei Werte t, N_t und $N(t)$ (*Zeile 17*).
- Das eigentliche Euler-Verfahren wird in den *Zeilen 19* und *20* angewandt.
- Durch *Zeile 13* wird der aktuelle absolute Fehler des Verfahrens ermittelt. In den *Zeilen 14* und *15* erfassen wir den maximalen absoluten Fehler des Verfahrens.
- Das Abbruchkriterium in *Zeile 9* stellt sicher, dass die Simulation auf jeden Fall bis tmax läuft. Aufgrund der Fehler der Addition von double Werten sollte man keine Überprüfung von der Art t<=tmax verwenden.
- Der Aufruf in *Zeile 31* löst nun die Wachstumsgleichung im Interval 0 bis 1 Stunde mit $N_0 = 100$, $\lambda = 1.5 \text{ h}^{-1}$ und $\Delta t = 0.05$ h.

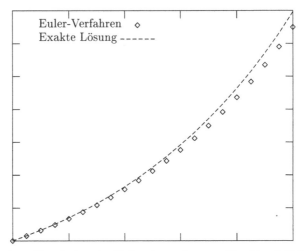

Abb. 7.1. Simulation des Bakterienwachstums für $\Delta t = 0.05$ h.

Startet man das Programm, so gibt es den maximalen absoluten Fehler aus und erstellt die Datei `exp.dat`. Deren Inhalt kann mit GNUPLOT durch den Befehl

```
gnuplot > plot 'exp.dat' using 1:2, 'exp.dat' using 1:3
```

visualisiert werden.

Wie man in Abb. 7.1 sieht, liefert das Euler-Verfahren lediglich eine Näherung, die umso besser wird, je kleiner man den Parameter `dt` wählt.

Zur Übung modifiziere man das Programm so, dass man die Parameter `tmax`, `dt`, `lambda` und `N0` sowie den Namen der Ausgabedatei dem Programm an der Kommandozeile übergeben kann und experimentiere mit verschiedenen Werten. Ferner sollte die Implementierung robuster gemacht werden als im gezeigten Quelltext, indem man anhand der Rückgabewerte beim Öffnen bzw. Beschreiben der Datei auf Fehler entsprechend reagiert.

Eine Verbesserung dieses Näherungsverfahrens wird in den Aufgaben zu diesem Kapitel vorgestellt.

7.4 Kontrollfragen zu Kapitel 7

Frage 7.1

Die Datei `matrix.dat` soll zum binären Lesen über den Datenstrom `infile` geöffnet werden. Welche der folgenden Anweisungen leistet dies?

a) `infile = fopen(matrix.dat,'br');`   □
b) `fopen(infile,"matrix.dat", "br");`   □
c) `infile = fopen("matrix.dat","br");`   □
d) `infile = (double **) fopen("matrix.dat","br");`   □
e) `matrix.dat = fopen(infile,"br");`   □

Frage 7.2

Welche der folgenden Aussagen sind wahr?

a) Binär gespeicherte Daten brauchen immer weniger Speicherplatz als Daten in ASCII.   □
b) Binär gespeicherte Daten brauchen meistens weniger Speicherplatz als Daten in ASCII.   □
c) Binär gespeicherte Daten können auf jeder Plattform gelesen werden.   □
d) Binär gespeicherte Daten können nur auf der ursprünglichen Plattform gelesen werden.   □
e) Das Lesen und Schreiben binär gespeicherter Daten ist in der Regel schneller als das Lesen und Schreiben von Daten im ASCII-Format.   □

Frage 7.3

Welche der folgenden Anweisungen führen dazu, dass eine Meldung auf die Standardausgabe `stdout` geschrieben wird?

a) `printf("hallo\n");`   □
b) `printf("stdout", "hallo\n");`   □
c) `fprintf("stdout", "hallo\n");`   □
d) `fprintf(stdout, "hallo\n");`   □

Frage 7.4

Der Quellcode für das C-Programm `newprog` sieht die Verwendung von Kommandozeilenparametern vor, z.B. kann es durch

```
newprog 0.0 0.5 1.0e-15
```

aufgerufen werden. Welche der folgenden Aussagen treffen zu?

a) Die Variable `argc` hat den Wert 3.   □
b) `argv[2]` enthält die Gleitpunktzahl `0.5`.   □
c) `argv[2]` enthält die Stringkonstante `"0.5"`.   □
d) Die zur Umwandlung benötigten Bibliotheksfunktionen sind in `<stdio.h>` deklariert.   □
e) Die Variable `argc` hat den Wert 4.   □

7.5 Übungsaufgaben zu Kapitel 7

7.1 (Binäres Lesen).
Schreiben Sie eine Funktion

```
float *lies_vektor_bin(FILE *input)
```

die komplementär zur Funktion `schreibe_vektor_bin()` aus Beispiel 7.5 arbeitet. Diese Funktion liest also zuerst die Größe des gespeicherten Vektors, reserviert ensprechend Speicherplatz, liest die Daten und liefert einen Zeiger auf den Vektor zurück.

Testen Sie diese Funktion in einem Hauptprogramm dadurch, dass Sie mit `schreibe_vektor_bin()` Daten in eine Datei schreiben, diese mit der Funktion `lies_vektor_bin()` auslesen und am Bildschirm vergleichen.

7.2 (Ein- und Ausgabe von Matrizen über Dateien).
a) Schreiben Sie Funktionen, die Matrizen aus Dateien einlesen bzw. in Dateien ausgeben. Implementieren Sie jeweils eine ASCII- und eine Binärvariante. Eine Matrix-Datei enthalte dazu in der ersten Zeile die Anzahl der Zeilen und der Spalten im ASCII-Format, durch ein Leerzeichen getrennt.
In ASCII-Form folgen dann die Matrixzeilen, jeweils am Ende mit einem Zeilenumbruch. In der Binärvariante hingegen wird die Matrix Zeile nach Zeile sequenziell abgelegt.
b) Kombinieren Sie die Funktionen aus a) mit den entsprechenden Funktionen zum Anlegen von Speicherplatz aus Aufgabe 4.4 zu neuen Funktionen, die anhand der Dimensionsangaben in der Datei Speicher reservieren und bei Erfolg die Matrixeinträge mit den Werten aus der Datei belegen.

Verwenden Sie Doppelzeiger zur Implementierung.

7.3 (Lambertsche W-Funktion darstellen).
Benutzen Sie GNUPLOT, um die Lambertsche W-Funktion aus Aufgabe 5.4 darzustellen. Schreiben Sie dazu ein Programm, das eine Wertetabelle erzeugt und den Namen der Wertedatei, sowie das betrachtete Intervall und die Anzahl der Stützstellen als Kommandozeilenargumente entgegennimmt.

7.4 (Logistisches Wachstum).
Wir erweitern das Modell für das Bakterienwachstum, indem wir den zur Verfügung stehenden Platz mit berücksichtigen. Das Wachstum ΔN ist dann sowohl proportional zur Anzahl N, als auch proportional zu $N_{max} - N$, wobei N_{max} eine raumbedingte Obergrenze für die Größe der Population bezeichnet. Man nennt dies *logistisches Wachstum*.

a) Leiten Sie das zugehörige Anfangswertproblem her. Auch hierfür kennt man die exakte Lösung: Berechnen Sie diese selbst oder schlagen Sie sie in der Literatur nach (z.B. [5] oder [16]).
b) Implementieren Sie die Lösung dieses Problems mit Hilfe des Euler-Verfahrens und vergleichen Sie die Näherung mit der exakten Lösung. Was passiert, wenn Sie die unsinnige Startbedingung $N_0 > N_{max}$ wählen?

7.5 (Verbesserung des Euler-Verfahrens).
Wir versuchen, das Euler-Verfahren zu verbessern, indem wir die Approximation

$$y_{i+1} = y_i + \Delta t f\left(t_i, \frac{y_{i+1} + y_i}{2}\right)$$

benutzen.

a) Zeigen Sie, dass die Anwendung dieses Verfahrens auf das unbeschränkte Bakterienwachstum zu der Vorschrift

$$N_{i+1} = N_i \frac{1 + \lambda \Delta t / 2}{1 - \lambda \Delta t / 2}$$

führt.
b) Implementieren Sie dieses Verfahren, testen Sie es und vergleichen Sie das Ergebnis mit dem, das das Euler-Verfahren liefert.

8

Fortgeschrittene Datentypen

In C kann man die elementaren Typen, Zeiger und Felder zu eigenen Datentypen kombinieren. Während die Komponenten eines Feldes alle vom selben Datentyp sein müssen, ist dies bei den so genannten *Strukturen* nicht der Fall. Beispielsweise ist der in `<stdio.h>` deklarierte Datentyp `FILE` aus Kapitel 7 eine Struktur.

Es ist in C sogar möglich, mit Zeigern auf Funktionen zu arbeiten. Dies ist besonders günstig, wenn man flexibel einsetzbare Funktionen implementieren möchte. Einige nützliche Funktionen der Standardbibliothek greifen auf diese Technik zurück.

8.1 Strukturen

Bisher haben wir nur über Felder die Möglichkeit, aus elementaren Datentypen weitere Typen abzuleiten. Die Einschränkung ist hierbei, dass wir ausschließlich Datenobjekte desselben Typs in einem Feld zusammenfassen können.

Grundlegendes zu Strukturen

Datenobjekte verschiedenen Typs werden in so genannten Strukturen *miteinander kombiniert und können als Ganzes angesprochen werden.*

Ein einfaches Beispiel aus dem Alltagsleben ist

```
struct Adresse {
    char[100] name;
    char[100] strasse;
    int       plz;
    char[100] ort;
};
```

Man kann sich das wie eine Karteikarte vorstellen, auf welcher man bekannte Datentypen zu einem neuen zusammenstellt. Dies nutzt man normalerweise, wie in diesem Beispiel, um inhaltlich zusammenhängende Variablen unterschiedlichen Typs zu gruppieren.

Die Deklaration einer Struktur ist gekennzeichnet durch das reservierte Wort struct und hat allgemein die folgende Gestalt:

```
struct Name
{
    Deklaration1;

    [Deklaration2;

    ...

    DeklarationN; ]
};
```

Betrachten wir als weiteres Beispiel eine Struktur vom Typ struct Punkt, die aus drei float-Werten besteht:

```
struct Punkt {
    float x;
    float y;
    float z;
};
```

Den neuen Datentyp struct Punkt kann man dann wie folgt benutzen:

```
struct Punkt p;
p.x = 3.0;
p.y = p.x;
p.z = 0;
```

Mit der ersten Anweisung deklarieren wir eine Variable p vom Typ struct Punkt. Die drei Komponenten der Struktur werden anschließend mit Werten belegt.

Lesenden und schreibenden Zugriff auf eine Komponente einer Struktur erhält man durch Anwendung des Auswahloperators '.'.

Die Initialisierung einer Struktur kann alternativ auch durch

```
struct Punkt p = { 1.0f, 0.0f, 3.0f };
```

vorgenommen werden, d.h. durch Angabe der Werte gemäß ihrer deklarierten Reihenfolge.

Bemerkung. Man könnte einwenden, dass Variablen wie das obige p auch durch ein Feld der Form float p[3] realisierbar sind. Die Verwendung von struct hat allerdings den Vorteil, dass die Bedeutung der Einträge klarer wird. Ein weiteres Argument für den Einsatz von Strukturen ist, dass sie bei

Bedarf noch nachträglich um Komponenten eines anderen Datentyps erweitert werden können.

Schließlich bieten sich Strukturen an, wenn eine Funktion mehr als einen Wert zurückliefern soll. Das kann man dann zwar auch mittels *Call by Reference* (siehe Abschnitt 4.2) erreichen, die Verwendung von Strukturen ist allerdings sicherer und oft auch leichter nachzuvollziehen: Parameter und Rückgabewerte sind so klar zu unterscheiden und der Schutz der Argumentvariablen durch den *Call by Value*-Übergabemechanismus bleibt bestehen.

Man kann Strukturen als Ganzes einander zuweisen, jedoch nicht miteinander vergleichen. Das bedeutet, dass in

```
struct Punkt p1, p2;
p1 = p2;
if (p1==p2) ...
```

die Zuweisung korrekt ist, die Bedingung in der if-Anweisung jedoch nicht. Bei einer Zuweisung wird der Inhalt einer Struktur automatisch komponentenweise kopiert. Die dritte Zeile wird jedoch vom Compiler beanstandet und man ist gezwungen, die beiden Strukturen Komponente für Komponente miteinander zu vergleichen.

Die Zuweisung von Strukturinhalten verhält sich also nicht anders als die von Variableninhalten bei den elementaren Datentypen. Damit können Strukturen ohne Weiteres als *Call by Value*-Argumente von Funktionen verwendet werden:

```
1  float abstand(struct Punkt p1, struct Punkt p2)
2  {
3      float summe = 0.0;
4      summe += (p1.x-p2.x) * (p1.x-p2.x);
5      summe += (p1.y-p2.y) * (p1.y-p2.y);
6      summe += (p1.z-p2.z) * (p1.z-p2.z);
7      return sqrt(summe);
8  }
```

Hier müssen beim Aufruf abstand(a,b) zuerst die Inhalte der Strukturen a und b nach p1 und p2 kopiert werden. Dies kann bei großen Strukturen allerdings recht aufwendig sein.

Zeiger auf Strukturen

Natürlich kann man auch für Strukturen den *Call by Reference*-Übergabemechanismus verwenden:

```
1  float abstand2(const struct Punkt * p1,
2                 const struct Punkt * p2)
```

```
3 {
4       float summe = 0.0;
5       summe += (p1->x - p2->x) * (p1->x - p2->x);
6       summe += (p1->y - p2->y) * (p1->y - p2->y);
7       summe += (p1->z - p2->z) * (p1->z - p2->z);
8       return sqrt(summe);
9 }
```

Hierzu einige Anmerkungen:

- Die Übergabe von Zeigerwerten in *Zeile 1* erspart das komponentenweise Kopieren der Strukturen, da die Größe der Zeiger nicht vom Aufbau der jeweiligen Struktur, sondern nur von der Rechnerarchitektur abhängen.
- Im Gegensatz zur *Call By Reference*-Übergabe haben wir die Deklaration der Argumente in *Zeile 1* mit const versehen. Dieser „Schreibschutz" verbietet die Manipulation von Strukturkomponenten innerhalb der Funktion. Man beachte, dass const vor struct stehen muss und dass nicht der Zeiger als solcher als const anzusehen ist, sondern der Wert, den dieser Zeiger referenziert.
- Im Körper der Funktion haben wir z.B. in *Zeile 5* den abkürzenden Auswahloperator -> benutzt.

  Der Ausdruck t->a *ist äquivalent zu* (*t).a, *d.h. der Operator* -> *dereferenziert den Zeiger* t *und wählt gleichzeitig die Komponente* a *aus.*

  So ist die *Zeile 5*

  ```
  dist += (p1->x - p2->x) * (p1->x - p2->x);
  ```

  äquivalent zu

  ```
  dist += ((*p1).x - (*p2).x) * ((*p1).x - (*p2).x);
  ```

  Die zweite Variante ist jedoch schwerer zu lesen und anfälliger für Fehler.
- Auch auf Strukturen kann man den Adressoperator & anwenden. Der Aufruf der Funktion abstand2() sieht daher wie folgt aus:

  ```
  struct Punkt p1, p2;
  p1.x = ... ;
  ...
  double dist = abstand2(&p1, &p2);
  ```

Verschachteln von Strukturen

Strukturen kann man auch ineinander verschachteln. Dies kann sinnvoll sein, um vorhandene Strukturen und darauf aufbauende Funktionen wiederzuverwenden. Folgendes ist allerdings hierbei zu beachten:

Eine Struktur darf nicht sich selbst als Komponente enthalten. Ein Zeiger auf die Struktur ist aber als Komponente zulässig.

In der Physik werden z.b. Planeten als so genannte *Massepunkte* modelliert. Darunter versteht man einen Punkt ohne räumliche Ausdehnung zusammen mit einer zugehörigen Masse. Wir können nun auf der bekannten Struktur struct Punkt aufbauen und den Datentyp struct Planet folgendermaßen deklarieren:

```
struct Planet {
    struct Punkt p;
    float  masse;
};
```

Der Auswahloperator '.' wird jetzt hierarchisch angewendet, um auf alle Komponenten zuzugreifen:

```
struct Planet planet;
planet.p.x = 1.0;
planet.p.y = 2.0;
planet.p.z = 3.0;
planet.masse = 1000;
```

Die bereits implementierte Funktion abstand2() kann man ohne jede Änderung zur Berechnung des Abstands zweier Planeten verwenden:

```
struct Planet planet1, planet2;
planet1.p.x = ...;
...
float  dist = abstand2(&planet1.p, &planet2.p);
```

Wie man sieht, liefert der Adressoperator einen Zeiger auf die Teilstruktur.

Entsprechend kann man bei Zeigern auf geschachtelte Struktur mit dem Operator -> hierarchisch auf die Komponenten zugreifen.

Felder von Strukturen

Um weitere Aspekte von Strukturen zu demonstrieren, berechnen wir den gemeinsamen Schwerpunkt von n Massepunkten. Die grundlegende Formel für die x-Koordinate des Schwerpunkts von n Massepunkten mit Koordinaten (x_i, y_i, z_i) und Massen m_i lautet

$$s_x = \frac{\sum_{i=0}^{n-1} x_i \, m_i}{\sum_{i=0}^{n-1} m_i}$$

Analog berechnen sich die weiteren Koordinaten s_y und s_z.

```
 1  struct Punkt berechne_schwerpunkt(int n, struct Planet p[])
 2  {
 3      int   i;
 4      float gesamtmasse = 0.0f;
 5      struct Punkt schwerpunkt = { 0.0f, 0.0f, 0.0f };
 6
 7      for (i = 0; i<n; i++)
 8      {
 9          gesamtmasse  += p[i].masse;
10          schwerpunkt.x += p[i].p.x * p[i].masse;
11          schwerpunkt.y += p[i].p.y * p[i].masse;
12          schwerpunkt.z += p[i].p.z * p[i].masse;
13      }
14      schwerpunkt.x /= gesamtmasse;
15      schwerpunkt.y /= gesamtmasse;
16      schwerpunkt.z /= gesamtmasse;
17
18      return schwerpunkt;
19  }
```

- Wie man an *Zeile 1* sieht, kann man auch Felder von Strukturen anlegen.
  Es ist natürlich auch hier erlaubt, ein Funktionsargument als Feld mit
  unbestimmter Länge zu deklarieren. In den *Zeilen 9–12* sieht man auch
  entsprechende lesende Zugriffe, man beachte hier vor allem die Operatorenreihenfolge.
- In *Zeile 5* wird die Strukturvariable deklariert und initialisiert.
- Beim Funktionsaufruf werden die Daten der Planeten in effizienter Weise
  übergeben: Wie wir wissen, sind Feldbezeichner zugleich Zeiger auf das
  erste Feldelement.

Weitere Deklarationsmöglichkeiten

Neben der von uns vorgestellten Syntax zur Deklaration von Strukturen findet
man auch die folgenden Möglichkeiten, welche wir aber nicht empfehlen. Diese fassen Deklaration einer Struktur und Deklaration von Strukturvariablen
zusammen. Die erste Möglichkeit ist die folgende:

```
struct {
    Typ1 Eintrag1;
    ...
} instanz1, ... ;
```

In diesem Fall ist *instanz1* eine Variable vom Typ der deklarierten Struktur. Die Struktur hat allerdings keinen Namen und kann später nicht mehr
verwendet werden.

Man kann die beiden Möglichkeiten jetzt kombinieren und der Struktur auch einen Namen mitgeben:

```
struct Name {
    Typ1 Eintrag1;
    ...
} instanz1, ... ;
```

Dadurch ist im Rest des Programms die Struktur struct Name bekannt, man kann also später weitere Variablen von diesem Typ deklarieren. Gleichzeitig hat man aber hier auch die Variable instanz1 vom Typ struct Name deklariert.

8.2 Anwendungsbeispiele für Strukturen

Dieser Abschnitt ist zwei häufigen Anwendungsgebieten für Strukturen gewidmet. Als erstes beschäftigen wir uns mit einem Datentyp zur Zeiterfassung auf dem Computer, der in den Standardbibliotheken enthalten ist. Im Anschluss stellen wir kurz ein sehr weit verbreitetes Konzept zur Implementierung von so genannten *Listen* vor.

8.2.1 Zeitmessung

In den einzelnen Headerdateien sind Strukturen für die unterschiedlichsten Verwendungszwecke vordeklariert. So dient die folgende Struktur u.a. dem Lesen bzw. Setzen der Systemuhrzeit:

```
struct timeval {
    long tv_sec;    /* seconds */
    long tv_usec;   /* microseconds */
};
```

Diese Struktur ist in der Headerdatei <sys/time.h> deklariert, in der sich auch die folgende Funktionsdeklaration befindet:

```
int gettimeofday(struct timeval *tv,
                 struct timezone *tz);
```

Mit dieser Funktion wird die Systemzeit[1] ausgelesen und in die Struktur geschrieben, auf die tv zeigt. Damit kann man z.B. die Laufzeit von Programmen oder Programmteilen messen. Für diesen Zweck genügt es, als zweiten Parameter (die Zeitzone) NULL zu übergeben. Bei Erfolg liefert die Funktion 0 zurück, andernfalls -1.
Die Verwendung dieser Funktion sieht dann beispielsweise so aus:

---

[1] Die Systemzeit wird beginnend mit dem 1. Januar 1970 00:00:00 Uhr gemessen.

```
1  #include <sys/time.h>
2  ...
3  struct timeval start, end;
4  float  diff;
5
6  gettimeofday(&start, NULL);   /* start measurement */
7  function();
8  gettimeofday(&end, NULL);     /* end measurement */
9
10 diff = end.tv_sec-start.tv_sec
11      + (end.tv_usec - start.tv_usec)*1.0e-6;
12
13 printf("Gemessene Zeit: %.6f Sekunden\n", diff);
```

8.2.2 Einfach verkettete Listen

Betrachten wir die folgende Struktur:

```
struct Node {
      int          value;
      struct Node * next;
};
```

Hier sehen wir ein Beispiel dafür, dass die Struktur struct Node einen Zeiger auf struct Node als Komponente next enthält.

Mit Hilfe dieser Struktur kann man so genannte *einfach verkettete Listen* realisieren. Eine solche Liste besteht aus einzelnen, verbundenen Knoten vom Typ struct Node und hat graphisch dargestellt die folgende Gestalt:

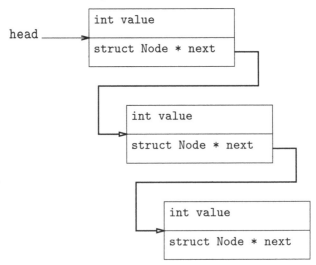

Wie man sieht, nutzt man die Komponente **next** als Zeiger auf das nachfolgende Listenelement. Ist dieser NULL, so handelt es sich um das letzte Element der Liste. Der *Listenkopf* wird durch den Zeiger **head** implementiert, der auf das erste Element zeigt. Kennt man diesen, so kennt man auch die ganze Liste. Die Komponente **value** kann durch beliebig komplexe Daten ausgetauscht werden, **int** dient hier nur als einfaches Beispiel.

Die oben skizzierte Liste könnte man wie folgt statisch anlegen:

```
struct Node node1, node2, node3;
struct Node *head;

head = &node1;
node1.next = &node2;
node2.next = &node3;
node3.next = NULL;

node1.value = 1;
node2.value = 2;
node3.value = 3;
```

Interessanter ist natürlich eine dynamische Implementierung:

Beispiel 8.1 (Einfach verkettete Liste).
```
1  struct Node * append_value(struct Node *head, int new_val)
2  {
3      struct Node *actual = head;
4      /* neuen Knoten anlegen */
5      struct Node *new_node;
6      new_node = (struct Node *) malloc(sizeof(struct Node));
7
8      /* primitives errorhandling */
9      if (new_node == NULL) return NULL;
10
11     /* knoten intialisieren */
12     new_node->next = NULL;
13     new_node->value = new_val;
14
15     if (head == NULL) /* leere liste ? */
16         head = new_node;
17     else {               /* ende suchen */
18        while (actual->next)
19             actual = actual->next;
20        actual->next = new_node;
21     }
22     return head; /* ok */
23 }
```

- In den *Zeilen 6–13* wird ein neues Listenelement dynamisch erzeugt und mit Werten für `value` und `next` initialisiert. Die Komponente `next` wird mit `NULL` belegt, da unser neuer Knoten an das Ende der Liste angehängt werden soll.
- Ist die Liste noch leer, so wird *Zeile 16* ausgeführt: `head` zeigt jetzt auf die Liste, welche nur aus dem neuen Knoten besteht.
- Andernfalls sucht die `while`-Schleife in *Zeile 18* den letzten Knoten der Liste, der dadurch gekennzeichnet ist, dass die `next`-Komponente den Wert `NULL` hat.
- In *Zeile 20* wird dann der neue Knoten hinter den zuvor letzten Knoten an die Liste angehängt.
- Da der Wert von `head` eventuell in *Zeile 16* geändert wird, ist die Implementierung klarer und robuster, wenn wir `head` auch als Rückgabewert verwenden. Gibt die Funktion `NULL` zurück, so liegt ein Fehler vor.   □

Die statische Implementierung vor Beispiel 8.1 liest sich in der dynamischen Version wie folgt:

```
struct Node *head = NULL;


head = append_value(head, 1);
head = append_value(head, 2);
head = append_value(head, 3);
```

Die Abfrage von Ausnahmefällen haben wir aus Gründen der Übersichtlichkeit weggelassen. Man sollte diese Operationen zum besseren Verständnis auf einem Blatt Papier nachvollziehen.

Beispiel 8.2 (Ausgeben einer einfach verketteten Liste).
Um eine Liste auszugeben, kann man wie folgt vorgehen:

```
1  void print_list(struct Node *head)
2  {
3      while (head)
4      {
5          printf("%d\n", head->value);
6          head = head->next;
7      }
8  }
```

Hier modifizieren wir den Wert von `head` innerhalb der Funktion. Es handelt sich hier nicht um *Call by Reference*, da nur der Zeiger verändert wird, nicht aber der Wert, auf den dieser zeigt. An *Zeile 3* kann man wieder schön sehen, dass in C der Wert 0 in wirklich all seinen Ausprägungen als „falsche Aussage" interpretiert wird.   □

Beispiel 8.3 (Einfügen in eine einfach verkettete Liste).
Interessant ist noch die folgende Funktion, die einen neuen Knoten hinter
einen vorhandenen Knoten einfügt:

```
1  int insert_after(struct Node *node, int new_val)
2  {
3      struct Node *new_node;
4      new_node = (struct Node *) malloc(sizeof(struct Node));
5      if (new_node == NULL)
6          return NULL;
7
8      new_node->value = new_val;
9      new_node->next = node->next;
10
11     node->next = new_node;
12     return 1;
13 }
```

Um die Arbeitsweise dieser Funktion besser zu verstehen, sollten Sie den
folgenden Programmteil auf einem Blatt Papier nachvollziehen:

```
struct Node * head = NULL;

head = append_value(head, 1);
head = append_value(head, 2);
head = append_value(head, 4);

insert_after(head->next, 3);
insert_after(head->next->next->next, 5);
```

Die Abfrage der Fehlerfälle haben wir auch hier aus Gründen der Übersichtlichkeit weggelassen.   □

Abschließende Bemerkungen. Einfach verkettete Listen haben gegenüber
den bereits bekannten Feldern sowohl Vor- als auch Nachteile:

Vorteile: Listen wachsen dynamisch mit der Zeit. Felder sind entweder mit
fester Größe statisch deklariert, oder man muss sie unter Verwendung der
Funktion `realloc()` (siehe Abschnitt 4.4) in ihrer Größe anpassen.
Einfügen und Löschen am Kopf einer Liste der Länge n ist eine Operation
mit konstanter Laufzeit, d.h. $\mathcal{O}(1)$, bei Feldern hat man einem Aufwand
von $\mathcal{O}(n)$. Gleiches gilt für Löschen und Einfügen, falls man die fragliche
Position bereits in Form eines Zeigers auf das betreffende Element kennt.

Nachteile: Man kann den n-ten Eintrag einer Liste nicht direkt ansprechen,
sondern muss von Eintrag zu Eintrag wandern. So ist z.B. das Suchen in
einer einfach verketteten Liste recht aufwendig.

Einfach verkettete Listen werden aufgrund der eben besprochenen Vorteile hauptsächlich zum Implementieren sogenannter *Stacks* benutzt. Es handelt sich hierbei um eine Datenstruktur, die das LIFO-Prinzip (*Last In First Out*) umsetzt. Zur Manipulation eines Stacks hat man lediglich zwei Operationen zur Verfügung:

- `push()` fügt einen Eintrag am Kopf der Liste ein.
- `pop()` liefert den ersten Eintrag zurück und entfernt diesen gleichzeitig.

Außer den hier eingeführten einfach verketteten Listen gibt es noch weitere Formen, z.B. die so genannten mehrfach verketteten Listen. Speziell doppelt verkettete Listen, deren Knoten jeweils einen Zeiger auf den Nachfolger sowie auf den Vorgänger enthalten, sind weit verbreitet.

8.3 Benennung eigener Datentypen mit `typedef`

Mit dem Schlüsselwort `typedef` können sowohl elementare Datentypen als auch Strukturen oder Felder mit einem eigenen Namen versehen werden:

```
typedef bestehender_Datentyp neuer_Typbezeichner;
```

So ist die folgende Anweisung erlaubt:

```
typedef struct Punkt PunktTyp;
```

Anstelle von `struct Punkt` kann man jetzt auch `PunktTyp` schreiben. Man darf auch selbst eingeführte Typbezeicher als erstes Argument von `typedef` verwenden:

```
typedef PunktTyp[10] ZehnPunkteFeld;
typedef PunktTyp *   PunktZeiger;

ZehnPunkteFeld feld;
```

Die Variable `feld` vom Typ `ZehnPunkteFeld` ist jetzt ein Feld der Länge 10, wobei jeder Eintrag des Feldes vom Typ `struct Punkt` ist. Weiterhin ist eine Variable, welche als `PunktZeiger` deklariert wird, ein Zeiger auf `struct Punkt`. Man kann Datentyp- und Zeigerbezeichner auch in einer einzigen Anweisung vergeben:

```
typedef struct {
    int         value;
    struct Node *next;
} Node, *NodePtr;
```

Die Struktur selbst kann jetzt durch `Node` und Zeiger auf die Struktur als `NodePtr` angesprochen werden.
Folgende Gründe sprechen für die Verwendung von `typedef`:

- Intuitive Bezeichnung: Man kann „griffige" Bezeichungen auch für komplizierte Strukturen wählen und an den Anwendungskontext anpassen. Bei Strukturen kann das zuweilen lästige Mitschleppen des reservierten Worts struct entfallen. Geeignete Namen ermöglichen so einen leichter zu lesenden Quelltext.

- Die maschinenunabhängige Implementierung wird erleichtert. Man benennt einen (zumeist elementaren) Datentyp um und verfasst Programme unter Verwendung dieses Typnamens. Überträgt man den Quellcode auf eine andere Maschinenarchitektur, so muss lediglich die typedef-Anweisung angepasst werden.

Ein Beispiel: Möchte man für bestimmte Zwecke stets mit ganzzahligen Speicheradressen arbeiten und weiß, dass diese auf der einen Maschinenarchitektur dem Typ int und auf einer anderen dem Typ long entsprechen, so definiert man

```
typedef int IntAddr;
```

für die erste Architektur. Den mit diesem Typ arbeitenden Quelltext *portiert* man auf die zweite Architektur, indem man dort die Anweisung in

```
typedef long IntAddr;
```

abändert. Verwendet man ab diesem Punkt nur noch den Typ IntAddr, so sind keine weiteren Änderungen mehr notwendig. Diese Möglichkeit ist bei einem gleichzeitigen Nebeneinander von 32- und 64-Bit-Architekturen von großem Nutzen.

8.4 Zeiger auf Funktionen

C bietet nicht nur die Möglichkeit, mit Zeigern auf elementare bzw. selbst erzeugte Datentypen zuzugreifen, sondern erlaubt auch, mit Zeigern auf Funktionen zu arbeiten. Dass ein solches Konstrukt auch sinnvoll ist, werden wir weiter unten sehen.
Aber zuerst betrachten wir ein einfaches Beispiel:

```
1  #include <stdio.h>
2
3  typedef float (*ZweiDimFun)(float, float);
4
5  float multipliziere(float x, float y)
6  {
7      printf("%f\n", x*y);
8  }
9
10 float summiere(float x, float y)
11 {
```

```
12      printf("%f\n", x+y);
13 }
14
15 int main()
16 {
17      ZweiDimFun  fun;
18      fun = &multipliziere;
19      (*fun)(2.0f, 3.0f);
20      fun = &summiere;
21      (*fun)(2.0f, 3.0f);
22 }
```

- Am bequemsten arbeitet man mit Funktionszeigern mit Hilfe von typedef wie in *Zeile 3*: Variablen vom Typ ZweiDimFun sind jetzt Zeiger auf Funktionen welche zwei Argumente vom Typ float entgegennehmen und einen Rückgabewert vom Typ float haben.
- Die in *Zeile 17* deklarierte Variable fun ist ein solcher Funktionszeiger. Da die Funktionen in den *Zeilen 5* und *10* eine entsprechende syntaktische Form aufweisen, sind die Zuweisungsoperationen in den *Zeilen 18* und *20* zulässig.
- In den *Zeilen 19* und *21* wird der Funktionszeiger dereferenziert und mit den Argumenten 2.0 und 3.0 aufgerufen. Der erste Aufruf führt zur Ausgabe von 6.0, der folgende liefert 5.0.

Funktionszeiger implementiert man am einfachsten wie folgt:

```
typedef result_type (*fp_typ_name)(typ_arg1, ...)
```

Der dann zur Verfügung stehende Typ fp_typ_name repräsentiert nun Zeiger auf Funktionen mit der in dieser typedef-Anweisung angegebenen *Signatur*.

fp_typ_name kann dann in bekannter Art und Weise zur eigentlichen Deklaration von Funktionszeigern benutzt werden:

```
fp_typ_name variable1 [,variable2, ... ,variableN ];
```

Es gibt noch weitere Möglichkeiten, Funktionszeiger zu deklarieren, die aber allesamt zu recht unlesbaren Deklarationen führen. Wir empfehlen daher die hier vorgestellte Methode.

Der Vorteil von Funktionszeigern besteht in der damit erreichbaren Abstraktion, was im folgenden Beispiel ersichtlich wird:

```
1 typedef double (*ReelleFun)(double);
2
3 double trapezregel(double a, double b, int N, ReelleFun fun)
4 {
```

```
5      double summe, xk;
6      int    k;
7
8      summe = 0.5*((*fun)(a)+(*fun)(b));
9      for (k=2; k<N; k++) {
10         xk = (k-1.0)/(N-1.0)*(b-a)+a;
11         summe += (*fun)(xk);
12     }
13     return (b-a)/(N-1)*summe;
14 }
```

Im Gegensatz zu der in Beispiel 5.4 implementierten Funktion kommt in der obigen Implementierung von `trapezregel()` die zu integrierende Funktion nicht explizit vor, d.h. `trapezregel()` lässt sich auf beliebig implementierte Funktionen anwenden, sofern die Signatur der Vorgabe entspricht:

```
#include <math.h>
...
float val1 = trapezregel(0.0, M_PI, 1000, &sin);
float val2 = trapezregel(0.0, 1.0, 1000, &sqrt);
```

Die hier verwendeten Funktionen `sin()` und `sqrt()` tauchen nur noch außerhalb von `trapezregel()` auf. Ist daher eine beliebige reelle Funktion numerisch zu integrieren, so muss an der Definition der Funktion `trapezregel()` nichts mehr geändert werden. Dadurch verringert man den Wartungsaufwand (insbesondere, wenn die Programme mal größer werden) bei gleichzeitiger Steigerung der Wiederverwendbarkeit von `trapezregel()`.

Wir werden weitere Beispiele für Funktionszeiger in Kapitel 9 sehen, wenn wir die Bibliotheksfunktionen `qsort()` und `bsearch()` vorstellen.

Bemerkung. Bei den meisten C-Compilern verhalten sich Funktionen so ähnlich wie Felder: Der Name einer Funktion ist zugleich auch Zeiger auf die Funktion, d.h. die Verwendung des Adressoperators kann entfallen.

8.5 Beispiele für zusammengesetzte Deklarationen

Wir haben in diesem Kapitel einige neue Möglichkeiten zur Deklaration von Datentypen kennen gelernt. Diese kann man zu beliebig komplexen Gebilden kombinieren. Wir diskutieren hier einige Beispiele:

- `char **argv;`
  Doppelzeiger auf `char` (ein Feld von Strings).
- `double *zeilen[10];`
  `zeilen` ist ein Feld mit 10 Einträgen vom Typ `double *` (dies sind z.B. Zeiger auf die Zeilen einer Matrix).

- `double (*zeile)[12];`
  `zeile` ist ein Zeiger auf ein Feld mit 12 Einträgen vom Typ `double`. Man vergegenwärtige sich den Unterschied zur vorherigen Deklaration. Ein solcher Zeiger zeigt z.B. auf den Beginn einer Matrixzeile.

Bei solchen Deklarationen ist es oft am besten, sich von „innen nach außen" zu arbeiten, d.h. mit dem Bezeichner zu beginnen und dann unter Beachtung der Klammerung den Datentyp zu analysieren.

- `double func(const int *a, const int *b);`
  Die Funktion `func()` erhält zwei schreibgeschützte Parameter vom Typ `int *` und liefert einen Rückgabewert vom Typ `double`.
- `double *vektor(int dim);`
  Die Funktion `vektor()` erhält einen Eingabeparameter vom Typ `int` und liefert einen Zeiger auf `double` zurück.
- `void *generic();`
  Die Funktion `generic()` liefert einen Zeiger auf den leeren Datentyp `void` zurück. Dies wird meistens dazu verwendet, Flexibilität bzgl. des zugrunde liegenden Datentyps zu gewährleisten (siehe z.B. `malloc()`, `calloc()`).

Kommen wir jetzt zu den Zeigern auf Funktionen. Wir beginnen mit bereits bekannten Deklarationen.

- `void (* procpntr)(int , int );`
  `procpntr` ist ein *Zeiger auf eine Prozedur* (Rückgabetyp `void`), die zwei Eingabeparameter vom Typ `int` erwartet.
- `double ** (* funcpntr)(const double* , const char * );`
  `funcpntr` ist ein Zeiger auf eine Funktion, die als (schreibgeschützte) Eingabeparameter einen Zeiger auf `double` sowie einen String erwartet und einen Doppelpointer auf `double` zurückliefert.

Bei Funktionspointern kann es zweckmäßiger sein, sich von „außen nach innen" zu arbeiten. Z.B. bedeutet die Deklaration
$$\text{char } *(*(* \textit{Bezeichner})())[10];$$
dass *Bezeichner* ein Zeiger auf eine Funktion (ohne Parameter) ist, die einen Zeiger auf ein Feld mit 10 Stringeinträgen zurückliefert.
Von außen nach innen:

- `char *        Bezeichner[10];`
  Feld mit 10 Strings.
- `char *(*        Bezeichner)[10];`
  Zeiger auf Feld mit 10 Strings.
- `char *(*     Bezeichner())[10];`
  Funktion mit Rückgabetyp Zeiger auf Feld mit 10 Strings.
- `char *(* (* Bezeichner)())[10];`
  Zeiger auf Funktion mit Rückgabetyp Zeiger auf Feld mit 10 Strings.

8.6 Weitere Datentypen: enum und union

Wir gehen hier der Vollständigkeit halber auf die Deklaration von so genannten Aufzählungstypen und Verbundvariablen ein.

Enums. Das reservierte Wort enum bezeichnet einen Datentyp mit einem aufgezählten (engl. *enumerated*) Wertebereich. An die Stelle von ganzzahligen Konstanten treten Schlüsselwörter. Ein Beispiel ist die Deklaration von Wahrheitswerten:

```
enum bool { FALSE = 0, TRUE = 1 };
```

Dadurch entsteht ein neuer Datentyp enum bool und man kann FALSE und TRUE anstelle der entsprechenden Zahlenwerte benutzen. Der Programmcode wird so lesbarer, da die Bedeutung des entsprechenden Zahlwerts hervorgehoben werden kann. Abkürzend ist auch

```
enum bool { FALSE, TRUE };
```

möglich. Bei enums wird intern immer mit 0 beginnend gezählt, und als Inkrement wird 1 benutzt.

Man könnte dieses Konstrukt auch mittels #define-Direktiven umsetzen, enums bieten aber als echte Datentypen Vorteile hinsichtlich der Entdeckung von Fehlern durch den Compiler.

Unions. Die sogenanten *Unions* ähneln den Strukturen, nur dass sich die Komponenten einer Union „überlagern". Beispielsweise deklariert

```
union beispiel {
     int ival;
     double dval;
} ;
```

eine Union beispiel. Beide Komponenten haben im Speicher die gleiche Adresse, der Compiler sorgt dafür dass Variablen vom Typ union beispiel genug Speicher zugewiesen wird, um die größte der Komponenten aufzunehmen. Die Komponenten können wie bei Strukturen mittels '.' angesprochen werden.

Betrachten wir als Beispiel die folgende Union:

```
union beispiel x;
x.ival = 3;
x.dval = 11.0;
```

Hier interpretiert x.ival das Bitmuster von x als int, und x.dval als double.

8.7 Kontrollfragen zu Kapitel 8

Frage 8.1

Betrachten Sie

```
struct Klausur {
    int nummer;
    float note
} k1, k2;
```

Welche Aussage trifft zu?

a) Wenn die Variablennamen folgen, muss der Strukturname entfallen.   □
b) Die Anweisung k1=k2 ist unzulässig.   □
c) Der Ausdruck k1==k2 ist unzulässig.   □
d) Wenn der Strukturname angegeben wird, dürfen keine Variablennamen
   folgen.   □
e) Die Angabe der Variablennamen ist syntaktisch falsch.   □

Frage 8.2

Betrachten Sie die Deklaration

```
struct Beispiel {
    char buchst;
    int  nummer;
};
struct Beispiel strfeld[10];
```

Welche der folgenden Ausdrücke liefern die Komponente buchst des Feldelements
mit Index i?

a) strfeld.buchst[i]   □
b) strfeld[i].buchst   □
c) strfeld[i]->buchst   □
d) strfeld->buchst[i]   □
e) *(strfeld+i.buchst)   □
f) (strfeld+i)->buchst   □

Frage 8.3

Sie möchten einen eigenen Typ String80 deklarieren, welcher 80 Zeichen speichert.
Welche der folgenden Deklarationen führt zum Ziel?

a) typedef String80 char[80];   □
b) typedef [80] char String80;   □
c) typedef [80] *char String80;   □
d) typedef char String80[80];   □
e) typedef char[80] String80;   □
f) typedef char*[80] String80;   □

Frage 8.4

Welche Größe in Bytes hat die folgende Struktur auf einer 32-Bit-Architektur?

```
struct KDaten {
    char Name[30];
    char Vorname[20];
    unsigned int KdNr;
};
```

a) 52   ☐
b) 54   ☐
c) 58   ☐
d) 60   ☐
e) 62   ☐

Frage 8.5

Als was wird objekt in der folgenden Anweisung deklariert?

```
char * *objekt(const int, const char *);
```

a) Die Deklaration ist syntaktisch nicht korrekt.   ☐
b) Als Zeiger auf eine Funktion mit Rückgabetyp String.   ☐
c) Als Funktion mit Rückgabetyp Zeiger auf String.   ☐
d) Als Doppelpointer auf eine Funktion mit Rückgabetyp char.   ☐
e) Keine der Aussagen a) – d) ist korrekt.   ☐

Frage 8.6

Welche der folgenden Anweisungen deklariert einen Zeiger auf eine Funktion, welche zwei Werte vom Typ int entgegennimmt und keinen Wert zurück gibt?

a) (*fp)(int, int)   ☐
b) void (*fp)(int, int)   ☐
c) *(fp)(int, int)   ☐
d) void *fp(int, int)   ☐

8.8 Übungsaufgaben zu Kapitel 8

8.1 (Zeitmessung).
Schreiben Sie eine Funktion, die 10 Millionen mal den Sinus der betreffenden Laufvariablen aufaddiert, das Ergebnis aber nicht zurückliefert. Messen Sie die Ausführungszeit dieser Funktion, und zwar mit und ohne Compileroption -O3, die den gcc dazu veranlasst, die Ausführungszeit des Programms zu optimieren. Was wird der Compiler bei diesem Beispiel wohl unternehmen?

8.2 (Gravitationskraft).
Für die Anziehungskraft zweier Körper mit Massen m_1 und m_2 und Abstand r gilt

$$F = G \frac{m_1 m_2}{r^2}$$

mit $G = 6,67410^{-11}$ m^3/(kg s^2). Benutzen Sie die in diesem Kapitel vorgestellte Struktur **Planet**, um eine Funktion zu schreiben, die die Anziehungskraft berechnet, die zwei Planeten aufeinander ausüben. Berechnen Sie die Anziehungskraft der Erde auf den Mond. Es gilt: $m_{\text{Erde}} = 5,974 \cdot 10^{24}$ kg, $m_{\text{Mond}} = 0,075 \cdot 10^{24}$ kg, der mittlere Abstand Erde–Mond beträgt 384401 km. Beachten Sie die Einheiten!

8.3 (Polynome als Struktur).
Mit Hilfe von Strukturen kann man auch einen Datentyp **Polynom** deklarieren und Operationen mit Polynomen implementieren. Verwenden Sie die folgende Deklaration, um ein Polynom $\sum_{i=0}^{n} a_i x^i$ abzubilden:

```
typedef struct {
    unsigned int n;
    float*       a;
} Polynom;
```

a) Schreiben Sie eine Funktion mit folgender Signatur:

```
Polynom make_polynomial(int degree, float coeff[]);
```

Diese soll anhand der gegebenen Daten die Komponenten des Rückgabewertes sinnvoll initialisieren. Dazu gehört auch die Anforderung von Speicherplatz für die Komponente a.
Schreiben Sie außerdem eine Funktion `free_polynomial()`, die den angeforderten Speicherplatz wieder frei gibt.
Schreiben Sie schließlich eine Funktion, die ein Polynom leicht lesbar ausgibt. Testen Sie Ihre Routinen, indem Sie das Polynom $3x^3 + 2x^2 + x$ erzeugen und ausgeben lassen.

b) Wir haben in Beispiel 1.7 das Horner-Schema kennen gelernt. Schreiben Sie eine Funktion, die ein Polynom p und eine Zahl x entgegennimmt und unter Verwendung des Horner-Schemas $p(x)$ berechnet.

c) Schreiben Sie eine Funktion, die zwei Polynome p und q miteinander multipliziert und das Produkt zurückgibt. *Hinweis:* Für das Produkt der beiden Polynome

$$p(x) = \sum_{i=0}^{n_p} p_i x^i \quad q(x) = \sum_{i=0}^{n_q} q_i x^i$$

gilt:

$$(p \cdot q)(x) = \sum_{n=0}^{n_p + n_q} \left(\sum_{k+l=n} p_k \, q_l \right) x^n.$$

8.4 (Komplexe Zahlen).
Implementieren Sie eine Struktur `struct Complex`, welche für eine komplexe Zahl den Real- und Imaginärteil speichert. Schreiben Sie Funktionen zur Addition, Multiplikation und Division von komplexen Zahlen.

8.5 (Einfach verkettete Liste).

a) Implementieren Sie die Programmteile aus Abschnitt 8.2.2 zur einfach verketteten Liste, und ergänzen Sie den dortigen Quelltext zu einem Testprogramm.

b) Erweitern Sie dann das Programm um eine Funktion der Gestalt

```
struct Node * find(int which_value);
```

die einen Knoten mit Wert `which_value` sucht und einen Zeiger auf diesen Knoten zurückgibt. Sollte der Wert nicht in der Liste vorhanden sein, so soll `NULL` zurückgeliefert werden.

c) Implementieren Sie eine Funktion

```
void insert_sorted(int new_value);
```

die von einer aufsteigend sortierten Liste ausgeht, und den neuen Wert so einfügt, dass diese Ordnung auch erhalten bleibt.

d) Implementieren Sie jeweils eine Funktion zum Löschen eines bestimmten Listenelements und zum Löschen der ganzen Liste (Speicherleichen!).

8.6 (Stack).
Implementieren Sie einen Stack, wie am Ende von Abschnitt 8.2.2 beschrieben.

8.7 (Dünn besetzte Vektoren).
Beim so genannten *information retrieval* versucht man, Textdokumente automatisiert nach ihrem Inhalt zu vergleichen oder zu durchsuchen. Hierbei werden Textdokumente durch *dünn besetzte Vektoren*[2] dargestellt. Dies sind Vektoren hoher Dimension, bei denen aber nur wenige Komponenten von 0 verschieden sind. Ein Beispiel für eine solche Kodierung von Texten nach Vektoren ist das sogenannte *tf-idf*-Format. Hat man Dokumente in dieser Form vorliegen, so sind Vergleiche von Dokumenten lediglich algebraische Operationen auf den zugehörigen Vektoren. Eine solche Operation ist z.B. das Skalarprodukt.

---

[2] In Kapitel 10 werden wir dünn besetzte Matrizen kennen lernen.

a) Schreiben Sie eine Implementierung für dünn besetzte Vektoren, indem Sie die Einträge ungleich 0 als Paare `int index` und `float value` in einer einfach verketteten Liste halten, wobei die Liste nach `index` sortiert vorliegt.

b) Schreiben Sie eine Funktion, welche zwei dieser Vektoren entgegennimmt und das Skalarprodukt der beiden zurückgibt.

c) Schreiben Sie eine Funktion, welche zwei dünn besetzte Vektoren addiert. Beachten Sie, dass manche Komponenten durch die Addition verschwinden können!

8.8 (Relationen).
Reelle Relationen sind in C Funktionen mit der Signatur

```
int relation(float x, float y);
```

Diese liefern 1 zurück, wenn x und y zur Relation gehören, andernfalls 0. Ein Beispiel ist

```
int groesser_oder_gleich(float x, float y)
{
    return (x>=y);
}
```

Abstrahieren Sie dies mit Hilfe von Funktionszeigern und schreiben Sie eine Funktion `check_field()`, die als Argumente ein Feld, die Feldgröße und eine Relation entgegennimmt. Diese Funktion überprüft dann, ob alle aufeinanderfolgenden Elemente des Feldes der Relation genügen. Testen Sie Ihr Programm, indem Sie die oben angegebene Relation `groesser_oder_gleich()` und die Felder $\{5, 3, 2, 2\}$ und $\{5, 3, 2, 3\}$ anwenden.

9

Rekursion

Unter ein *Rekursion* versteht man den Aufruf einer Funktion durch sich selbst. Die Verwendung von Rekursionen erlaubt es in vielen Fällen, Algorithmen elegant zu formulieren.

Nach einem einfachen einführenden Beispiel zur Programmierung mit rekursiven Funktionen werden Anwendungen wie z.b. Such- und Sortieraufgaben behandelt. In diesem Zusammenhang wird auch die *Divide & Conquer*-Strategie vorgestellt, die es erlaubt, eine Vielzahl von Problemen effizient zu lösen.

Als Paradebeispiel eines eleganten und effizienten rekursiven Algorithmus stellen wir *Quicksort* vor.

9.1 Rekursive Programmierung

Eine auf den ersten Blick harmlos erscheinende Aufgabe ist die Berechnung von Binomialkoeffizienten. Die naive Verwendung der mathematischen Definition

$$\binom{n}{k} = \frac{n!}{k!(n-k)!} \quad , \quad n \in \mathbb{N}, \, k \in \mathbb{N}, \, k \leq n,$$

ist allerdings schlecht dazu geeignet, eine Berechnungsroutine auf dem Computer zu implementieren: Bereits für recht kleine n nimmt die Fakultät $n!$ schon sehr große Werte an und verursacht dann schnell einen Überlauf. Dies umso ärgerlicher, da die in der obigen Formel auftretenden Fakultäten teilweise einen viel größeren Wert als der Binomialkoeffizient haben.

Zur Berechnung von Binomialkoeffizienten werden die Fakultäten zum Glück gar nicht benötigt, da man das *Pascalsche Dreieck* verwenden kann:

$$\binom{n}{k} = \binom{n-1}{k-1} + \binom{n-1}{k}.$$

Hiermit kann man folgenden *rekursiven* Algorithmus formulieren:

Beispiel 9.1 (Rekursive Berechnung von Binomialkoeffizienten).

1. Lies zwei natürliche Zahlen n und k ein.
2. Führe die Schritte
   a) Falls $k > n$, dann
$$\binom{n}{k} = 0\,.$$

   b) Falls $n = 0$ oder $k = 0$, dann
$$\binom{n}{k} = 1\,.$$

   c) Andernfalls verwende
$$\binom{n}{k} = \binom{n-1}{k-1} + \binom{n-1}{k}\,.$$

durch.   □

Die Umsetzung als Computerprogramm kann vollkommen analog in Form einer *rekursiven Funktion* erfolgen:

Beispiel 9.2 (Rekursive C-Funktion für Binomialkoeffizienten).

```
1  int binomial(int n, int k)
2  {
3      if (k>n)
4          return 0;
5      else if (n==0 || k==0)
6          return 1;
7      else
8          return binomial(n-1, k-1)+binomial(n-1, k);
9  }
```

□

Die rekursive Funktion ruft sich selbst solange mit entsprechend angepassten Parametern auf, bis sie in einem der elementaren Fälle $k > n$, $k = 0$ oder $n = 0$ angelangt ist. Das Ergebnis des jeweiligen Falls liefert sie an die aufrufende Funktion zurück, diese addiert die Rückgabewerte, liefert ihrerseits die Summe an den ihr übergeordneten Aufruf zurück usw., bis zum ersten Aufruf der Funktion im Hauptprogramm.

Für das Beispiel `binomial(3,2)` setzt sich das Ergebnis folgendermaßen zusammen:

```
  binomial(3,2) = binomial(2,1) + binomial(2,2)
= (binomial(1,0)+binomial(1,1)) + (binomial(1,1)+binomial(1,2))
= (binomial(1,0) + (binomial(0,0) + binomial(0,1))) + ....
= (1 + (1 + 0)) + ((1 + 0) + (0+0)) = 3
```

Es ist bei der rekursiven Programmierung genauestens darauf zu achten,

- dass die Rekursion auch sicher bei einem elementaren Fall ankommt und abbricht,
- und dass die elementaren Fällen jeweils mit korrekten `return`-Anweisungen behandelt werden.

Mit ersterem vermeidet man Endlosschleifen, mit letzterem falsche Ergebnisse.

Ein rekursiver Algorithmus muss keineswegs rekursiv programmiert werden. Es existiert in vielen Fällen eine alternative Implementierungsvariante, die durch Schleifen realisiert werden kann. Rekursive Funktionen gestatten zwar einen kurzen und eleganten Quelltext, sie sind wegen der verschachtelten Funktionsaufrufe aber meist zeit- und speicheraufwendiger als die nicht-rekursiven Alternativen.

So sieht man z.B. in der obigen Beispielrechnung für `binomial(3,2)`, dass die Funktion `binomial` zweimal als `binomial(1,1)` aufgerufen wird und im weiteren Verlauf tauchen die elementaren Fälle `binomial(0,1)` und `binomial(1,0)` jeweils doppelt auf. Bei größeren Argumenten kann man beobachten, dass die Anzahl der mehrfachen Aufrufe schnell anwächst. In den Übungsaufgaben wird eine effizientere Variante betrachtet, die durch Speichern von Zwischenergebnissen den rekursiven Algorithmus modifiziert.

Beispiel 9.3 (Binomialkoeffizient als Schleifenimplementierung).
Aus der Definition des Binomialkoeffizienten erhält man durch Auflösen der Fakultäten die Darstellung

$$\binom{n}{k} = \frac{\prod_{l=0}^{m-1}(n-l)}{m!} \quad , \quad m = \min\{k, n-k\}\,,$$

mit der man recht effizient (genauer: mit $2m \leq n+1$ Multiplikationen und einer Division) auf alternativem Weg zum Ziel gelangt:

```
1  int binomial(int n, int k)
2  {
3      int m = (k > n-k) ? n-k : k;
4      int l;
5
6      int zaehler = 1, nenner = 1;
7
8      for (l=0; l<m; l++) {
9          zaehler *= (n-l);
10         nenner  *= (l+1);
11     }
12     return zaehler/nenner;
13 }
```

9.2 Effiziente Such- und Sortieralgorithmen

Viele effiziente Such- und Sortierverfahren beruhen auf rekursiv formulierten Algorithmen, denen das Prinzip *Divide & Conquer* zugrunde liegt.

Einfaches Suchen in unsortierten Feldern

Angenommen, man soll eine Funktion implementieren, die in einem Feld der Länge n mit Einträgen vom Typ int die Position eines bestimmten vorgegebenen Werts finden soll. Eine erste naheliegende Implementierung würde wahrscheinlich folgendermaßen aussehen:

Beispiel 9.4 (Lineare Suche in einem Feld).

```
1  int suche(int feld[], int len, int val)
2  {
3      int i;
4      for (i=0; i<len; i++)
5          if (feld[i] == val) break;
6      return i;
7  }
```

Die break-Anweisung sorgt dafür, dass die Schleife sofort beendet wird, wenn der Wert gefunden ist. Befindet sich der Wert mehrfach im Feld, so wird der kleinste Index zurückgeliefert.

Im schlimmsten Fall befindet sich der gesuchte Wert nicht im Feld, die Funktion liefert dann die Feldlänge zurück und die aufrufende Funktion kann entsprechend reagieren. □

Für unsortierte Felder ist die im Beispiel gezeigte Vorgehensweise auch tatsächlich die einzige Möglichkeit, nach einem bestimmten Wert zu suchen.

Ist das Feld hingegen aufsteigend sortiert, so gibt es bessere Algorithmen, die weniger Vergleichsoperationen benötigen. Insbesondere kann man vermeiden, dass n Vergleichsoperationen nötig sind, um festzustellen, dass sich der Wert gar nicht im Feld befindet. Grundlage dieser Verfahren ist eine allgemeine Vorgehensweise, die *Divide & Conquer*-Strategie (auch bekannt als *divide-et-impera*-Methode):

> *Bei Anwendung der Divide & Conquer-Strategie geht man folgendermaßen vor:*
> - Divide: *Zerlege das Problem in kleinere Teilprobleme.*
> - Conquer: *Löse die Teilprobleme.*
> - ggf. Combine: *Setze die Lösung des ursprünglichen Problems aus den Lösungen der Teilprobleme zusammen.*

Klassische Anwendungen dieses Prinzips sind:

- Suchen nach einem Element mit einem vorgegebenen Wert in einem sortierten Feld,
- Sortieren von Feldern,
- Parallelisierung von Algorithmen: Man versucht, einen größtmöglichen Teil des Algorithmus in solche Teilaufgaben zu zerlegen, die *unabhängig* voneinander bearbeitet werden können. Bei der Realisierung auf einem Parallelrechner werden diese reduzierten Probleme auf die einzelnen Prozessoren verteilt. Im *Combine*-Schritt werden die Einzelresultate dann wieder zusammengesetzt.

Beispiel 9.5 (Parallele Berechnung von Skalarprodukten).
Das Skalarprodukt

$$\langle u, v \rangle , \quad u, v \in \mathbb{R}^n ,$$

soll auf einem Parallelrechner mit $N + 1$ Prozessoren berechnet werden. Dazu teilt man im *Divide*-Schritt die Vektoren in Abschnitte auf, d.h. für für $\nu = 1, \ldots, N$ setzt man :

$$u^{(\nu)} = (u_{(\nu-1)n/N+1}, \ldots, u_{\nu n/N})^\top \in \mathbb{R}^{n/N}$$
$$v^{(\nu)} = (v_{(\nu-1)n/N+1}, \ldots, v_{\nu n/N})^\top \in \mathbb{R}^{n/N}$$

und lässt im *Conquer*-Schritt jeweils den Prozessor mit der Nummer ν die Teilaufgabe

$$s_\nu = \left\langle u^{(\nu)}, v^{(\nu)} \right\rangle$$

bearbeiten. Diese Teilrechnungen können von den N Prozessoren vollkommen unabhängig voneinander zur selben Zeit durchgeführt werden. Ist dies erledigt, so liefern die CPUs ihre Teilresultate an den Prozessor mit der Nummer 0, der dann den *combine*-Schritt

$$u \cdot v = \sum_{\nu=1}^{N} s_\nu$$

durchführt. □

Rekursives Suchen mit der *Divide & Conquer*-Methode

Eine mögliche *Divide & Conquer*-Vorgehensweise für die Suche nach einem bestimmten Wert in einem aufsteigend sortierten Feld der Länge n ist die *binäre Suche* (engl. *binary search*):

- Vergleiche den gesuchten Wert mit dem in der Mitte des Feldes.
- Bei Gleichheit: $n/2$ ist die gesuchte Stelle. Abbruch.
- Andernfalls:
  - Ist der gesuchte Wert größer, wiederhole das Verfahren für das Teilfeld rechts von der Feldmitte.

– Ist der gesuchte Wert kleiner, wiederhole das Verfahren für das Teilfeld
  links von der Feldmitte.

bis die Feldlänge 0 ist. In diesem Fall befindet sich der Wert nicht im Feld.

Bei jeder Rekursion wird also die Feldlänge halbiert. Für die Laufzeit in Abhängigkeit der Feldlänge n gilt daher mit einem geeigneten c

$$Op(2n) \leq Op(n) + c,$$

sowie $Op(1) \leq c$. Durch vollständige Induktion folgt hieraus:

$$Op(n) \leq c \log_2(n + 1).$$

Damit gilt $Op(n) = \mathcal{O}(\log_2 n)$, d.h die binäre Suche hat logarithmische Komplexität. Ein alltägliches Beispiel für die Anwendung dieses Verfahrens ist das Suchen in Telefonbüchern.

Beispiel 9.6 (Binäre Suche im aufsteigend sortierten Feld).

```
1  int binaer_suche(int f[], int untere, int obere, int wert)
2  {
3      int pos;
4
5      /* Teilfeldlaenge ist 0 : Wert nicht im Feld */
6      if (obere<untere)
7          return -1;
8
9      /* Teilfeld hat ein Element: Pruefe auf Gleichheit */
10     if (obere==untere)
11         if (f[obere]==wert)
12             return obere;
13         else
14             return -1;
15
16     /* andernfalls: gehe zur Teilfeldmitte */
17     pos = (obere+untere)/2;
18     /* pruefe auf Gleichheit oder Rekursion */
19     if (f[pos]==wert)
20         return pos;
21     else {
22         if (f[pos]>wert)
23             return binaer_suche(f, untere, pos-1, wert);
24         else
25             return binaer_suche(f, pos+1, obere, wert);
26     }
27 }
```

Die Funktion liefert also den Index -1, wenn sich kein entsprechendes Element im Feld befindet. Befindet sich der Wert mehrfach im Feld, so ist im Gegensatz zur naiven Suchmethode aus Beispiel 9.4 unbestimmt, welcher Index zurückgeliefert wird. □

Binäre Suche mit Hilfe der Standardbibliothek

Die binäre Suche kann im Prinzip auf alle Datenobjekte angewandt werden, für die eine Vergleichsoperation existiert bzw. implementiert werden kann. Die in `<stdlib.h>` deklarierte Funktion `bsearch()` ist entsprechend flexibel implementiert und hat die folgende Signatur:

```
void *bsearch(const void *wert,
              const void *start,
              size_t anzahl,
              size_t groesse,
              int (*cmp)(const void *, const void *)
         );
```

`bsearch()` sucht im (Teil-)Feld, auf dessen erstes Element *start* zeigt, nach einem Element mit Wert *wert. Das (Teil-)Feld besteht aus *anzahl* Elementen der Größe *groesse* Bytes und wird als aufsteigend sortiert angenommen.

Zum Vergleichen zweier Elemente wird der *Funktionszeiger* (siehe Abschnitt 8.4) *cmp* benutzt. Der Rückgabewert der betreffenden Funktion soll sich analog zu `strcmp()` verhalten: Er ist negativ, wenn das erste Argument kleiner als das zweite ist, größer 0, wenn das erste Argument größer ist und gleich 0, wenn beide Argumente gleich sind.

`bsearch()` liefert bei Erfolg einen Pointer auf ein entsprechendes Element zurück, andernfalls `NULL`. Auch hier ist der zurückgelieferte Zeiger unbestimmt, wenn mehrere Feldelemente den betreffenden Wert haben.

Die konsequente Realisierung durch Zeiger des Typs `void *` ermöglicht die Verwendung von `bsearch()` für Felder von Strukturen, Unions, Zeigern usw., sofern nur eine entsprechende Vergleichsfunktion vorhanden ist.

Beispiel 9.7 (Suchen mit `bsearch()`).
Um z.B. eine Zahl unter den ersten neun Primzahlen zu suchen, kann man `bsearch()` wie folgt verwenden:

```
1  #include <stdlib.h>
2  #include <stdio.h>
3
4  int cmp_int(const void *a, const void *b)
5  {
6      int va = *(int*)a;
```

```
7        int vb = *(int*)b;
8        if (va<vb) return -1;
9        if (va>vb) return +1;
10       return 0;
11  }
12
13  int values[] = {2, 3, 5, 7, 11, 13, 17, 19, 23};
14
15  int* find_int(int value)
16  {
17       return bsearch(&value, values, sizeof(values)/sizeof(int),
18                      sizeof(int), cmp_int);
19  }
20
21  int main()
22  {
23       int *result;
24       int value;
25
26       printf("Bitte geben Sie eine ganze Zahl ein: ");
27       scanf("%d", &value);
28
29       result = find_int(value);
30       if (result)
31          printf("Zahl an Stelle %d gefunden",result-values);
32       else
33          printf("Zahl nicht gefunden");
34       printf("\n");
35  }
```

a) In den *Zeilen 4–11* implementieren wir die benötigte Vergleichsfunktion. Wichtig sind die *Zeilen 6* und *7*: Der übergebene Zeiger vom Typ const void* wird zuerst nach int* *gecastet* und dann erst dereferenziert. Der Rückgabewert in den *Zeilen 8–10* verhält sich dann wie oben beschrieben. Statt die Differenz va-vb zurückzuliefern, haben wir die Werte miteinander verglichen, um Überläufe auszuschließen.

b) In den *Zeilen 17–18* wird bsearch() gemäß seiner Deklaration aufgerufen.

c) Wird der angegebene Wert nicht im Feld values gefunden, so liefert bsearch() den NULL-Zeiger zurück. Dieser Fall wird dann in den *Zeilen 31* und *33* entsprechend behandelt.

d) In *Zeile 31* sieht man eine Anwendung der Zeigerarithmetik (siehe Abschnitt 4.3): Subrahiert man zwei Zeiger vom gleichen Typ, so erhält man den Abstand der referenzierten Elemente – vorausgesetzt, man subtrahiert in der richtigen Reihenfolge.   □

Bemerkung 9.8 (Callback und Rückruffunktion).
Dadurch, dass `bsearch()` auf den Funktionszeiger zum Vergleich von Elementen zurückgreift, bleibt es dem Programmierer überlassen, welche Objekte wie miteinander verglichen werden sollen. Man erreicht dadurch eine möglichst allgemeine Verwendbarkeit von `bsearch()`. Diese Art der Verwendung von Funktionszeigern bezeichnet man auch als *Callback* bzw. *Rückruffunktion*.
Im Gegensatz dazu müssten wir in Beispiel 9.6 die *Zeilen 11, 19* und *22* anpassen, wenn wir z.B. in einem Feld von Zeichenketten suchen wollen.
Generell kann man mit dieser Technik Funktionen oder ganze Bibliotheken implementieren, die ohne Eingriff von außen sehr gut wiederverwendbar sind. Wir werden diese Technik in Abschnitt 13.2 benutzen.

Effizientes Sortieren

Der folgende Sortieralgorithmus ist einer alltäglichen Vorgehensweise beim Sortieren – z.B. von durcheinander geratenen Notenblättern – nachempfunden: Man sortiert die ersten beiden Elemente eines Feldes durch direkten Vergleich, dann sortiert man das dritte unter diese beiden ein, und fährt auf diese Weise fort, bis alle Blätter in der richtigen Reihenfolge einsortiert sind.

Beispiel 9.9 (Naives Sortieren eines Feldes).

```
1  void easy_sort(int I[], int len)
2  {
3      int i, j, value, pos;
4
5      for (i=1; i<len; i++) {
6          pos = i;
7          value = I[i];
8          /* suche Eintrag kl. Werts links von Pos. i */
9          while (I[pos-1]> value && pos>0)
10             pos--;
11         /* fuege aktuellen Wert dort ein */
12         for (j=i; j>pos; j--) I[j]=I[j-1];
13         I[pos]=value;
14     }
15 }
```

Die Laufzeit dieses Algorithmus hängt vom Sortierzustand des Feldes ab:

- Im besten Fall ist das Feld bereits aufsteigend sortiert und keine der inneren Schleifen wird durchlaufen. Die Laufzeit ist linear, da nur die äussere `for`-Schleife durchlaufen wird.
- Im schlimmsten Fall ist das Feld absteigend sortiert und besitzt keine mehrfach auftretenden Einträge. Dann werden alle inneren Schleifen kom-

plett durchlaufen. Die Laufzeit ist dann von quadratischer Ordnung bzgl. `len`.   □

Wie bei der Suche nach einem Element, kann man auch für das Sortieren eines Feldes rekursive Algorithmen entwerfen. Einer der bekanntesten (und besten) Sortieralgorithmen ist *Quicksort*. Es existieren mehrere Varianten von diesem Algorithmus, das Funktionsprinzip ist aber immer das gleiche. Wir betrachten dazu den folgenden Prozess, genannt *Partitionierung*:

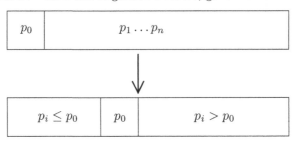

Man wählt ein so genanntes *Pivotelement* p_0 und stellt dann das Feld so um, dass links von p_0 alle p_i mit $p_i \leq p_0$ liegen und rechts von p_0 alle p_i mit $p_i > p_0$. Wir können folgendes feststellen:

- Führt man die Partitionierung aus, und sortiert danach die Segmente $p_i \leq p_0$ und $p_i > p_0$ getrennt, dann ist auch das gesamte Feld sortiert.
- Beide Segmente sind mindestens um ein Element kürzer als das ursprüngliche Feld. Eines der Segmente kann auch leer sein. Dies ist z.B. der Fall, wenn das Feld bereits vorsortiert ist oder in umgekehrt sortierter Reihenfolge vorliegt.
- Felder der Länge 0 und 1 sind automatisch sortiert.

Auch hier kann man das *Divide & Conquer*-Prinzip anwenden: Man zerlegt das Feld in Teilfelder, welche einzeln sortiert und dann zu einem Ganzen zusammengesetzt werden.

Quicksort führt diesen Prozess rekursiv aus, d.h. beide Segmente werden immer weiter partitioniert, bis man zu Segmenten der Länge 0 oder 1 gelangt. Aufgrund der beiden oben gemachten Aussagen ist dieser Algorithmus korrekt und führt nicht zu einer Endlosschleife.

Wir betrachten zuerst die Partitionierung:

```
1  void swap(float p[], int i, int j)
2  {
3      float t=p[i];
4      p[i]=p[j];
5      p[j]= t;
6  }
7
```

```
8   int partitioniere(float data[], int imin, int imax)
9   {
10      float p0 = data[imin];
11      int iact = imin;
12      int i;
13
14      for (i=imin+1; i<=imax; i++)
15          if (data[i]<p0)
16          {
17              iact++;
18              if (i != iact)
19                  swap(data, i, iact);
20          }
21      swap(data, imin, iact);
22      return iact;
23  }
```

Die Funktion `partitioniere()` führt die Partitionierung aus und gibt die Position des Pivotelements zurück.
Der Sortieralgorithmus sieht dann wie folgt aus:

```
1   void quicksort(float data[], int imin, int imax)
2   {
3       int pivot_pos;
4       /* segment hat max laenge eins, ist also sortiert */
5       if (imax <= imin) return;
6
7       pivot_pos = partitioniere(data, imin, imax);
8
9       quicksort(data, imin, pivot_pos-1);
10      quicksort(data, pivot_pos+1, imax);
11  }
```

Wir wollen *Quicksort* am Beispiel des Feldes $\{2, 3, 7, 1, 5\}$ nachvollziehen. Wir starten das Sortieren mittels `quicksort(data, 0, 4)`.

- Der erste Aufruf von `partitioniere()` in *Zeile 7* liefert $\{1, 2, 7, 3, 5\}$ mit Pivotelement 2 an der Stelle mit Index 1.
- `quicksort(data, 0, 1)` in *Zeile 9* kehrt sofort zurück, da das Segment die Länge 1 hat, also bereits sortiert ist.
- `quicksort(data, 2, 4)` in *Zeile 10* führt zuerst die Partitionierung des Segments $\{7, 3, 5\}$ aus (*Zeile 7*) und liefert $\{5, 3, 7\}$ zurück, Pivotelement ist 7. Insgesamt ist das Feld jetzt $\{1, 2, 5, 3, 7\}$, das Pivotelement 7 hat also den Index 4.

- Es folgen jetzt die Aufrufe `quicksort(data, 2,3)` (in *Zeile 9*) und `quicksort(data, 4, 4)` (in *Zeile 10*). Letzterer kehrt umgehend zurück.
- `quicksort(data, 2, 3)` partitioniert jetzt den Abschnitt $\{5, 3\}$ zu $\{3, 5\}$. Index des Pivotelements 5 ist jetzt 3.
- Die darauf folgenden rekursiven Aufrufe kehren sofort zurück, da nur noch Segmente der Länge 1 bzw. 0 sortiert werden sollen.

Wie für die binäre Suche existiert auch für Quicksort eine sehr flexible Bibliotheksfunktion in `<stdlib.h>`. Die Parameter sind analog zu `bsearch()`:

```
void qsort(const void *start,
           size_t anzahl,
           size_t groesse,
           int (*cmp)(const void *, const void *)
          );
```

Sie finden ein Beispiel dazu in den Aufgaben.

Bezogen auf die Feldlänge n hat *Quicksort* im schlimmsten Fall eine Komplexität der Ordnung $\mathcal{O}(n^2)$. Das kann z.B. passieren, wenn man eine bereits sortierte Liste vorliegen hat. Dies kann man umgehen, indem man nicht das erste Element als Pivotelement nimmt. Aber auch in diesem Fall gibt es eine Anordnung, so dass die Laufzeit $\mathcal{O}(n^2)$ beträgt. Für die Praxis ist relevant, dass die im Durchschnitt zu erwartende Laufzeit lediglich $\mathcal{O}(n \log n)$ beträgt und die in der $\mathcal{O}$-Notation verborgenen Konstanten recht klein sind.

Weitere effiziente Sortierverfahren mit Komplexitäten von der Ordnung $\mathcal{O}(n \log n)$ sind *Mergesort* und *Heapsort*. Unter den einfachen Algorithmen mit Laufzeit $\mathcal{O}(n^2)$ befindet sich z.B. *Bubblesort*. *Shellsort* nimmt eine Zwischenstellung ein und hat je nach Variante eine Laufzeit $\mathcal{O}(n^{3/2})$ oder $\mathcal{O}(n(\log n)^2)$.

9.3 Kontrollfragen zu Kapitel 9

Frage 9.1

Welche der folgenden Aussagen treffen zu?

a) Rekursive Algorithmen müssen stets als rekursive Funktion implementiert
   werden.   ☐
b) Rekursive Funktionen sind immer speichereffizienter als andere Implemen-
   tierungen.   ☐
c) Rekursive Funktionen sind stets laufzeiteffizienter als andere Implementie-
   rungsarten.   ☐
d) Keine dieser drei Aussagen.   ☐

Frage 9.2

Was liefert die folgende rekursive Funktion für **arg**$\geq$ 1 zurück?

```
float funk(int arg)
{
    if (arg==1)
        return 0.0f;
    else
        return funk(arg/2) + 1.0f;
}
```

a) Die Funktion erzeugt eine Endlosschleife.   ☐
b) Die Funktion liefert $\log_2(\mathbf{arg})$ zurück.   ☐
c) Die Funktion liefert den ganzzahligen Anteil von $\log_2(\mathbf{arg})$ zurück. ☐
d) Die Funktion liefert die größte gerade Zahl $\leq$ **arg** zurück.   ☐
e) Die Funktion liefert die kleinste gerade Zahl $\geq$ **arg** zurück.   ☐

Frage 9.3

Betrachten Sie das Feld

```
int feld[] = { 3, 2, 1, 5, 2, 7};
```

Bei welchem der folgenden Felder handelt es sich um korrekte Partitionierungen des
ursprünglichen Feldes?

a) {1, 2, 2, 3, 5, 7}   ☐
b) {1, 3, 2, 2, 7, 5}   ☐
c) {1, 3, 2, 5, 3, 7}   ☐

Frage 9.4

Gegeben ist eine Struktur

```
struct Complex { double re, im; };
```

sowie Variablen

```
struct Complex c;
struct Complex zahlen[10];
```

und eine Vergleichsfunktion mit der Signatur

```
int comp_complex(const void *, const void *);
```

Welche der folgenden Aufrufe sind korrekt?

a) bsearch(c, zahlen, 10, sizeof(struct Complex), &comp_complex);   ☐
b) bsearch(&c, zahlen, 10 , sizeof(struct Complex), &comp_complex);
     ☐
c) bsearch(zahlen, &c, 10, sizeof(struct Complex), &comp_complex);   ☐
d) bsearch(&c, zahlen, 10 * sizeof(struct Complex),
     int (*comp_complex));   ☐
e) bsearch(c, 0, sizeof(zahlen), sizeof(struct Complex),
     int (*comp_complex));   ☐

Frage 9.5

Betrachten Sie die folgende Funktion:

```
int foo(int i)
{
    if (i==1) return i;
    return (i+1) * foo(i-2);
}
```

Welche der folgenden Aussagen sind korrekt?

a) foo(6) liefert 105.   ☐
b) foo(5) liefert 24.   ☐
c) Die Funktion terminiert für jede Eingabe.   ☐
d) foo(5) liefert 8.   ☐

9.4 Übungsaufgaben zu Kapitel 9

9.1 (Fakultät).
Die rekursive Definition der Fakultät lautet:

$$n! = (n-1)!\,n\,, \quad 0! = 1\,.$$

a) Schreiben Sie ein Programm, das die Faktultät gemäß der rekursiven Definition berechnet und testen Sie es. Verwenden Sie den Datentyp **int** und bestimmen Sie das maximale **n**, für welches das Programm korrekt arbeitet.
b) Schreiben Sie ein Programm, das die Fakultät ohne Rekursion berechnet.

9.2 (Fibonacci-Zahlen).
Die Fibonacci-Zahlen wurden bereits in Aufgabe 3.3 definiert.

a) Schreiben Sie ein Programm, das die n-te Fibonacci-Zahl rekursiv berechnet.
b) Ermitteln Sie mit Hilfe einer globalen Variablen die Anzahl der Aufrufe Ihrer Funktion für verschiedene n. Was stellen Sie fest?
c) Schreiben Sie ein Programm, das keine Rekursion verwendet, z.B. indem Sie ein Feld Schritt für Schritt mit den Fibonacci-Zahlen füllen.
d) Ermitteln Sie jetzt die Anzahl der Rechenschritte und vergleichen Sie mit der Beobachtung aus Teil b).

9.3 (Binomialkoeffizienten rekursiv und effizient).
Wie bei der rekursiven Implementierung der Binomialkoeffizienten angesprochen, ist diese nicht sehr effizient, da Aufrufe der Funktion mit gleichen Parametern öfter vorkommen und so Zwischenergebnisse mehrfach berechnet werden.

a) Implementieren Sie den rekursiven Algorithmus und zählen Sie die Anzahl der Aufrufe für verschiedene Eingaben.
b) Benutzen Sie eine Matrix, um bereits berechnete Binomialkoeffizienten nicht erneut berechnen zu müssen (einen solchen Speicher bezeichnet man auch als *Cache*. Sie können dazu z.B. die in 4.5.2 beschriebene Implementierungstechnik benutzen. Füllen Sie diese Matrix zuerst mit dem Wert -1 als Indikator für noch nicht berechnete Zwischenergebnisse. Füllen Sie die den Eintrag (i, j) der Matrix wenn Sie **binomial(i,j)** berechnet haben.
Zählen Sie auch hier die Anzahl der Funktionsaufrufe und vergleichen Sie mit Teil a).

9.4 (*Quicksort*).
Sortieren Sie die Folgen $\{1, 2, 3, 4, 3, 2, 1\}$ und $\{5, 4, 3, 2, 1\}$, indem Sie *Quicksort* von Hand ausführen.

9.5 (* Türme von Hanoi).

Ein beliebtes und bekanntes Spiel sind die *Türme von Hanoi*[1].

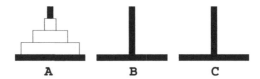

Das Spiel besteht aus drei Stäben A, B und C, auf die mehrere gelochte Scheiben unterschiedlicher Größe gelegt werden. Zu Beginn liegen alle Scheiben auf Stab A, der Größe nach von unten nach oben absteigend geordnet (d.h. die größte Scheibe liegt unten und die kleinste oben). Ziel des Spiels ist es, den kompletten Scheiben-Stapel von A nach C zu versetzen.

Bei jedem Zug darf die oberste Scheibe eines beliebigen Stabs auf einen der beiden anderen Stäbe gelegt werden, vorausgesetzt, dort liegt nicht schon eine kleinere Scheibe. Folglich bleibt zu jedem Zeitpunkt des Spiels die Ordnung der Scheiben auf jedem Stab erhalten.

a) Spielen Sie das Spiel für drei und für vier Scheiben auf einem Blatt Papier.

b) Entwickeln Sie einen rekursiven Algorithmus, der die Spielzüge ausgibt, um das Spiel für n Scheiben zu spielen. Gehen Sie davon aus, dass Sie n-1 Scheiben von Stab X zu Stab Y bewegen können und formulieren Sie damit eine Strategie für n Scheiben.

c) Implementieren und testen Sie diesen Algorithmus.

9.6 (Sortieren von komplexen Zahlen).

Benutzen Sie die Bibliotheksfunktion `qsort()`, um komplexe Zahlen nach Ihrer Norm (d.h. dem Abstand zum Ursprung) zu sortieren. Verwenden Sie dazu Ihre Implementierung aus Aufgabe 8.4.

9.7 (Sortieren und Suchen mit Bibliotheksfunktionen).

Die Daten von Studenten werden in der Verwaltungssoftware des Wohnheims als

```
struct Student {
    char name[100];
    int  zimmernummer;
    int  einzug_jahr;
    int  einzug_monat;
};
```

dargestellt.

a) Benutzen Sie `qsort()`, um ein Feld von Studentendaten nach ihrer Zimmernummer aufsteigend zu sortieren.

b) Benutzen Sie `qsort()`, um ein Feld von Studentendaten nach der Dauer der Bewohnung absteigend zu sortieren.

c) Benutzen Sie `bsearch()` um in der nach Zimmernummer sortierten Datenbank zu suchen.

---

[1] Diese Aufgabe ist recht schwierig. Sie werden den rekursiven Algorithmus auch im Internet finden.

10

Speicher- und laufzeiteffiziente Datenstrukturen

Dieses Kapitel widmet sich dem laufzeit- bzw. speichereffizienten Umgang mit mathematischen Objekten auf dem Computer. Recht häufig besitzen Datenobjekte wie z.b. Matrizen eine spezielle Struktur, die man sich bei der Speicherung zunutze machen kann.

Auch die Durchführung gewisser algebraischer Operationen lässt sich beschleunigen. So hängt etwa die Gesamtlaufzeit vieler iterativer Algorithmen der numerischen linearen Algebra wesentlich vom Aufwand bei der Berechnung des Matrix-Vektor-Produkts ab. Dieser kann durch Ausnutzung spezieller Strukturen von $\mathcal{O}(n^2)$ auf $\mathcal{O}(n)$ reduziert werden und nicht selten wird die Lösung von linearen Gleichungssystemen mit sehr großen Systemmatrizen erst hierdurch praktikabel. Andere Operationen wie z.b. das Vertauschen der Zeilen bzw. Spalten einer Matrix lassen sich z.t. erheblich beschleunigen, wenn man sie nicht komponentenweise durchführt, sondern Indexfelder verwendet.

Bei der Darstellung derartiger Techniken konzentrieren wir uns auf die grundlegenden Konzepte und verlagern Details zu ihrer Implementierung in die Übungsaufgaben am Ende des Kapitels.

10.1 Symmetrische Matrizen

Eine Matrix $A \in \mathbb{R}^{n \times n}$ mit Einträgen a_{ij} heißt symmetrisch, wenn gilt

$$a_{ij} = a_{ji}, \quad \text{für alle } i, j = 1, \dots, n. \tag{10.1}$$

Anders ausgedrückt: Eine symmetrische Matrix A ist identisch mit ihrer *Transponierten* $A^\top$, deren Zeilen ja gerade die Spalten von A sind.

Wegen der Symmetrie (10.1) wäre es wirklich verschwenderisch, zur Speicherung einer solchen Matrix n^2 Speicherplätze zu reservieren, denn man kann A in folgende Summanden zerlegen:

$$A = L + D + L^\top. \tag{10.2}$$

Dabei ist D die *Diagonale* von A,

$$D = (d_{ij})_{i,j=1}^n = \begin{cases} a_{ii} & , i = j \\ 0 & , \text{sonst} \end{cases},$$

und

$$L = (l_{ij})_{i,j=1}^n = \begin{cases} a_{ij} & , i > j \\ 0 & , \text{sonst} \end{cases}.$$

Da mit L auch L^T vollständig bekannt ist, benötigt man zur Speicherung einer symmetrischen Matrix lediglich

$$Mem(n) = \frac{n(n+1)}{2}$$

Speicherplätze. Es bietet sich an, eine symmetrische Matrix in einem eindimensionalen Feld abzuspeichern. Die ersten n Einträge belegen wir dabei mit den Diagonalelementen d_{11} bis d_{nn}. Als nächstes legen wir die Matrix L Zeile für Zeile hintereinander im Feld ab, wobei wir natürlich nur die Einträge l_{ij} mit $i > j$ berücksichtigen. Der Index $p(i,j)$ des Eintrags l_{ij} berechnet sich zu

$$p(i,j) = n - 1 + \left(\sum_{k=0}^{i-2} k \right) + j = n - 1 + \frac{(i-1)(i-2)}{2} + j, \qquad (10.3)$$

wobei die Indizierung wie in C üblich mit 0 beginnt. In Abb. 10.1 ist die beschriebene Speicherungsmethode für den Fall $n = 5$ dargestellt.

d_{11} $p = 0$				
l_{21} $p = 5$	d_{22} $p = 1$			
l_{31} $p = 6$	l_{32} $p = 7$	d_{33} $p = 2$		
l_{41} $p = 8$	l_{42} $p = 9$	l_{43} $p = 10$	d_{44} $p = 3$	
l_{51} $p = 11$	l_{52} $p = 12$	l_{53} $p = 13$	l_{54} $p = 14$	d_{55} $p = 4$

Abb. 10.1. Speicherung einer symmetrischen Matrix $A = L + D + L^\top$ im Fall $n = 5$.

Wie berechnet man für eine so gespeicherte symmetrische $(n \times n)$-Matrix A das Produkt mit einem Vektor $x \in \mathbb{R}^n$? Nach (10.2) ist ja

$$Ax = Dx + Lx + L^{\top}x,$$

wobei die Berechnung von Dx trivial ist und die des Produkts Lx mit Hilfe von (10.3) auch kein größeres Problem darstellt. Es ist dabei nur zu beachten, dass die innere Schleife für den Index j nur bis zum Wert $i-1$ läuft. Für den verbleibenden Summanden $L^{\top}x$ berechnen wir seine i-te Komponente und verwenden $(L^{\top})_{ij} = l_{ji} = 0$ für alle $j \leq i$:

$$\left(L^{\top}x\right)_i = \sum_{j=1}^{n} l_{ji}x_j = \sum_{j=i+1}^{n} l_{ji}x_j, \quad \text{für alle } i = 1, \ldots, n-1.$$

Bei der Implementierung vertauschen also lediglich die Indizes i und j ihre Rollen in (10.3) und der Wert der inneren Schleifenvariablen startet bei $i+1$.

Bemerkung. Man könnte natürlich auch Doppelzeiger zur dynamischen Speicherung symmetrischer Matrizen verwenden, wie wir es in Abschnitt 4.5 für den allgemeinen Fall getan haben. Hierbei speichern wir von der i-ten Zeile natürlich nur die ersten i Einträge ab. Beginnt die Indizierung wie in C üblich mit 0, so ist `A[i]` ein Zeiger auf ein Feld der Länge `i+1`.

Wir raten von dieser Methode allerdings ab, da sie sehr fehleranfällig ist: Für $i < j$ kann man mit `A[i][j]` auf Speicherbereiche zugreifen, die mit der Matrix nichts zu tun haben. Bestenfalls stürzt das Programm an dieser Stelle ab, es kann aber auch einfach zu fehlerhaften Ergebnissen kommen, deren Ursache schwer zu finden ist.

10.2 Das dyadische Produkt

Besonders effiziente Speichermöglichkeiten bieten Matrizen, die von Vektoren erzeugt werden:

Definition 10.1 (Dyadisches Produkt).
Für zwei Vektoren $v \in \mathbb{R}^n, w \in \mathbb{R}^m$ bezeichnet $vw^{\top} \in \mathbb{R}^{n \times m}$ das *dyadische Produkt* der Vektoren v und w. Dabei ist

$$\left(vw^{\top}\right)_{ij} = v_i w_j, \quad i = 1, \ldots, n, \; j = 1, \ldots, m.$$

$\square$

Wir betrachten dazu ein Beispiel:

Beispiel 10.2 (Die schwingende Saite).
Schwingungsvorgänge lassen sich mathematisch durch Funktionen der Form $u(x,t)$ beschreiben. Bei einer schwingenden Saite der Länge L beispielsweise

ist $u(x,t)$ die Auslenkung der Saite aus der Ruhelage an der Stelle $x \in [0, L]$ zum Zeitpunkt $t \in [0, T]$.

Stehende Wellen zeichnen sich dadurch aus, dass die zugehörige Funktion u als Produkt dargestellt werden kann:

$$u(x,t) = f(x)g(t)\,, \quad 0 \le x \le L,\ 0 \le t \le T\,.$$

Diskretisiert man diese Funktion nun an den Stützstellen x_i und t_j,

$$u_{ij} = u(x_i, t_j)\,, \quad i = 1, \ldots, N_L\,,\ j = 1, \ldots, N_T,$$

so lässt sich die Matrix $U = (u_{ij})$ offensichtlich als dyadisches Produkt

$$U = vw^\top \in \mathbb{R}^{N_L \times N_T}$$

schreiben, wobei die Vektoren $v \in \mathbb{R}^{N_L}$ und $w \in \mathbb{R}^{N_T}$ folgendermaßen definiert sind:

$$v_i = f(x_i)\,, \quad i = 1, \ldots, N_L$$
$$w_j = g(t_j)\,, \quad j = 1, \ldots, N_T\,.$$

$\square$

Für Matrizen, die als dyadisches Produkt $U = vw^\top$ geschrieben werden können, ist es völlig ausreichend, nur die Komponenten von v und w zu speichern. Das Produkt solcher Matrizen mit einem Vektor lässt sich damit sehr effizient berechnen, denn es gilt:

$$Ux = \left(vw^\top\right)x = v(w^\top x) = \langle w, x\rangle v$$

Eine mögliche Implementierung für Vektoren v, w und x mit gleicher Dimension n ist:

```
 1  void dyadmult(int n, double v[], double w[], double x[],
 2                double result[])
 3  {
 4      double skalprod = 0.0;
 5      int    i;
 6      for (i=0; i<n; ++i)
 7          skalprod += w[i]*x[i];
 8      for (i=0; i<n; ++i)
 9          result[i] = skalprod * v[i];
10  }
```

Die Speicherung der Matrix benötigt nur $2n$ Speicherplätze, und die Matrix-Vektor-Multiplikation hat lediglich eine Komplexität der Ordnung $\mathcal{O}(n)$ statt $\mathcal{O}(n^2)$ im allgemeinen Fall.

Die Matrix $vw^\top$ hat den Rang 1, was man daran sieht, dass alle Spalten paarweise Vielfache voneinander sind. Umgekehrt lässt sich jede Matrix mit Rang 1 als dyadisches Produkt schreiben.

10.3 Dünn besetzte Matrizen

Numerische Approximationsmethoden führen bei einer Vielzahl von Problemen aus den Natur- und Ingenieurwissenschaften dazu, dass ein lineares Gleichungssystem entsteht, dessen Systemmatrix hochdimensional und *dünn besetzt* (engl. *sparse*) ist. Wie der Name schon andeutet, ist bei solchen Matrizen die Anzahl der von Null verschiedenen Einträge pro Zeile sehr viel kleiner als die Matrixdimension.

10.3.1 Bandmatrizen

Zum Einstieg betrachten wir ein Beispiel für das Auftreten von dünn besetzten Matrizen.

Beispiel 10.3 (Differenzenapproximation).
Angenommen, von einer zweimal stetig differenzierbaren Funktion

$$u : [0,1] \longrightarrow \mathbb{R}$$

liegen uns lediglich ihre Werte $u_i = u(x_i)$ an den $N + 1$ Stützstellen

$$x_i = ih \quad , \quad h = 1/N \, , \quad i = 0, \dots N \, ,$$

vor und wir möchten anhand dieser Daten die zweite Ableitung $u''(x_i)$ an den Stützstellen berechnen, die wir offensichtlich im Allgemeinen nur in Form von Näherungswerten erhalten können.

Dazu gehen wir ähnlich vor wie beim Euler-Verfahren, nur dass wir in diesem Fall den Differenzenquotienten zweimal bilden:

$$
\begin{aligned}
u''(x_i) &\approx \frac{u'(x_{i+1}) - u'(x_i)}{h} \\
&\approx \frac{1}{h}\Big(\frac{u(x_{i+1}) - u(x_i)}{h} - \frac{u(x_i) - u(x_{i-1})}{h} \Big) \\
&= \frac{u_{i+1} - 2u_i + u_{i-1}}{h^2} \quad \text{für } i = 1, \dots, N-1 \, .
\end{aligned}
$$

Gilt nun $u(0) = u(1) = 0$, so ist die Approximation der zweiten Ableitung an den inneren Stützstellen nichts anderes als die Berechnung des Matrix-Vektor-Produkts $A\mathbf{u}$, wobei $\mathbf{u} = (u_1, \dots, u_{N-1})^\top$ und

$$
A = \frac{1}{h^2}
\begin{pmatrix}
-2 & 1 & 0 & 0 & \dots & 0 \\
1 & -2 & 1 & 0 & \dots & 0 \\
0 & 1 & -2 & 1 & \dots & \vdots \\
\vdots & \ddots & \ddots & \ddots & \ddots & 0 \\
0 & \dots & 0 & 1 & -2 & 1 \\
0 & 0 & \dots & 0 & 1 & -2
\end{pmatrix}
\in \mathbb{R}^{(N-1)\times(N-1)} .
$$

Das heißt, der i-te Eintrag von $A\mathbf{u}$ ist eine Approximation an $u''(x_i)$. Man sagt auch „A approximiert die zweite Ableitung". □

Allgemein heißt eine Matrix der Form

$$
T =
\begin{pmatrix}
d_1 & u_1 & 0 & 0 & \dots & 0 \\
l_2 & d_2 & u_2 & 0 & \dots & 0 \\
0 & l_3 & d_3 & u_3 & \dots & \vdots \\
\vdots & \ddots & \ddots & \ddots & \ddots & 0 \\
0 & \dots & 0 & l_{n-1} & d_{n-1} & u_{n-1} \\
0 & 0 & \dots & 0 & l_n & d_n
\end{pmatrix} ,
$$

Tridiagonalmatrix. Für solche Matrizen kommt man mit dem Speichern eines Vektors $d = (d_1, \dots, d_n)^\top \in \mathbb{R}^n$ für die Diagonale und zweier Vektoren $l, u \in \mathbb{R}^{n-1}$ für die Nebendiagonalelemente mit nur $3n - 2$ Speicherplätzen aus. Für symmetrische Tridiagonalmatrizen wie in Beispiel 10.3 genügen sogar $2n - 1$ Speicherstellen.

Die Tridiagonalmatrix ist ein Spezialfall der Bandmatrix, die wie folgt definiert ist:

Definition 10.4 (Bandmatrix).
Eine Matrix $B = (b_{ij})_{i,j=1}^n \in \mathbb{R}^{n\times n}$ heißt *Bandmatrix*, wenn es $m_1, m_2 \in \mathbb{N}$ gibt, so dass

$$
b_{ij} = 0 \,, \text{ wenn } j < i - m_1 \text{ oder } j > i + m_2 \,, \quad i, j = 1, \dots, n \,.
$$

□

Eine Bandmatrix ist also dünn besetzt, wenn $m_1, m_2 \ll n$ gilt, denn dann müssen höchstens $(m_1 + m_2 + 1)n$ Speicherplätze für die von Null verschiedenen Matrixeinträge reserviert werden.

Viele Anwendungen führen auf *symmetrische Bandmatrizen*, die sich recht elegant abspeichern lassen:

- Man erzeugt ein Feld `entries[]`, das die Bandmatrix zeilenweise enthält. Dabei wird jede Zeile mit dem ersten von 0 verschiedenen Eintrag links der Hauptdiagonalen begonnen und mit dem Diagonalelement beendet.
- In einem Feld `index[]` der Länge n ist `index[i-1]` der Index des Diagonalements b_{ii} im Feld `entries[]`.

Damit sind in der Tat alle Eigenschaften von B bekannt. Wir überzeugen uns davon anhand einer Beispielmatrix.

Beispiel 10.5 (Speicherung einer symmetrischen Bandmatrix). Wir wenden die beschriebene Speichermethode auf

$$B = \begin{pmatrix} 2 & 1 & 0 & 0 & 0 \\ 1 & -2 & 0 & 0 & 0 \\ 0 & 0 & 8 & -1 & 3 \\ 0 & 0 & -1 & 3 & 0 \\ 0 & 0 & 3 & 0 & 4 \end{pmatrix} \in \mathbb{R}^{5\times 5}$$

an. Die Felder lauten in diesem Fall:

```
entries[]={ 2.0, 1.0, -2.0, 8.0, -1.0, 3.0, 3.0, 0.0, 4.0 }
index[]={ 0, 2, 3, 5, 8 }
```

□

Die Anzahl der gespeicherten Matrixelemente ist offensichlich gegeben durch

$$\texttt{index[n-1]+1}$$

und die Anzahl der von 0 verschiedenen Matrixeinträge der i-ten Zeile durch

$$\texttt{index[i+1]-index[i]},$$

wenn `index[0]=0` gilt. Auf die Einträge b_{ij} unterhalb der Diagonalen (d.h. $i > j$) greift man folgendermaßen zu:

$$b_{ij} = \texttt{entries[index[i-1]+j-i]} \quad \text{falls } i \geq j.$$

Die Umsetzung des zugehörigen Matrix-Vektor-Produkts überlassen wir als Übungsaufgabe.

10.3.2 Unstrukturierte dünn besetzte Matrizen

In einigen Anwendungen treten dünn besetzte Matrizen auf, die im Gegensatz zu den Bandmatrizen *unstrukturiert* sind, d.h. die Spaltenindizes der von Null verschiedenen Einträge sind beliebig über den gesamten Indexbereich verstreut. Zur effizienten Speicherung solcher Matrizen reicht ein Indexfeld, dessen Länge gerade die Matrixdimension ist, nicht mehr aus.

Als mögliche Speicherungsmethode beschreiben wir im Folgenden das so genannte *row-indexed sparse storage format* (siehe [12]). Als „niedrigdimensionales Beispiel" betrachten wir die Matrix

$$A = \begin{pmatrix} 2 & 0 & 0 & 1 & 0 \\ 0 & 4 & 3 & 0 & 0 \\ 0 & 0 & 6 & 0 & 0 \\ 5 & 0 & 0 & 8 & 0 \\ 0 & 7 & 0 & 9 & 10 \end{pmatrix} \in \mathbb{R}^{5\times 5}.$$

1. Man benötigt zur Adressierung der Einträge ein Feld, dessen Länge ungefähr der Anzahl der nicht verschwindenden Einträge entspricht:
   Im Feld `SparseEntry[]` werden die von 0 verschiedene Elemente der Matrix zeilenweise abgelegt. Dabei wird wie folgt vorgegangen:
   - Die ersten n Einträge enthalten in jedem Fall die Diagonalelemente der Matrix. Dies ist nur sehr selten Verschwendung von Speicher, da in den allermeisten Anwendungen die Diagonalelemente von 0 verschieden sind.
   - Der $(n+1)$-te Eintrag `SparseEntry[n]` wird nicht verwendet.
   - Danach folgen zeilenweise die Nichtdiagonaleinträge der Matrix, jeweils aufsteigend nach dem Spaltenindex sortiert.

   Für unser Beispiel gilt daher:

   `SparseEntry[]={2.0,4.0,6.0,8.0,10.0,*,1.0,3.0,5.0,7.0,9.0}`

2. Das Indexfeld `SparseIndex[]` ist folgendermaßen aufgebaut:
   - Die ersten n Einträge enthalten jeweils die Position, an der das erste von 0 verschiedene Nichtdiagonalelement einer Matrixzeile in `SparseEntry[]` steht. Selbst wenn in der ersten Matrixzeile kein Nichtdiagonalelement ungleich 0 existiert, wird `SparseIndex[0]` immer auf $n+1$ gesetzt.
   - Ist z.B. für die i-te Matrixzeile der Index `k` in `SparseIndex[i-1]` für das erste Nichtdiagonalelement $\neq 0$ abgespeichert worden, so wird der Wert von `k` bei jedem Auffinden eines weiteren von 0 verschiedenen Elements außerhalb der Diagonalen um 1 erhöht. Wenn das Zeilenende erreicht ist, wird der dann aktuelle Wert von `k` an die Stelle `SparseIndex[i]` eingetragen. Existiert in der i-ten Matrixzeile ($i > 1$) kein von 0 verschiedenes Nichtdiagonalelement, so schreibt man in `SparseIndex[i]` den um 1 erhöhten Index, den das letzte gespeicherte Nichtdiagonalelement einer vorangegangenen Matrixzeile in `SparseEntry[]` hat.
   - `SparseIndex[n]` ist gleich der Position des letzten Nichtdiagonalelements der letzten Matrixzeile im Feld `SparseEntry[]`.
     Damit kann man die Anzahl der nichtverschwindenden Einträge der Matrix auslesen, was den Feldlängen entspricht.
   - Ab dem Index n+1 folgen die Spaltenindizes der Nichtdiagonalelemente.

   Wir erhalten daher:

   `SparseIndex[]={6,7,8,8,9,11,3,2,0,1,3}`.

`SparseIndex[2]` und `SparseIndex[3]` haben den Wert 8, weil keine von 0 verschiedenen Elemente außerhalb der Diagonalen in der dritten Zeile vorkommen und das letzte Element der zweiten Zeile (der Eintrag `3.0`) an der Position 7 im Feld `SparseEntry[]` gespeichert wurde.

Die folgenden Feldelemente sind also von besonderer Bedeutung:

a) Die Matrixdimension ist nach obiger Vorschrift

$$n = \texttt{SparseIndex[0]-1} .$$

b) Die Feldlänge von `SparseEntry[]` bzw. `SparseIndex[]` ist

$$n_{\max} = \texttt{SparseIndex[n]=SparseIndex[SparseIndex[0]-1]} .$$

c) Das Diagonalelement a_{ii} der dünn besetzten Matrix A ist

$$a_{ii} = \texttt{SparseEntry[i-1]} .$$

d) Die Nichtdiagonalelemente $a_{ij} \neq 0$ der i-ten Matrixzeile liegen in

`SparseEntry[SparseIndex[i-1]]`

bis

`SparseEntry[SparseIndex[i]-1]` .

Zur Erinnerung: Existiert in der i-ten Zeile kein Nichtdiagonalelement ungleich 0, so ist `SparseIndex[i-1]=SparseIndex[i]`. Eine entsprechende Schleife, die auf die Werte – z.b. beim Matrix-Vektor-Produkt – zugreift, wird in diesem Fall nicht durchlaufen.

Die Spaltenindizes j zu den Nichtdiagonaleinträgen a_{ij} liegen in

`SparseIndex[SparseIndex[i-1]]`

bis
`SparseIndex[SparseIndex[i]-1]`.

Sie können verwendet werden, um auf effiziente Weise das Matrix-Vektor-Produkt Ax zu implementieren. Auch hier verweisen wir wieder auf die Übungsaufgaben.

Meistens weiß man aus dem Anwendungskontext, dass eine dünn besetzte Matrix pro Zeile höchstens N_E Einträge haben kann. Beim Umwandeln der vollen Matrix in die kompakte Speicherdarstellung kann also nN_E als Vorabwert für $n_{\max}$ dienen, wobei allerdings ein eventueller Überlauf abzufangen ist.

Möchte man aus der kompakten Darstellung die volle Matrix erstellen, so bestimmt man anhand `SparseIndex[0]` die Matrixdimension n und dann aus `SparseIndex[n]` die Feldlängen.

Beim Matrix-Vektor-Produkt kann man die Information in `SparseIndex[0]` nutzen, um festzustellen, ob Matrix- und Vektordimension übereinstimmen.

Bemerkung. Es gibt viele weitere Formate für die effiziente Speicherung dünn besetzter Matrizen, z.B. *compressed row storage* oder *jagged diagonal storage*.

10.4 Permutationen und Indexfelder

In Algorithmen der numerischen linearen Algebra werden recht häufig Vertauschungsoperationen an Matrizen oder Vektoren durchgeführt. Mathematisch lassen sich solche Operationen mit Hilfe von *Permutationen* beschreiben:

Definition 10.6 (Permutation).
Eine *Permutation* der Ordnung n ist eine bijektive Abbildung

$$\sigma : \{0, \ldots, n-1\} \to \{0, \ldots, n-1\}.$$

□

Permutationen kann man wie folgt notieren:

$$\begin{pmatrix} 0 & 1 & \ldots & n-1 \\ \sigma(0) & \sigma(1) & \ldots & \sigma(n-1) \end{pmatrix} \tag{10.4}$$

So beschreibt

$$\begin{pmatrix} 0\ 1\ 2\ 3 \\ 0\ 2\ 3\ 1 \end{pmatrix}$$

die Abbildung

$$\sigma : \begin{cases} 0 \mapsto 0 \\ 1 \mapsto 2 \\ 2 \mapsto 3 \\ 3 \mapsto 1 \end{cases}.$$

Wir können eine solche Permutation der Ordnung n als *Indexfeld* implementieren, wobei wir natürlich nur die untere Zeile von (10.4) abspeichern.

Beispiel 10.7. (Tauschen von Spalten einer $(m \times n)$-Matrix)
Wir betrachen den Tausch zweier Spalten einer Matrix, die wir wie in Abschnitt 4.5 mit Hilfe von Doppelzeigern implementieren. Die Funktion get_elem() liefert das Matrixelement an der betreffenden Stelle zurück und swap_cols() vertauscht zwei Matrixspalten. In der ersten Variante vertauschen wir den Inhalt der betreffenden Spalten elementweise im Speicher:

```
1  double get_elem(double **mat, int row, int col)
2  {
3      return mat[row][col];
4  }
5
6  void swap_cols(double **mat, int m, int col1, int col2)
7  {
8      double temp;
9      int    row;
```

```
10        for (row=0; row < m; ++row)
11        {
12            temp = mat[row][col1];
13            mat[row][col1] = mat[row][col2];
14            mat[row][col2] = temp;
15        }
16  }
```

Alternativ verwenden wir nun ein Indexfeld int perm[n], welches wir mit

```
for (i=0;i<n;i++)
    perm[i]=i;
```

initialisiert haben. Damit lässt sich die gleiche Aufgabe wie folgt umsetzen:

```
1  double get_elem(double **mat, int perm[], int row, int col)
2  {
3        return mat[row][perm[col]];
4  }
5
6  void swap_cols(int perm[], int col1, int col2)
7  {
8      int temp = perm[col1];
9      perm[col1] = perm[col2];
10     perm[col2] = temp;
11  }
```

Hier wird in *Zeile 3* der Zugriff auf ein Element mit Hilfe des Indexfeldes perm[] „umgelenkt". Beim Tausch zweier Spalten wird in den *Zeilen 8–10* nur noch das Indexfeld modifiziert.

Der modifizierte Zugriff in *Zeile 3* ist von der Ausführungszeit her vernachlässigbar. Entscheidend ist, dass die elementweise Vertauschung der Spalten eine Komplexität der Ordnung $\mathcal{O}(n)$ hat, wohingegen bei der Verwendung des Indexfeldes der Aufwand unabhängig von der Matrixdimension ist.   □

10.5 Kontrollfragen zu Kapitel 10

Frage 10.1

Sei $A \in \mathbb{R}^{n \times n}$ eine Matrix ohne spezielle Struktur und $D = (d_{ij}) \in \mathbb{R}^{n \times n}$ eine Diagonalmatrix, d.h. $d_{ij} = 0$ für $i \neq j$. Welche Aussage trifft für den allgemeinen Fall zu?

a) Zur Speicherung von A und D benötigt man n^3 Speicherplätze. ☐
b) Zur Speicherung von A und D benötigt man $n(n+1)/2$ Speicherplätze. ☐
c) Zur Speicherung von A und D benötigt man $2n^2$ Speicherplätze. ☐
d) Zur Speicherung von A und D benötigt man $n(n-1)$ Speicherplätze. ☐
e) Zur Speicherung von A und D benötigt man $n(n+1)$ Speicherplätze. ☐

Frage 10.2

Sei $A \in \mathbb{R}^{n \times n}$ eine Matrix mit von 0 verschiedenen Einträgen und $D = (d_{ij}) \in \mathbb{R}^{n \times n}$ eine Diagonalmatrix, d.h. $d_{ij} = 0$ für $i \neq j$. Welche der folgenden Aussagen trifft im allgemeinen Fall zu?

a) Das Matrizenprodukt AD erfordert $\mathcal{O}(n^3)$ Operationen. ☐
b) Das Matrizenprodukt AD erfordert $n(n+1)/2$ Operationen. ☐
c) Das Matrizenprodukt AD erfordert $2n$ Operationen. ☐
d) Das Matrizenprodukt AD erfordert n^2 Operationen. ☐
e) Das Matrizenprodukt AD erfordert $n(n-1)$ Operationen. ☐

Frage 10.3

Betrachten Sie die folgende symmetrische Bandmatrix

$$\begin{pmatrix} 1 & 2 & 5 & 0 \\ 2 & 2 & 0 & 0 \\ 5 & 0 & 3 & 0 \\ 0 & 0 & 0 & 4 \end{pmatrix}.$$

Wie lauten die zugehörigen Vektoren `entries[]` und `index[]`?

a) `entries[]` = { 1.0, 2.0, 5.0, 2.0, 3.0, 4.0 } und
   `index[]` = { 0, 2, 4, 5 } ☐

b) `entries[]` = { 1.0, 2.0, 5.0, 2.0, 3.0, 4.0 } und
   `index[]` = { 0, 1, 4, 5 } ☐

c) `entries[]` = { 1.0, 2.0, 2.0, 5.0, 0.0, 3.0, 4.0 } und
   `index[]` = { 0, 2, 5, 6 } ☐

d) `entries[]` = { 1.0, 2.0, 2.0, 5.0, 0.0, 3.0, 4.0 } und
   `index[]` = { 0, 1, 4, 5 } ☐

Frage 10.4

Gegeben sind `entries[]=` { 2.0, 3.0, 7.0, 4.0 } und `index[]` = { 0, 1, 3 }.
Welche Aussagen treffen für die zugehörige symmetrische Bandmatrix B zu?

a) $b_{12} = 0$ und $b_{13} = 7$ ☐

b) $b_{13} = 0$ und $b_{22} = 7$ ☐

c) $b_{22} = 3$ und $b_{32} = 0$ ☐

d) $b_{32} = 7$ und $b_{33} = 4$ ☐

Frage 10.5

Betrachten Sie die folgende, dünn besetzte Matrix

$$\begin{pmatrix} 2 & 0 & 7 & 0 \\ 0 & 3 & 0 & 0 \\ 7 & 0 & 4 & 0 \\ 1 & 0 & 2 & 5 \end{pmatrix}$$

Wie lauten die zugehörigen Vektoren `SparseEntry[]` und `SparseIndex[]`?

a) `SparseEntry[]` = { 2.0, 3.0, 4.0, 5.0, x, 7.0, 8.0, 8.0, 2.0 } und
   `SparseIndex[]` = { 5, 6, 6, 7, 8, 3, 1, 1, 3 } ☐

b) `SparseEntry[]` = { 2.0, 3.0, 4.0, 5.0, x, 7.0, 7.0, 1.0, 2.0} und
   `SparseIndex[]` = { 5, 6, 6, 7, 8, 2, 0, 0, 2 } ☐

c) `SparseEntry[]` = { 2.0, 3.0, 4.0, 5.0, x, 7.0, 7.0, 1.0, 2.0} und
   `SparseIndex[]` = { 5, 6, 7, 7, 8, 3, 1, 1, 3 } ☐

Frage 10.6

Gegeben ist eine dünn besetzte Matrix A mit `SparseEntry[]` und `SparseIndex[]`
wie folgt:

    SparseEntry = { 1,.0, 1.0, 0.0, 1.0, x, 3.0, 6.0, 2.0, 2.0, 1.0 }
    SparseIndex = { 5, 6, 7, 8, 9, 1, 2, 0, 0, 1 }

Welche der folgenden Aussagen treffen zu?

a) $a_{12} = 3$ und $a_{23} = 6$ ☐

b) $a_{12} = 1$ und $a_{13} = 6$ ☐

c) $a_{33} = 1$ und $a_{42} = 1$ ☐

d) $a_{33} = 0$ und $a_{41} = 2$ ☐

10.6 Übungsaufgaben zu Kapitel 10

10.1 (Matrix-Vektor-Produkt für Rang-1-Matrizen).
Schreiben Sie eine Funktion welche für Vektoren $v \in \mathbb{R}^n$ und $w, x \in \mathbb{R}^m$ das Matrix-Vektor-Produkt $\left(vw^\top\right) x$ effizient berechnet.

10.2 (Symmetrische Matrizen).

a) Schreiben Sie eine Funktion, die für eine symmetrische Matrix nach der Methode aus Abschnitt 10.1 Speicher reserviert und sie mit Werten belegt. Die Werte sollen dabei aus einer entsprechend strukturierten Datei stammen.

b) Implementieren Sie zu einer gegebenen symmetrischen Matrix und einem gegebenen Vektor eine Funktion zur Berechnung des Matrix-Vektor-Produkts. Verwenden Sie dabei die additive Zerlegung (10.2) sowie die Indizierung (10.3).

10.3 (Matrix-Vektor-Produkt für Tridiagonalmatrizen).

Implementieren Sie zu einer gegebenen Tridiagonalmatrix und einem gegebenen Vektor das Matrix-Vektor-Produkt. Gehen Sie davon aus, dass die Tridiagonalmatrix wie in Abschnitt 10.3.1 als Tripel (d, l, u) vorliegt.

Welche Laufzeit $Op(n)$ und welchen Speicherbedarf $Mem(n)$ hat dieses Matrix-Vektor-Produkt in $\mathcal{O}$-Notation?

10.4 (Tauschen von Matrixspalten mittels Indexfeld).

Bauen Sie Beispiel 10.7 zu einem lauffähigen Programm aus. Testen Sie Ihre Implementierung.

10.5 (Tauschen von Matrixzeilen mittels Indexfeld).

Schreiben Sie analog zu Beispiel 10.7 eine Funktion, die zwei Zeilen vertauscht.

10.6 (Tauschen von Zeilen und Spalten einer eindimensional abgelegten Matrix).

Ändern Sie das Programm aus Aufgabe 10.4, indem Sie die Matrix nicht mittels Doppelzeigern implementieren, sondern wie in Abschnitt 4.5.2 vorgehen. Zusätzlich sollen mit Hilfe eines zweiten Indexfeldes die Zeilen vertauscht werden.

10.7 (Matrix-Vektor-Produkt für symmetrische Bandmatrix).

Implementieren Sie das Matrix-Vektor-Produkt für symmetrische Bandmatrizen und testen Sie ihre Funktion mit der Matrix aus Beispiel 10.5.

Hinweis: Übertragen Sie die Idee der Zerlegung (10.2) auf diesen speziellen Fall.

10.8 (*Row-indexed sparse storage format*).

a) Schreiben Sie eine Funktion, die für eine gegebene dünn besetzte Matrix die Felder `SparseEntry` und `SparseIndex` erzeugt und testen Sie Ihr Programm, indem Sie mit Hilfe der erzeugten Felder die Matrix rekonstruieren.

b) Implementieren Sie für die Matrix B aus 10.3.2 das Matrix-Vektor-Produkt, indem Sie auf die dort angegebenen Felder `SparseEntry` und `SparseIndex` zurückgreifen.

10.9 (*Compressed Row Storage*).

Recherchieren Sie im Internet die *Compressed Row Storage (CRS)*-Methode. Hierbei handelt es sich um eine alternative Vorgehensweise, um dünn besetzte Matrizen zu handhaben. Übertragen Sie die Matrix A aus Abschnitt 10.3.2 in dieses Format und implementieren Sie eine entsprechende Funktion sowie das Matrix-Vektor-Produkt hierfür.

11

Mehrdateiprojekte, Bibliotheken und Makefiles

Die bisher gezeigten Programmbeispiele sind von ihrem Umfang her noch recht überschaubar, was natürlich darauf zurückzuführen ist, dass sie nur über einen eng begrenzten Funktionsumfang verfügen. Bei größeren Projekten ist es aber aus den folgenden Gründen wünschenswert, den Quelltext auf mehrere Dateien verteilen zu können:

- Analog zur Partitionierung des Problems in Teilaufgaben lässt sich der Quelltext in entsprechende *Module* aufteilen. Das Projekt wird dadurch auch übersichtlicher und die Suche nach Fehlerquellen wird durch die gezielte Untersuchung einzelner Module wesentlich erleichtert.
- Die Entwicklung der einzelnen *Module* kann von verschiedenen Personen zur gleichen Zeit fast unabhängig voneinander durchgeführt werden.
- Die Module können von Beginn an wiederverwendbar konzipiert und entwickelt werden, so dass bei anderen Projekten mit ähnlichen Teilaufgaben wertvolle Zeit gespart wird.

In diesem Kapitel gehen wir zuerst der Frage nach, wie man aus mehreren Quelltextdateien ein einziges ausführbares Programm erzeugt. Dazu müssen wir uns noch einmal kurz mit dem Übersetzungsvorgang auseinander setzen. Im Anschluss führen wir an einem Beispiel vor, wie man eine Aufteilung des Quelltextes in Headerdateien und Modulquellcode vornehmen kann und daraus eigene Programmbibliotheken erzeugt, auf die man auch für die Bearbeitung anderer Aufgaben zurückgreifen kann. Wir stellen außerdem das Programm `make` vor, das den Übersetzungsvorgang automatisiert und eine große Erleichterung bei umfangreichen Projekten darstellt. Zum Schluss demonstrieren wir an einem kleinen Beispiel, wie man FORTRAN-Quellcode in ein eigenes C-Programm integriert.

11.1 Die Übersetzung mehrerer Quelldateien zu einem Programm

Bisher haben wir unsere Quelldateien immer mit Befehlen der folgenden Gestalt übersetzt:

```
$ gcc -o Programmname Quelldatei.c [ -lm]
```

Dabei war die Einbindung der Mathematikbibliothek libm.a natürlich nur bei Verwendung entsprechender mathematischer Funktionen nötig.

Hinter diesem Befehl verbirgt sich in Wahrheit ein mehrstufiger Prozess, der sich u.a. in die folgenden Phasen unterteilt:

Vorverarbeitung: Zunächst wird der Quelltext vom *Präprozessor* untersucht und einfache Änderungen am Quelltext wie z.B. das Entfernen von überflüssigen Textzwischenräumen und Kommentaren vorgenommen. Wie der Name bereits vermuten lässt, werden auch die Präprozessordirektiven in dieser Phase ausgeführt. So bewirkt z.B. die #include-Direktive, dass der Präprozessor an dieser Stelle den Inhalt der betreffenden Headerdatei in den Quelltext einfügt.

Kompilieren: Der Compiler untersucht den vom Präprozessor behandelten Quelltext auf *syntaktische Fehler,* d.h. er überprüft, ob die grammatikalischen Regeln der Programmiersprache eingehalten werden. Ist dies der Fall, so wird der eigentliche Übersetzungsvorgang gestartet, der eine entsprechende *Objektdatei* erzeugt, die man an der Namensendung .o[1] erkennt.

Linken: In diesem Schritt wird die Objektdatei zu einem ausführbaren Programm umgewandelt. In den allermeisten Fällen werden dazu noch andere Objektdateien aus *Standardbibliotheken* (engl. *libraries*) mit der selbst erzeugten verbunden. Spezielle Bibliotheken wie z.B. libm.a müssen mit der Option -l angefordert werden.

In Abb. 11.1 ist der Prozess graphisch dargestellt. Um quelle.c zu übersetzen, geht man bei Verwendung des GNU-C-Compilers folgendermaßen vor: Vorverarbeitung und Kompilieren werden durch das Kommando

```
$ gcc -c quelle.c
```

veranlasst. Ist das Programm syntaktisch korrekt, so wird die Objektdatei quelle.o erzeugt, andernfalls werden alle vom Compiler identifizierten Fehler aufgelistet. Sofern keine zusätzlichen Bibliotheken benötigt werden, erfolgt das *Linken* zum ausführbaren Programm durch den folgenden Befehl:

```
$ gcc -o quelle quelle.o
```

Die Option -o dient dazu, den Namen der zu erzeugenden Datei anzugeben, in unserem Fall also quelle. Ohne diese Option wird als Standard a.out

---

[1] Bei manchen Systemen lautet die Endung .obj.

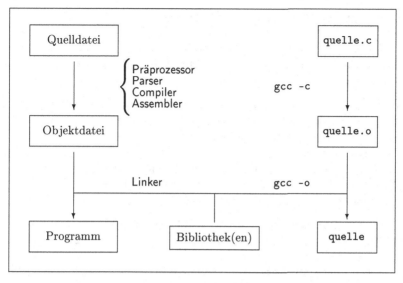

Abb. 11.1. Vom C-Quelltext zum ausführbaren Programm.

verwendet. Die Option kann auch bereits beim Kompilieren eingesetzt werden, falls man einen anderen Namen für die Objektdatei wünscht.

Durch die Aufspaltung des Übersetzungsvorgangs in das Kompilieren und das Linken erhalten wir die Möglichkeit, mehrere Quelltextdateien zu einem Programm zu übersetzen. Wichtig ist dabei:

Nur eine der Quelltextdateien, die zu einem Programm übersetzt werden, darf main() *enthalten.*

Wollen wir z.B. die Quelldateien `unterprog.c` und `hauptprog.c` zu einem Programm namens `matheprog` übersetzen, so müssen wir sie erst kompilieren

```
$ gcc -c unterprog.c
$ gcc -c hauptprog.c
```

und dann die beiden entstehenden Module linken, wobei in diesem Fall mathematische Funktionen eingebunden werden sollen:

```
$ gcc unterprog.o hauptprog.o -o matheprog -lm
```

Alternativ kann man die Dateiliste auch mit dem Namen des Programms beginnen:

```
$ gcc -o matheprog unterprog.o hauptprog.o -lm
```

11.2 Organisation des Quelltextes

Die Aufteilung des Quelltextes sollte sowohl nach technischen als auch nach inhaltlichen Gesichtspunkten erfolgen. Man kann hierzu nach dem folgenden Schema vorgehen:

- Wir verschaffen uns zunächst einen Überblick, welche Datentypen und Funktionen unser Programm benötigt. Die zugehörigen Deklarationen nehmen wir in einer eigenen *Headerdatei* vor.
- Die Funktionsdefinitionen verteilen wir auf verschiedene Quelltextdateien. Dabei bietet es sich an, inhaltlich zusammengehörige Funktionen in einer gemeinsamen Datei zu halten. Aus jeder solchen Datei wird beim späteren Kompilieren ein Modul erzeugt.

Zur Illustration betrachten wir wieder das Programm mit der Trapezregel auf Seite 194. Zuerst schreiben wir die Headerdatei `trapezregel.h`:

```
1  typedef double (*ReelleFun)(double);
2
3  extern double trapezregel(double a, double b, int N,
4                            ReelleFun fun);
```

Diese besagt also: „Es gibt eine Funktion `trapezregel()`, welche zwei Werte vom Typ `double`, einen Wert vom Typ `int` und einen Funktionszeiger entgegennimmt. Diese Funktion gibt einen Wert vom Typ `double` zurück. Der Funktionszeiger zeigt auf eine Funktion, die einen `double`-Wert entgegennimmt und auch einen `double`-Wert zurückliefert". Durch das Schlüsselwort `extern` vor den Deklarationen wird ausgedrückt, dass die entsprechenden Funktionen in einer anderen Quelltextdatei definiert werden.

Diese Funktion möchten wir im folgenden Hauptprogramm benutzen, welches in der Datei `main.c` gespeichert ist:

```
1   #include <math.h>
2   #include <stdio.h>
3   #include "trapezregel.h"
4
5   double funktion(double x)
6   {
7       return sin(x*x);
8   }
9
10  int main()
11  {
12      double wert = trapezregel(0.0, 1.0, 1000, &funktion);
13      printf ("Integral: %f\n", wert);
14  }
```

Zeile 3: Hier wird unsere Headerdatei eingebunden. Was es mit den Anführungsstrichen in dieser `#include`-Direktive auf sich hat, klären wir weiter unten.

Zeilen 5-8: Als Beispiel soll im Hauptprogramm die Funktion $\sin(x^2)$ integriert werden.

Zeile 12: Der Compiler kennt jetzt den Typ `ReelleFun` und kann feststellen, dass der Aufruf der Funktion `trapezregel()` syntaktisch korrekt ist, mehr weiß er von dieser Funktion allerdings noch nicht.

Bereits mit den Informationen aus unserer Headerdatei können wir aus `main.c` ein Modul erzeugen, indem wir die Datei kompilieren:

```
$ gcc -c main.c -o main.o
```

Zur Erstellung des fertigen Programms fehlt uns aber noch die Definition der Funktion `trapezregel()`, die sich in der Datei `trapezregel.c` befindet:

```
1   #include "trapezregel.h"
2
3   double trapezregel(double a, double b, int N, ReelleFun fun)
4   {
5       double sum, xk;
6       int   k;
7
8       sum = 0.5*(fun(a) + fun(b));
9       for (k=2; k<N; k++) {
10          xk = (k-1.0)/(N-1.0)*(b-a)+a;
11          sum += fun(xk);
12      }
13      return (b-a)/(N-1)*sum;
14  }
```

Zeile 1: Hier wird die obige Headerdatei erneut eingebunden. Damit ist der Typ `ReelleFun` auch in *Zeile 3* bekannt. Außerdem wird auf diese Weise überprüft, ob die Deklaration von `trapezregel()` in der Headerdatei und der Funktionskopf in *Zeile 3* konsistent sind. Wäre dies nicht der Fall, so würde der Compiler uns beim Kompilieren darauf aufmerksam machen.

Zeilen 3–14: Hier steht der Quelltext für die summierte Trapezregel, wie wir sie aus Abschnitt 5.3 kennen.

Auch diese Datei kann zu einem Modul übersetzt werden:

```
$ gcc -c trapezregel.c
```

Jetzt sind die deklarierten Objekte auch definiert und liegen als Module vor, die wir nun zum Programm `demo_trapez` zusammenlinken:

```
$ gcc trapezregel.o main.o -o demo_trapez -lm
$ ./demo_trapez
integral: 0.310268
```

Eigene Headerdateien

In der bisher verwendeten Form der #include-Anweisung

```
#include <name.h>
```

besagt die Klammerung <>, dass die betreffende Headerdatei zu den systemweit bekannten *Standardheaderdateien* gehört. Diese liegen z.B. für den gcc unter LINUX in den Verzeichnissen /usr/include/ und /usr/local/include und können von jedem Benutzer verwendet werden.

Möchte man hingegen eigene Headerdateien einbinden, so lautet die Direktive

```
#include "Verzeichnis/headername.h"
```

oder für den Fall, dass die betreffende Headerdatei im aktuellen Verzeichnis liegt:

```
#include "headername.h"
```

Man kann auch die eckigen Klammern für eigene Headerdateien verwenden, muss dann aber beim Kompilieren das betreffende Verzeichnis mit der Option -I angeben:

```
$ gcc -c quelldatei.c -IVerzeichnis
```

Diese Option veranlasst den Compiler dazu, zusätzlich zu den Standardverzeichnissen auch das angegebene Verzeichnis in die Suche nach den Headerdateien miteinzubeziehen.

11.3 Eigene Bibliotheken

Wenn die einzelnen Module ausreichend getestet und für gut befunden wurden, so kann man sie in einer eigenen Programmbibliothek zusammenfassen. Wie bei der C-Standardbibliothek oder der Mathematikbibliothek ist dann bei der Implementierung von neuen Programmen nur darauf zu achten, dass die zugehörige Headerdatei mit den Deklarationen an den entsprechenden Stellen im Quelltext auftaucht und die Bibliothek beim Linken eingebunden wird.

Eigene Bibliotheken kann man erzeugen, indem man die Objektdateien mit den gewünschten Funktionen unter Verwendung des Kommandos ar zusammenfügt.

Nehmen wir an, wir haben als zweite Quadraturformel neben der Trapezregel die summierte *Mittelpunktregel* (siehe Aufgabe 11.1) implementiert und eine entsprechende Headerdatei mitpunktregel.h sowie die Quelltextdatei `mitpunktregel.c` verfasst. Die nach dem Kompilieren der Quellen entstandenen Module `mitpunktregel.o` und `trapezregel.o` werden durch den Befehl

```
$ ar -r libintegral.a trapezregel.o mitpunktregel.o
```

zu einer Bibliothek `libintegral.a` zusammengefasst. Beim Linken eines Programms, das auf die Quadraturfunktionen zugreift, verwendet man diese Bibliothek dann so:

```
$ gcc -o intprog main.c libintegral.a [-lm]
```

Dabei müssen allerdings im Hauptprogramm beide Headerdateien eingebunden werden. Alternativ kann man eine Headerdatei `integral.h` erstellen, die die folgenden Präprozessordirektiven enthält:

```
#include "trapezregel.h"
#include "mitpunktregel.h"
```

Damit muss in `main.c` nur noch diese Datei eingebunden werden, um die Bibliothek nutzen zu können.

Wird die Bibliothek in einem anderen Verzeichnis untergebracht, z.B. um anderen Programmierprojekten den Zugriff zu erleichtern, so muss das betreffende Verzeichnis beim *Linken* mit der Option -L angegeben werden. Außerdem ist die Bibliothek mit der Option -l anzugeben, wobei das Präfix `lib` und das Suffix `.a` entfallen. Da das aktuelle Verzeichnis mit `.` bezeichnet wird, lautet eine zu oben äquivalente Formulierung

```
$ gcc -o intprog main.c -L. -lintegral
```

Damit wird auch klar, wie die Option -lm bei der Verwendung der Mathematikbibliothek `libm.a` zustande kommt. Die Mathematikbibliothek befindet sich im systemweit bekannten Standardbibliothekspfad, weshalb die Option -L nicht benötigt wird.

Wir fassen kurz zusammen, was wir bis hierher gelernt haben:

- Die Deklarationen eigener Datentypen und Funktionen sowie die dazu benötigten Präprozessordirektiven fasst man in eigenen Headerdateien (Endung .h) zusammen. Diese Phase der Quelltextorganisation findet in der Regel zu Beginn eines Projekts statt, wenn die gewünschten Funktionalitäten des Programms feststehen und man sich über die geeigneten Datenstrukturen und Funktionen zur Realisierung im Klaren ist.
- Das Hauptprogramm befindet sich in einer speziellen Quelltextdatei, die als einzige `main()` enthält.
- Die einzelnen Funktionen werden jeweils in entsprechenden Quelltextdateien definiert. Inhaltlich zusammengehörige Unterprogramme können gemeinsam in der jeweiligen Datei stehen.
- In der ersten Stufe des Übersetzungsvorgangs erzeugt man aus den Quelltextdateien Module, d.h. Objektdateien mit den jeweiligen Funktionsdefinitionen. In einem zweiten Schritt linkt man die Module – ggf. unter Einbeziehen zusätzlicher Bibliotheken – zum Hauptprogramm zusammen.

- Optimierte und getestete Module können schließlich zu eigenen Programm-bibliotheken zusammengefasst werden, so dass andere Projekte bei ihrem Linkvorgang Zugriff auf die fertigen Module erhalten.

11.4 Automatisierte Übersetzung mit make

Man kann sich sicher vorstellen, dass das manuelle Übersetzen in der bisher gezeigten Art und Weise bei Projekten mit zahlreichen Modulen und Header-dateien nur sehr mühsam und mit viel Übersicht zu bewältigen ist. Bei nach-träglichen Änderungen müssen ja auch nicht alle Quelldateien neu kompiliert werden, sondern nur jene, die auf die aktualisierten Funktionen zugreifen. Die Objektdateien hingegen, die von den Änderungen nicht betroffen sind, können in ihrer bestehenden Form weiter verwendet werden. Es wäre also äu-ßerst nützlich, ein Programm zu haben, das anhand der Abhängigkeiten der Module und Headerdateien untereinander alle nötigen Übersetzungsvorgänge feststellen und in der richtigen Art und Weise durchführen lassen kann.

Ein solches Programm ist (GNU-)make. Die Abhängigkeiten der Quellda-teien tragen wir in eine Datei ein, die standardmäßig den Namen Makefile oder makefile trägt. Diese Informationsdatei wird daher auch schlicht das *Makefile* des Projekts genannt. Man findet Makefiles z.B. oft bei Linux-Software, die nicht fertig kompiliert, sondern in Form von Quelldateipaketen (engl. *source packages*) veröffentlicht wird und für ihre Übersetzung und In-stallation make verwenden. Selbst wenn man also für seine eigenen Programme (noch) keinen Bedarf für ein solches Werkzeug sieht, kann ein wenig Grund-wissen über dieses Thema recht nützlich sein.

Ein einfaches Makefile

Das folgende Makefile beschreibt die Abhängigkeiten der Quelldateien aus unserem Quadraturbeispiel in Abschnitt 11.2:

```
1 intprog: main.c libintegral.a
2    gcc -o intprog main.c libintegral.a -lm
3
4 libintegral.a: trapezregel.o simpsonregel.o
5    ar -r libintegral.a trapezregel.o mitpunktregel.o
6
7 trapezregel.o: trapezregel.c
8    gcc -c trapezregel.c
9
10 mitpunktregel.o: mitpunktregel.c
11    gcc -c mitpunktregel.c
```

- Ein Makefile besteht im Kern aus einer Liste der *Targets*, d.h. der zu erzeugenden Programme, Module oder Bibliotheken.
- In unserem Beispiel sind die Ziele
  - das ausführbare Programm `intprog`,
  - die Bibliothek `libintegral.a`
  - und die Module `trapezregel.o` und `mitpunktregel.o`.
  Die Namen der Targets müssen in Spalte 1 beginnen, wie in den *Zeilen 1, 4, 7* und *10*.
- Zu jedem Target wird im Makefile festgehalten, von welchen anderen Targets oder Dateien es abhängt.
  Die Abhängigkeiten werden jeweils hinter dem Doppelpunkt : aufgelistet. So hängt z.B. das Target `intprog` von der Datei `main.c` und dem Target `libintegral.a` ab. Um `libintegral.a` erzeugen zu können, müssen `trapezregel.o` und `mitpunktregel.o` vorliegen.
- Wenn wir das Programm mit dem Befehl

  `make Target`

  aufrufen, prüft das Programm, ob `Target` vorhanden ist. Ist dies nicht der Fall oder auch wenn `Target` älter ist als die Dateien, von denen es abhängt, so wird `Target` (neu) erzeugt. Die Aktualität wird dabei anhand des jeweiligen Datums der letzten Dateiänderung festgestellt. Die Art und Weise, wie `Target` zu erzeugen ist, geht aus Vorschriften (engl. *rules*) hervor, die im Makefile festgehalten werden.
- Beispiele für solche Vorschriften zum Erzeugen von Targets sieht man in den *Zeilen 2,5, 8* und *11*. Diese können sich auch über mehrere Zeilen erstrecken, ein Zeilenumbruch muss aber mit \ markiert werden.

Die Einrückung der Vorschriften müssen mit einmaligem Drücken der Taste TAB *erzeugt werden, und nicht mit Hilfe von Leerzeichen.*

- Rekursiv analysiert **make** durch Auswertung des Makefiles die Abhängigkeiten und bestimmt alle Dateien, die neu erzeugt werden müssen. Auf der untersten Ebene befinden sich z.B. die Quell- und Headerdateien, die ja zumeist durch Editieren aktualisiert werden. Im Anschluss wendet **make** die jeweilige Vorschrift an, um die betreffenden Dateien zu erzeugen.
  Will man z.B. das Target `libintegral.a` erzeugen und sollte die Quelltextdatei `trapezregel.c` aktueller als diese Bibliothek sein, so wird zuerst das Ziel `trapezregel.o` nach der Vorschrift in *Zeile 8* erzeugt, und dann `libintegral.a` gemäß der Vorschrift in *Zeile 5* neu erstellt.

Gibt man kein bestimmtes Target beim Aufruf von **make** an, so wird standardmäßig das erste Target in der Liste ausgewählt. Daher findet man in Makefiles oft als erstes das Target **all**, das von allen zu bildenden Targets abhängt.

Makros und Musterregeln

Man hat in Makefiles die Möglichkeit, Abkürzungen zu definieren. Diese *Makros* sparen viel Schreibarbeit, wenn man z.b. die Compileroptionen an eine neue Projektumgebung oder Hardwarearchitektur anpassen möchte. Häufig kommt es auch vor, dass gewisse Targets alle auf dieselbe Weise aus den Dateien erzeugt werden, von denen sie abhängen. Wenn diese gemeinsame Vorschrift mit bestimmten Dateinamensmustern verknüpft ist, spricht man von einer *Musterregel*.

Um diese beiden Techniken vorzuführen, modifizieren wir unser Makefile folgendermaßen:

```
 1 CCFLAGS=-Wall
 2
 3 intprog: main.c libintegral.a
 4     gcc -o intprog main.c libintegral.a $(CCFLAGS) -lm
 5
 6 libintegral.a: trapezregel.o mitpunktregel.o
 7     ar -r libintegral.a trapezregel.o mitpunktregel.o
 8
 9 %.o: %.c
10     gcc -c $(CCFLAGS) $<
```

- Die Angabe in *Zeile 1* definiert ein *Makro*. Dadurch werden die Angaben $(CCFLAGS) in den *Zeilen 4* und *10* durch die Compileroption -Wall ersetzt. Diese Option führt dazu, daß der gcc mehr und ausführlichere Warnungen ausgibt. Durch Ändern der Makrodefinition zu CCFLAGS= kann man nun diese Funktionalität abschalten. Ebenso kann man nur durch Änderung von *Zeile 1* weitere Optionen in allen Vorschriften hinzufügen, die das Makro enthalten.
- Die *Zeilen 9* und *10* ersetzen die *Zeilen 7–11* unseres vorherigen Makefiles. *Zeile 9* leitet eine Musterregel ein, die generell vorschreibt, auf welche Weise Objektdateien aus C-Quelltextdateien erzeugt werden. Dazu verwendet sie so genannte *Patterns* , in denen % durch den jeweiligen Dateinamen ohne Endung ersetzt wird. In der eigentlichen Regel zur Erzeugung steht, dass beim Kompilieren die Optionen im Makro CCFLAGS verwendet werden sollen. Hier taucht auch das vordefinierte Makro $< auf, das bei Anwendung der Regel durch den konkreten Dateinamen (mit Endung) der Quelltextdatei ersetzt wird

Wir konnten hier einen allenfalls mikroskopischen Ausschnitt aus den vielfältigen Möglichkeiten betrachten, die make bietet. Für eine umfassende Darstellung verweisen wir auf [11]. Für kleinere Mehrdateiprojekte sollten aber die hier gezeigten Beispiele schon ausreichen, um den Übersetzungsvorgang komfortabel gestalten zu können.

11.5 Einbindung von FORTRAN-Programmen

FORTRAN[2] war eine der ersten höheren Programmiersprachen. Vor allem die Version FORTRAN77 war sehr beliebt bei der Programmierung numerischer Verfahren, so dass auch heute noch zahlreiche nützliche Unterprogramme in dieser Sprache verfügbar sind (siehe z.B. [19]). Wir zeigen an einem kleinen Beispiel, wie man FORTRAN-Module in ein eigenes C-Projekt einbauen kann.

Beispiel 11.1 (Ein FORTRAN- Unterprogramm).
In FORTRAN sind die ersten sechs Spalten für spezielle Zwecke reserviert, wir haben daher im folgenden FORTRAN-Programm die Leerzeichen in den *Zeilen 1* und *10* sichtbar gemacht:

```
 1 ␣␣␣␣␣␣SUBROUTINE INITMATRIX(A, N, M)
 2       INTEGER N, M
 3       REAL    A(N,M)
 4
 5       INTEGER I, J
 6
 7       DO 20 I=1, N
 8          DO 20 J=1, M
 9             A(I,J) = I+J
10 ␣20␣␣␣CONTINUE
11       END
```

Zeile 1: Im Gegensatz zu C unterscheidet FORTRAN zwischen Unterprogrammen ohne Rückgabewert (SUBROUTINE) und solchen, die Werte zurückliefern (FUNCTION). In unserem Beispiel wird also eine Subroutine namens INITMATRIX deklariert, die zwei ganze Zahlen N und M sowie eine Matrix A der Größe N × M entgegennimmt. Das Programm weist den Einträgen von A jeweils $a_{ij} = i + j$ zu, wobei in FORTRAN die Feldindizierung mit 1 beginnt, wie man an den DO-Schleifen in den *Zeilen 7–9* sieht.   □

Ein weiterer Unterschied zwischen den beiden Sprachen ist:

FORTRAN *legt eine Matrix im Speicher Spalte für Spalte ab.*

Ruft man die Routine aus Beispiel 11.1 mit den Parametern $N = 2$ und $M = 3$ auf, so wird die Matrix

$$A = \begin{pmatrix} 2.0 & 3.0 & 4.0 \\ 3.0 & 4.0 & 5.0 \end{pmatrix}$$

erzeugt und spaltenweise im Speicher abgelegt:

2.0	3.0	3.0	4.0	4.0	5.0

---

[2] Abkürzung für FORmula TRANslator.

Tabelle 11.1. Gegenüberstellung einiger Datentypen in FORTRAN und C (g77, gcc, 32-Bit PC).

FORTRAN	alternativ	C
REAL*4	REAL	float
REAL*8	DOUBLE PRECISION	double
INTEGER *4	INTEGER	int
INTEGER *8		long

Der Eintrag a_{ij} liegt also an Position $1 + (i-1) + (j-1)n$.

Um ein solches Unterprogramm in C aufrufen zu können, benötigt man eine entsprechende Deklaration als C-Funktion. Daher muss man zunächst die Datentypen richtig übersetzen (siehe Tabelle 11.1). Außerdem kennt FORTRAN nur die *Call by Reference*-Parameterübergabe, so dass man Deklaration und Aufruf in C entsprechend vornehmen muss.

Beispiel 11.2 (Aufruf von FORTRAN-Routinen in C-Programmen).

```
1  #include <stdlib.h>
2
3  extern void initmatrix_(float *f, int *n, int *m);
4
5  int main()
6  {
7      int n, m;
8      int ze, sp;
9      float *mat;
10
11     n=2; m=3;
12     mat = (float*)malloc(n*m*sizeof(float));
13     if (mat==NULL) return;
14
15     initmatrix_(mat, &n, &m);
16
17     for (ze=0; ze<n; ++ze)
18     {
19         for (sp=0; sp<m; ++sp)
20             printf("%.3f ", mat[ze+sp*n]);
21         printf("\n");
22     }
23     free(mat);
24  }
```

Zeile 3: Die in FORTRAN unter INITMATRIX definierte Subroutine wird in C als initmatrix_() angesprochen. Die Argumente müssen für die *Call by Reference*-Übergabe als Zeiger deklariert werden.

Zeile 15: Hier ist der *Call by Reference*-Aufruf der FORTRAN-Subroutine.

Zeile 19: Zu beachten ist die Ausgabe: Da in C die Indizierung im Speicher mit 0 beginnt, liegt a_{ij} an Position $i + jn$.

Ist das angegebene FORTRAN-Programm als initmatrix.f, und das C-Hauptprogramm als callf.c gespeichert, so übersetzt und linkt man mit den folgenden Anweisungen:

```
$ gcc -c callf.c -c
$ g77 initmatrix.f callf.o -o callf
$ ./callf
2.000 3.000 4.000
3.000 4.000 5.000
```

g77 ist der FORTRAN77-Übersetzer aus der *GNU Compiler Collection*. Wir verwenden diesen Befehl zum Übersetzen der FORTRAN-Subroutine und zum Linken der Module in einem Schritt.   □

Wir fassen zusammen:

- Funktionsnamen in FORTRAN werden nach C übertragen, indem man den Namen in Kleinbuchstaben überführt und einen Unterstrich "_" anfügt.
- Der Aufruf von FORTRAN-Funktionen geschieht immer durch *Call by Reference*. Das heißt, dass ein INTEGER-Argument in FORTRAN für das C-Programm als Zeiger int * zu übertragen ist, ein Array REAL A(N,M) hingegen wird in C aber direkt als Feld oder Zeiger übergeben.
- Eine Matrix A(N,M) wird spaltenweise im Speicher abgelegt. Im Gegensatz dazu legt C ein Feld a[2][3] zeilenweise ab.
- Das endgültige Linken muss mit dem g77 geschehen.

11.6 Kontrollfragen zu Kapitel 11

Frage 11.1

Welche der folgenden Kommandos linken main.o und algo.o zu einer ausführbaren Datei?

a) $ gcc -c main.o -c algo.o -o main   □
b) $ gcc -link main.o algo.o -o main   □
c) $ gcc main.o algo.o -o main   □
d) $ gcc -c main.o algo.o   □
e) $ gcc main.o algo.o   □

Frage 11.2

Welche der folgenden Kommandos erzeugen aus einer Datei `prog.c` eine Objektdatei `prog.o`?

a) `$ gcc prog.c -o prog.o`   ☐
b) `$ gcc -c prog.c -o prog.o`   ☐
c) `$ gcc -c prog.c`   ☐
d) `$ gcc -obj prog.c -o prog.o`   ☐
e) `$ gcc -c prog.c -obj prog.o`   ☐

Frage 11.3

Bei Aufruf des Übersetzungskommandos

`$ gcc -o program program.c`

gibt der Compiler eine Fehlermeldung aus, die die Zeile

`In function 'main': undefined reference to 'sin'`

enthält. Was ist der Grund?

a) Die Bibliotheksfunktion `sin()` wurde syntaktisch falsch verwendet.   ☐
b) Die Präprozessordirektive `#include <math.h>` fehlt im Quelltext.   ☐
c) Es wurde vergessen, beim Linken die Mathematikbibliothek einzubinden.   ☐
d) Die Funktion `sin()` wurde fälschlicherweise innerhalb von `main()` deklariert. ☐
e) Deklaration und Definition von `sin()` stimmen nicht überein.   ☐

Frage 11.4

Welche der folgenden Kommandos erzeugen aus zwei Objektdateien `teil1.obj` und `teil2.obj` eine statische Bibliothek `mylib.a`?

a) `ar mylib.a teil1.obj teil2.obj`   ☐
b) `ar -r mylib.a -o teil1.obj -o teil2.obj` ☐
c) `ar -r mylib.a teil1.obj teil2.obj`   ☐
d) `ar teil1.obj teil2.obj -o mylib.a`   ☐
e) `ar mylib.a -o teil1.obj -o teil2.obj`   ☐

Frage 11.5

Welche der folgenden Kommandos übersetzen `main.c` und `mylib.a` zu einer ausführbaren Datei main?

a) `$ gcc main.c mylib.a -L. -o main`   ☐
b) `$ gcc main.c -lmylib.a -o main`   ☐
c) `$ gcc main.c -l mylib.a -o main`   ☐
d) `$ gcc main.c mylib.a -o main`   ☐
e) `$ gcc main.c -l mylib.a`   ☐

Frage 11.6

Sie haben in FORTRAN eine Matrix A(2,3) mit Einträgen

$$\begin{pmatrix} 1.0 \ 2.0 \ 3.0 \\ 6.0 \ 5.0 \ 4.0 \end{pmatrix}$$

erzeugt und haben die Anfangsadresse von A in C unter double *aptr vorliegen. Welche Aussagen sind richtig?

a) aptr[1]==6.0   ☐
b) aptr[1]==1.0   ☐
c) aptr[1]==2.0   ☐
d) aptr[6]==4.0   ☐
e) aptr[5]==4.0   ☐

Frage 11.7

Sie haben in FORTRAN eine Subroutine

```
SUBROUTINE DIAGONALIZE(A, N, M, INFO)
REAL*4 A(N,M)
INTEGER N, M
INTEGER *4 INFO
```

vorliegen.
In C haben Sie Variablen

```
float       A[20];
int         n=4, m=5;
unsigned int info;
```

vorliegen. Wie sieht der korrekte Aufruf von DIAGONALIZE in C aus?

a) diagonalize_(A, n, m, info);   ☐
b) diagonalize_(A, &n, &m, &info);   ☐
c) diagonalize_(&A, &n, &m, &info);   ☐
d) diagonalize(&A, &n, &m, info);   ☐
e) diagonalize(&A, n, m, info);   ☐

11.7 Übungsaufgaben zu Kapitel 11

*Aufgaben, die mit einem * markiert sind, sind vom Schwierigkeitsgrad etwas anspruchsvoller. Sie können beim ersten Durcharbeiten zurückgestellt werden.*

11.1 (Eine kleine Quadratur-Bibliothek).
Die summierte Mittelpunktregel zur näherungsweisen Integration einer Funktion f auf dem Intervall $[a, b]$ lautet.

$$M[f] = \frac{1}{N-1} \sum_{k=1}^{N-1} f(x_{k+1/2}) \,.$$

Das Intervall ist hierbei äquidistant zerlegt in die Teilintervalle $[x_k, x_{k+1}]$ mit

$$x_k = a + (k-1)\frac{b-a}{N-1}, \quad k = 1, \ldots, N \,,$$

und die Funktion wird an den Intervallmitten

$$x_{k+1/2} = a + \left(k - \frac{1}{2}\right)\frac{b-a}{N-1}$$

ausgewertet.
Implementieren Sie eine Funktion `mitpunktRegel()`, die diese Quadraturformel analog zur Funktion `trapez_regel()` aus Abschnitt 11.2 realisiert. Erzeugen Sie im Anschluss wie in Abschnitt 11.3 beschrieben eine Bibliothek `libintegral.a` und testen Sie sie in einem Hauptprogramm mit den Funktionen

$$f_1(x) = 3x + 1\,, \quad f_2(x) = \mathrm{e}^{-x^2}$$

für verschiedene Intervalle und verschiedene N.

11.2 (Eine Bibliothek zur Linearen Algebra).
Erzeugen Sie eine Bibliothek `libmatrix.a`, die die Funktionen aus den Aufgaben 4.4, 7.2 und 10.2 – 10.7 enthält. Fassen Sie die Quelltexte zu Modulen zusammen, die Sie nach folgenden Kriterien erstellen:

- Vektoren (Erzeugen, Freigeben, Vektoroperationen),
- Erzeugen und Freigeben von Matrizen,
- Ein- und Ausgabe, Einlesen mit Erzeugen,
- Matrix- und Vektoroperationen.

Verfassen Sie Testdateien sowie ein Hauptprogramm mit Testaufrufen. Schreiben Sie ein Makefile zum Erzeugen der Module, der Bibliothek sowie des Testprogramms.

11.3 (*Bibliothek für dünn besetzte Matrizen).
Überlegen Sie sich, was zu den Funktionen aus Abschnitt 10.3.2 und den Aufgaben 10.8 – 10.9 noch zu einer halbwegs komfortablen Bibliothek `libsparse.a` fehlt. Implementieren Sie die noch fehlenden Funktionen, gliedern Sie alles in Module und schreiben Sie ein Makefile zur Erzeugung einer solchen Bibliothek.

12

Pseudozufallszahlen

Viele interessante Prozesse in den Naturwissenschaften, der Technik sowie der Finanzwelt sind dermaßen komplex, dass man bei ihrer mathematischen Modellierung Zufallselemente einführen muss. Es kommt auch vor, dass sich zwar ein realitätsnahes deterministisches Modell mit überschaubarer Komplexität bilden lässt, die Umsetzung des Modells in eine Computersimulation aber zu einem nicht vertretbaren numerischen Aufwand führt. In beiden Situationen versucht man, sich der Lösung auf stochastischem Wege zu nähern, indem man sozusagen eine Näherungslösung geschickt „auswürfelt". Diese Lösungsverfahren werden sinnigerweise *Monte-Carlo-Methoden* genannt und sind in manchen Anwendungen die einzige Möglichkeit, ein Problem rechentechnisch in den Griff zu bekommen.

Dieses Themengebiet ist umfangreich und von den mathematischen Begriffen her teilweise sehr anspruchsvoll, so dass wir uns im Rahmen dieses Buches nur einen sehr kleinen Einblick in die Welt der stochastischen numerischen Methoden verschaffen und die Hauptideen an einfachen Beispielen illustrieren können. Selbst für diesen kurzen Ausflug benötigt man aber schon gewisse Vorkenntnisse und deshalb beginnen wir dieses Kapitel mit einer Zusammenstellung von Begriffen und Tatsachen aus der Wahrscheinlichkeitstheorie, die wir im weiteren Verlauf benötigen.

Ein Computer als deterministische Maschine kann konstruktionsbedingt gar keine wirklich zufälligen Werte erzeugen, sondern nur *Pseudozufallszahlen*. Wir stellen eine populäre Methode zur Erzeugung dieser Zahlen vor und diskutieren einige praktische Aspekte. In stochastischen Simulationsverfahren müssen häufig Zufallszahlen gemäß einer bestimmten *Verteilung* erzeugt werden. Wir geben eine einfache Methode hierzu an und illustrieren sie an Beispielen. Als praktisches Beispiel berechnen wir die Kreiszahl π mit Hilfe einer einfachen Monte-Carlo-Methode und erweitern unser Verfahren für die Bestimmung eines Schwerpunkts.

12.1 Ein wenig „Mathematik des Zufalls"

Als Beispiel für ein Zufallsexperiment stellen wir uns vor, dass wir mit verbundenen Augen Dartpfeile auf eine Scheibe werfen, die an der Wand befestigt ist. Ein mögliches *Ereignis* dabei ist, dass wir die Scheibe treffen. Es kann aber auch das *Gegenereignis* eintreten, d.h. wir verfehlen die Scheibe und unser Pfeil landet in der Wand. Ebenso kann man als ein Ereignis ansehen, dass der Pfeil im *bull's eye* landet oder in einem anderen Feld der Dartscheibe. Man kann auch die Vereinigung zweier Ereignisse betrachten: Man trifft ein Feld im Sektor mit 20 Punkten oder eines, dessen Punkte doppelt gewertet werden. Dabei können natürlich bei einem Wurf auch beide Ereignisse gleichzeitig eintreten.

Mathematisch beschrieben wird ein Zufallsexperiment durch eine nichtleere Menge Ω, deren Elemente ω *Elementarereignisse* genannt werden. Bestimmte Teilmengen $A \subseteq \Omega$ heißen *Ereignisse* des Zufallsexperiments. Dabei gilt:

(E1): Die leere Menge $\emptyset$ und Ω sind Ereignisse. Da bei einem Versuch im Zufallsexperiment ja irgend etwas eintreten muss, wird $\emptyset$ auch *unmögliches Ereignis* genannt.

(E2): Ist A ein Ereignis, so ist das Komplement $A^C = \Omega \setminus A$ ebenfalls ein Ereignis, das so genannte *Gegenereignis*.

(E3): Sind A und B Ereignisse, so ist ihre Vereinigung $A \cup B$ ein Ereignis. Man sagt: „A oder B tritt ein." Ganz allgemein gilt: Ist $\{A_i : i = 1, 2, ...\}$ eine abzählbare Menge von Ereignissen, so ist auch

$$\bigcup_{i=1}^{\infty} A_i$$

ein Ereignis. Kurz: Abzählbare Vereinigungen von Ereignissen sind wieder Ereignisse.

Die Menge aller Ereignisse $A \subseteq \Omega$, die die Eigenschaften *(E1)* - *(E3)* besitzen, wird *Ereignisalgebra* $\mathcal{A}$ genannt. Die kleinstmögliche Ereignisalgebra ist offensichtlich $\{\emptyset, \Omega\}$ und die größtmögliche ist die Potenzmenge von Ω. Wegen

$$A \cap B = \left(A^C \cup B^C \right)^C$$

folgt aus den Eigenschaften *(E2)* und *(E3)*, dass der Schnitt von Ereignissen wieder ein Ereignis ist. In diesem Fall treten die Ereignisse A und B gleichzeitig ein und man spricht vom *gemeinsamen Ereignis*. Weiter gilt, dass mit A und B auch das Komplement von B in A, d.h.

$$A \setminus B = A \cap B^C,$$

ein Ereignis ist.

In unserem Beispiel mit der Dartscheibe wäre die Menge aller Wandpunkte eine sinnvolle Wahl für Ω, denn in jedem dieser Punkte kann ein blind geworfener Pfeil landen. Bezeichnen wir mit A die Punkte in der Fläche der Dartscheibe, so bilden diese das Ereignis, dass wir bei einem Wurf die Scheibe treffen. A^C sind dann alle Wandpunkte, die nicht von der Scheibe bedeckt werden und bilden das Gegenereignis, dass wir die Scheibe verfehlen. Als quantitatives Maß dafür, dass wir die Scheibe treffen, können wir den Quotienten

$$P(A) = \frac{|A|}{|\Omega|}$$

ansehen, wobei $|A|$ den Flächeninhalt der Dartscheibe bezeichnet und $|\Omega|$ entsprechend für die Fläche der Wand steht. Dies ist insofern sinnvoll, da wir mit verbundenen Augen werfen und deshalb alle Wandpunkte gleichermaßen getroffen werden können. Ganz allgemein ist eine *Wahrscheinlichkeit* eine Abbildung P, die jedem Ereignis $A \in \mathcal{A}$ eine Zahl zwischen 0 und 1 zuordnet. Dabei soll gelten:

$$P(\Omega) = 1\,, \tag{12.1}$$
$$A \cap B = \emptyset \Longrightarrow P(A \cup B) = P(A) + P(B)\,. \tag{12.2}$$

Bei (12.1) handelt es sich lediglich um eine Normierungsbedingung. Die Gleichung (12.2) besagt, dass sich bei Vereinigung zweier *unvereinbarer* Ereignisse ihre Wahrscheinlichkeiten addieren.

Beispiel 12.1 (Idealer Würfel).
Als wahrscheinlichkeitstheoretisches Modell für einen handelsüblichen Spielwürfel wählen wir als Menge der Elementarereignisse $\Omega = \{1, 2, 3, 4, 5, 6\}$ und als Ereignisalgebra betrachten wir die Potenzmenge von Ω. Dann definiert

$$P(\{i\}) = \frac{1}{6}\,, \text{ für alle } i \in \Omega\,,$$

eine Wahrscheinlichkeit für dieses Zufallsexperiment. Die Wahrscheinlichkeit dafür, dass bei einem Wurf eine ungerade Augenzahl geworfen wird, d.h. für das Ereignis

$$A = \{1, 3, 5\} = \{1\} \cup \{3\} \cup \{5\}\,,$$

ist nach (12.2)

$$P(A) = P(\{1\}) + P(\{3\}) + P(\{5\}) = \frac{3}{6} = \frac{1}{2}\,.$$

Zufallsexperimente, bei denen alle Elementarereignisse gleich wahrscheinlich sind, heißen *Laplace*-Experimente. □

Sehr oft ist das Eintreten eines Ereignisses gar nicht direkt feststellbar, sondern nur indirekt durch die Messung von Größen, die mit dem Ereignis auf eine gewisse Weise in Zusammenhang stehen. Mathematisch gesehen sind diese Größen also Funktionen, die auf der Menge Ω definiert sind. Wir beschränken uns auf den Fall, dass diese messbaren Größen reellwertig sind. Eine *Zufalls-variable*, auch *Zufallsgröße* genannt, ist eine Abbildung

$$X : \Omega \longrightarrow \mathbb{R},$$

die die Eigenschaft besitzt, dass jedes Urbild eines halboffenen Intervalls $(a, b]$,

$$X^{-1}\big((a, b]\big) = \{\omega \in \Omega : a < X(\omega) \le b\},$$

ein Ereignis ist. Wir verwenden dafür auch die Kurzschreibweise

$$X^{-1}\big((a, b]\big) = \{a < X \le b\}.$$

Zu einer Zufallsvariablen kann man folglich durch

$$F(x) = P(\{X \le x\}) = P\Big(X^{-1}\big((-\infty, x]\big)\Big) \tag{12.3}$$

in sinnvoller Weise eine Funktion definieren, die die *Verteilungsfunktion* von X genannt wird. $F(x)$ ist also die Wahrscheinlichkeit dafür, dass die Zufallsvaria-ble X einen Wert kleiner oder gleich $x \in \mathbb{R}$ annimmt. Eine Verteilungsfunktion F hat die folgenden Eigenschaften:

- Für alle $x \in \mathbb{R}$ ist $F(x) \in [0, 1]$ und es gilt:

$$\lim_{x \to -\infty} F(x) = 0, \quad \lim_{x \to \infty} F(x) = 1.$$

- F ist monoton wachsend.
- Für alle $a, b \in \mathbb{R}$ gilt

$$F(b) - F(a) = P\big(\{a < X \le b\}\big). \tag{12.4}$$

In der Praxis hat man es häufig mit Verteilungsfunktionen zu tun, die eine *Verteilungsdichte* besitzen, d.h. es existiert eine Funktion

$$p : \mathbb{R} \longrightarrow [0, \infty)$$

mit der Eigenschaft

$$F(x) = \int\limits_{-\infty}^{x} p(\xi) \, d\xi. \tag{12.5}$$

Daraus erhält man unmittelbar für $a, b \in \mathbb{R}$:

$$F(b) - F(a) = \int\limits_{a}^{b} p(\xi) \, d\xi. \tag{12.6}$$

Umgekehrt wird für jede integrierbare Funktion $p : \mathbb{R} \longrightarrow [0, \infty)$ mit der Eigenschaft

$$\int\limits_{-\infty}^{\infty} p(\xi) \, d\xi = 1$$

durch (12.5) eine Verteilungsfunktion F definiert.

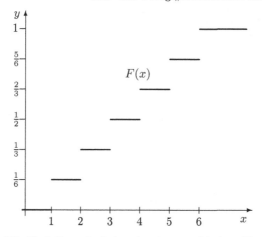

Abb. 12.1. Die Verteilungsfunktion der Augenzahl eines idealen Würfels.

Bemerkung 12.2. Natürlich ist der Wertebereich einer Zufallsvariablen nicht immer ganz $\mathbb{R}$. Es kommen häufig Abbildungen vor, die nur nicht-negative reelle Zahlen oder Werte in einem abgeschlossenen Intervall $[a, b]$ annehmen. Die obigen Formeln behalten aber auch dann ihre Gültigkeit: Dazu muss man die Verteilungsfunktion unterhalb des Wertebereichs auf den Wert 0 und oberhalb auf den Wert 1 setzen. Die Verteilungsdichte setzt man außerhalb des Wertebereichs der zugehörigen Zufallsvariablen auf 0.

Beispiel 12.3 (Spezielle Verteilungen).

a) Fasst man beim idealen Würfel aus Beispiel 12.1 die gewürfelte Augenzahl als Zufallsvariable auf, so hat die zugehörige Verteilungsfunktion die in Abb. 12.1 gezeigte Gestalt.

b) Eine Zufallsvariable X mit Werten im Intervall $[a, b]$ heißt *auf $[a, b]$ gleichverteilt*, wenn sie die konstante Verteilungdichte

$$p(x) \equiv \frac{1}{b - a}$$

hat. Die Verteilungsfunktion F einer gleichverteilten Zufallsvariablen lautet daher

$$F(x) = \begin{cases} 0 & , x \leq a \\ \dfrac{x - a}{b - a} & , x \in (a, b) \\ 1 & , x \geq b \end{cases} .$$

c) Eine Zufallsvariable $X : \Omega \longrightarrow [0, \infty)$ heißt *exponentialverteilt* mit Parameter $\tau > 0$, wenn sie die folgende Verteilungsdichte besitzt:

$$p_\tau(t) = \frac{1}{\tau} \mathrm{e}^{-t/\tau} .$$

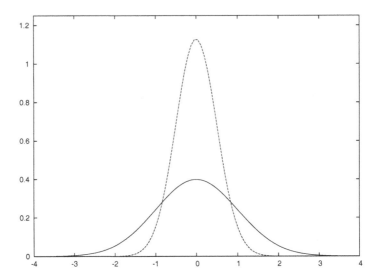

Abb. 12.2. Die Gaußsche Verteilungsdichte für $\sigma = 0.5$ (gestrichelt) und $\sigma = 1$. In beiden Fällen ist $\mu = 0$.

Die zugehörige Verteilungsfunktion erhalten wir durch Integration:

$$F_\tau(x) = \frac{1}{\tau} \int\limits_0^x \mathrm{e}^{-t/\tau} dt = 1 - \mathrm{e}^{-x/\tau}.$$

Derart verteilte Zufallsgrößen treten z.B. bei der stochastischen Modellierung von Zeitspannen auf.

d) Eine Zufallsvariable $X : \Omega \longrightarrow \mathbb{R}$ heißt *normalverteilt* (oder *Gauß-verteilt*), wenn ihre Verteilungsdichte die Gaußfunktion ist (siehe Abb. 12.2):

$$p_{\mu,\sigma}(\xi) = \frac{1}{\sqrt{2\pi}\sigma} \mathrm{e}^{-(\xi-\mu)^2/(2\sigma^2)}, \quad \mu \in \mathbb{R}, \, \sigma > 0.$$

Sie wird u.a. dazu verwendet, die Störungen bei Signalübertragungen oder die unvermeidlichen Messfehler bei Experimenten aller Art zu beschreiben. Wie wir der Tabelle 3.1 auf Seite 87 entnehmen können, steht die Verteilungsfunktion einer normalverteilten Zufallsvariablen in engem Zusammenhang mit der erf-Funktion, denn es gilt

$$\int\limits_{-\infty}^0 \mathrm{e}^{-\xi^2} d\xi = \frac{\sqrt{\pi}}{2}, \quad \mathrm{erf}(x) = \frac{2}{\sqrt{\pi}} \int\limits_0^x \mathrm{e}^{-\xi^2} d\xi.$$

Wenden wir die Variablensubstitution

$$\eta = \frac{\xi - \mu}{\sqrt{2}\sigma}$$

an und setzen zur Abkürzung

$$z = \frac{x - \mu}{\sqrt{2}\sigma},$$

so erhalten wir:

$$F_{\mu,\sigma}(x) = \frac{1}{\sqrt{2\pi}\sigma} \int_{-\infty}^{x} e^{-(\xi-\mu)^2/(2\sigma^2)} \, d\xi$$

$$= \frac{1}{\sqrt{\pi}} \int_{-\infty}^{z} e^{-\eta^2} \, d\eta$$

$$= \frac{1}{\sqrt{\pi}} \left(\int_{-\infty}^{0} e^{-\eta^2} \, d\eta + \int_{0}^{z} e^{-\eta^2} \, d\eta \right)$$

$$= \frac{1}{2} \left(1 + \mathrm{erf} \left(\frac{x - \mu}{\sqrt{2}\sigma} \right) \right). \tag{12.7}$$

□

Die mathematische Beschreibung mit Hilfe von Zufallsvariablen, Verteilungsfunktionen und -dichten ist sehr leistungsfähig. Unabhängig von der jeweiligen Ereignisalgebra oder davon, wie die Wahrscheinlichkeit konkret definiert ist, können alle Phänomene auf die gleiche Art beschrieben werden, wenn nur ihre Verteilungsfunktionen gleich sind.

Zum Abschluss unseres kleinen mathematischen Exkurses definieren wir noch wichtige Größen im Zusammenhang mit Zufallsvariablen. Wir beschränken uns auf den Fall, dass die zugehörige Verteilungsfunktion eine Dichte p besitzt. Der *Erwartungswert* einer Zufallsvariablen X ist definiert als

$$E[X] = \int_{-\infty}^{\infty} x \, p(x) \, dx,$$

und die *Varianz* als

$$V[X] = \int_{-\infty}^{\infty} (x - E[X])^2 \, p(x) \, dx,$$

sofern die Integrale existieren. Die *Standardabweichung* (oder *Streuung*) ist die Wurzel aus der Varianz:

$$\sigma[X] = \sqrt{V[X]}.$$

Die Streuung ist ein Maß für die durchschnittliche Abweichung der Werte von X vom Erwartungswert.

Man rechnet leicht nach, dass der Erwartungswert einer exponentialverteilten Zufallsvariablen gerade τ ist. Für normalverteilte Zufallsvariablen ist der Erwartungswert gleich dem Parameter μ und die Standardabweichung ist gerade σ (Aufgabe 12.2).

12.2 Pseudozufallszahlen

Wir haben eingangs bereits erwähnt, dass der Computer keine wirklichen Zufallswerte erzeugen kann, sondern nur *Pseudozufallszahlen*.

Eine weit verbreitetes Verfahren hierzu ist die *lineare Kongruenzmethode*, die folgendermaßen aussieht:

Seien $a, b, M \in \mathbb{N}$ vorgegebene Werte.

1. Lies ein Startwert (*seed*) $\eta_0 \in \mathbb{N}$ ein (bzw. gib einen Wert vor).
2. Für $k = 0, 1, \ldots$ berechne

$$\eta_{k+1} = a\eta_k + b \quad \mathrm{mod}\ M\,. \tag{12.8}$$

Durch die Modulo-Operation erzeugt diese Vorschrift ganzzahlige Werte aus der Menge $\{0, 1, \ldots, M-1\}$. Viele Bibliotheksroutinen führen zusätzlich eine Division durch M aus, d.h. man erhält durch

$$\xi_{k+1} = \frac{\eta_{k+1}}{M} \tag{12.9}$$

eine Folge von Gleitpunktzahlen im Intervall $[0, 1)$. Ein solcher *Zufallszahlengenerator* dient dann als Computerrealisierung einer auf $[0, 1)$ gleichverteilten Zufallsvariablen. Aus der Definition (12.8) folgt unmittelbar, dass man bei gleichem *seed*-Wert *stets dieselbe* Folge $(\xi_k)_{k=0}^{\infty}$ erhält.

Die auf diese Weise erzeugten Zahlenfolgen $(\xi_k)_{k=1}^{\infty}$ sollen nicht nur möglichst „zufällig" sein, sondern auch das Intervall $[0, 1)$ gleichmäßig ausfüllen, wobei jeder Zahlenwert statistisch gesehen gleich häufig auftritt. Hinzu kommt, dass man diese Eigenschaften nicht nur für die einzelnen Zahlen ξ_k fordern muss, sondern auch für Tupel, die aus aufeinander folgenden Zufallszahlen gebildet werden. Es leuchtet sicher ein, dass die Qualität eines solchen Zufallszahlengenerators stark von der Wahl der Parameter a, b und M abhängt. Dass nicht jede Wahl günstig ist, zeigt das folgende Beispiel:

Beispiel 12.4 (Schlechter Zufallszahlengenerator).
Die Parameter $a = 2^{16} + 3$, $b = 0$ und $M = 2^{31}$ sind keine günstige Wahl für die Erzeugung von zufälligen Zahlenwerten. Um das zu sehen, betrachtet man die Zahlentripel

$$(\xi_k, \xi_{k+1}, \xi_{k+2}) \in [0, 1)^3\,,$$

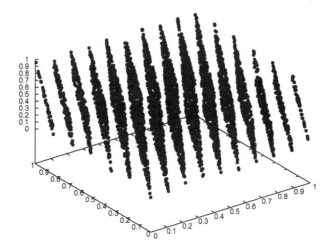

Abb. 12.3. Lage der mit Hilfe des Zufallszahlengenerators aus Beispiel 12.4 erzeugten Punkte im Einheitswürfel.

deren Komponenten durch (12.8) und (12.9) erzeugt werden. Interpretiert man die Tripel als kartesische Koordinaten von Punkten im Einheitswürfel, so verteilen sich diese nicht gleichmäßig über den Würfel, sondern ausschließlich auf 15 Ebenen (siehe Abb. 12.3). □

Das in Beispiel 12.4 beobachtete Verhalten ist übrigens prinzipiell bedingt: d-Tupel, deren Komponenten mit Hilfe der linearen Kongruenzmethode gebildet werden, liegen stets auf $(d-1)$-dimensionalen *Hyperebenen*, wobei man allerdings durch eine günstige Parameterwahl die Anzahl dieser Ebenen maximieren kann. Für weitere Details zur linearen Kongruenzmethode und alternative Verfahren verweisen wir auf [9].

In C stehen uns mehrere Funktionen der Standardbibliothek für die Erzeugung von Pseudozufallszahlen zur Verfügung. Für ihre Verwendung muss daher die Headerdatei `<stdlib.h>` eingebunden werden. Wir geben hier nur eine kleine Auswahl solcher Funktionen an:

1. **Pseudozufallszahlen vom Typ** `int`:

```
int rand(void);
```

Die Funktion `rand()` liefert einen (pseudo-)zufälligen Wert vom Typ `int` zwischen 0 und `RAND_MAX` zurück. `RAND_MAX` ist eine in der Headerdatei `stdlib.h` definierte Konstante.

```
void srand(unsigned int seed);
```

Mit dieser Funktion setzt man den *seed*-Wert für die Initialisierung der Folge von Pseudozufallszahlen, die man mit dem Aufruf von `rand()` erhält. Verzichtet man auf das Setzen dieses Startwerts, so wird der *seed*-Wert 1 angenommen.

2. **Pseudozufallszahlen vom Typ** `double`:

```
double drand48(void);
```

`drand48()` ist ein linearer Kongruenzgenerator, der mit Hilfe von (12.9) gleichverteilte Gleitpunktzahlen vom Typ `double` im Intervall $[0, 1)$ erzeugt.

```
void srand48(long int seedval);
```

`srand48()` dient der Initialisierung des `drand48()`-Generators mit einem *seed*-Wert.

Beispiel 12.5 (Erzeugung eines Zufallsvektors).
Um einen (pseudo-)zufälligen Punkt $x = (x_1, \ldots, x_d)$ im d-dimensionalen Quader

$$Q_d = [a_1, b_1] \times [a_2, b_2] \times \cdots \times [a_d, b_d] \subset \mathbb{R}^d$$

zu erzeugen, kann man die Funktion `drand48()` folgendermaßen benutzen:

```
for (i=0;i<d;i++)
    x[i] = a[i]+(b[i]-a[i])*drand48();
```

Dabei haben wir die unteren bzw. oberen Intervallgrenzen jeweils in einem Feld der Länge d mit Einträgen vom Typ `double` abgelegt.   □

Bemerkung 12.6.
Für den Umgang mit den obigen Bibliotheksfunktionen weisen wir noch auf folgende Dinge hin:

a) Man sollte stets einen *seed*-Wert setzen. Vor allem bei der Fehlersuche ist es eine Erleichterung, wenn man in jedem Programmdurchlauf von der gleichen Zufallszahlenfolge ausgehen kann, weil man einen festen Startwert gesetzt hat. Möchte man bei jedem Durchlauf andere Zahlenfolgen haben, so kann man den *seed*-Wert z.B. aus der Systemuhrzeit mit Hilfe der Funktion `gettimeofday()` aus Abschnitt 8.2.1 erzeugen.
b) Zur Erzeugung von ganzzahligen Zufallswerten existiert auch die Funktion
    `long int random(void);`
    zusammen mit der Initialisierungsroutine
    `void srandom(unsigned int seed);`
    Auf aktuellen LINUX-Systemen sind diese Funktionen gleichbedeutend mit `rand()` und `srand()`, auf älteren Systemen bzw. anderen Plattformen handelt es sich um unterschiedliche Funktionen. In den meisten Fällen ist dann `random()` vorzuziehen.

c) Häufig benötigt man gar nicht alle Zahlen zwischen 0 und RAND_MAX, sondern nur einen kleinen Ausschnitt wie z.B. zufällige Zahlen aus der Menge $\{1, 2, \ldots, N\}$. Wie in [12] ausführlicher behandelt wird, sollte man dafür nicht die nahe liegende Variante

```
zz = 1+ (rand() % N);
```

verwenden, sondern:

```
zz = 1+ (int) (N*rand()/(RAND_MAX+1.0));
```

Eine Variante hiervon ist natürlich die folgende Zeile:

```
zz = 1+ (int) (N*drand48());
```

12.3 Erzeugung von Zufallszahlen gemäß einer Verteilung

In vielen Algorithmen, die sich stochastischer Mittel bedienen, begegnet man der folgenden Anweisung:

„Erzeuge eine Zufallszahl ξ gemäß der Verteilung F."

Im letzten Abschnitt haben wir mit drand48() eine Bibliotheksfunktion kennen gelernt, die die Gleitpunktversion einer auf dem Intervall $[0, 1)$ gleichverteilten Zufallszahl generiert. Wie in Beispiel 12.5 lässt sich damit sehr leicht der Fall einer auf einem Intervall $[a, b)$ gleichverteilten Zufallsvariablen behandeln, aber wie sollen wir z.B. exponentialverteilte oder gar normalverteilte Zufallsvariablen behandeln? Hier hilft uns der folgende Satz weiter:

Satz 12.7 (Inversionsmethode).
Sei F eine streng monotone, stetige Verteilungsfunktion und η auf $[0, 1)$ gleichverteilt. Dann gilt:
Die Lösung ξ der Gleichung

$$F(\xi) = \eta$$

ist gemäß F verteilt (d.h. F ist die Verteilungsfunktion von ξ).

Beweis. Aus der Stetigkeit und der strengen Monotonie von F folgt die Existenz einer streng monoton wachsenden Umkehrabbildung F^{-1}. Damit erhalten wir als Verteilung von ξ:

$$P(\{\xi \leq x\}) = P(\{F^{-1}(\eta) \leq x\}) = P(\{\eta \leq F(x)\}) = F(x) \,,$$

weil η auf $[0, 1)$ gleichverteilt ist. □

Beispiel 12.8 (Erzeugung exponentialverteilter Zufallszahlen).
In Beispiel 12.3 c) haben wir die Verteilungsfunktion einer mit Parameter $\tau > 0$ exponentialverteilten Zufallsvariablen berechnet:

$$F_\tau : [0, \infty) \longrightarrow [0, 1) \,, \quad F_\tau(x) = 1 - \mathrm{e}^{-x/\tau} \,.$$

Für $\eta \in [0,1)$ ist die Lösung von $F_\tau(\xi) = \eta$ gegeben als

$$\xi = -\tau \log(1 - \eta) \in [0, \infty).$$

Bei der Implementierung einer entsprechenden C-Funktion können wir ausnutzen, dass η genau dann gleichverteilt ist, wenn dies für $1 - \eta$ der Fall ist:

```
double exp_random(double tau)
{
    double zufall = drand48();
    return (-tau*log(zufall));
}
```

$\square$

Beispiel 12.9 (Erzeugung einer normalverteilten Zufallszahl).
In Beispiel 12.3 d) hatten wir bereits die Verteilungsfunktion einer normalverteilten Zufallsvariablen berechnet:

$$F_{\mu,\sigma}(x) = \frac{1}{2}\left(1 + \mathrm{erf}\left(\frac{x - \mu}{\sqrt{2}\sigma}\right)\right).$$

Wir setzen zur Abkürzung wieder

$$z = \frac{x - \mu}{\sqrt{2}\sigma}.$$

Nach Satz 12.7 ist die Gleichung

$$F_{\mu,\sigma}(x) = \eta \;\Leftrightarrow\; \mathrm{erf}(z) = 2\eta - 1$$

zu lösen, die sich allerdings nicht elementar nach z auflösen lässt. Mit dem Newton-Verfahren verfügen wir aber über eine Möglichkeit, dieses Problem zu beheben und wir gelangen zum folgenden Algorithmus:

1. Generiere eine auf $[0,1)$ gleichverteilte Zufallszahl η.
2. Löse die Gleichung
$$\mathrm{erf}(z) = 2\eta - 1$$

   mit Hilfe des Newton-Verfahrens:
   Setze $y := 2\eta - 1$, $x_0 := 0$ und berechne

$$z_{k+1} := z_k - e^{z_k^2}\left(\mathrm{erf}(z_k) - y\right), k = 0, 1, 2, \ldots$$

   bis $|\mathrm{erf}(z_{k+1}) - y| < \epsilon$ für ein vorgegebenes $\epsilon > 0$. Setze $z := z_{k+1}$.
3. Transformiere zurück:
$$x := \sqrt{2}\sigma z + \mu.$$

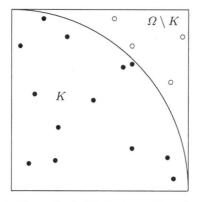

Abb. 12.4. Monte-Carlo-Methode zur Berechnung von π.

Das so erhaltene x ist gemäß $F_{\mu,\sigma}$ verteilt. $\qquad\qquad\qquad\qquad\qquad\square$

Anmerkung. Die hier vorgestellte Methode zur Erzeugung normalverteilter Zufallszahlen ist bei weitem nicht die einzige und auch nicht die schnellste. Sie kommt aber im Gegensatz zu den gängigen Methoden (wie z.B. das *Box-Muller*-Verfahren, siehe etwa [12]) ohne die Einführung mehrdimensionaler Zufallsvariablen aus und stellt eine weitere schöne Anwendung für das Newton-Verfahren dar.

12.4 Einfache Monte-Carlo-Methoden

Im Beispiel mit dem blinden Wurf auf eine Dartscheibe haben wir den Quotienten aus Flächeninhalt der Scheibe und Wandfläche als Wahrscheinlichkeit dafür angesehen, dass wir die Scheibe treffen. Intuitiv erwarten wir, dass unsere Trefferquote bei hinreichend vielen Würfen eine Näherung für diese Wahrscheinlichkeit ist. Wir wollen an einem Beispiel untersuchen, ob dem so ist:

Beispiel 12.10 (Monte-Carlo-Methode zur Berechnung von π).
Wir betrachten das Einheitsquadrat $\Omega = [0,1]^2$ und darin den Viertelkreis

$$K = \{(x,y) : x \geq 0, y \geq 0, x^2 + y^2 \leq 1\} \subset \mathbb{R}^2,$$

mit Flächeninhalt $\pi/4$. Wir verwenden `drand48()` zur Erzeugung von Punkten in Ω und prüfen jeweils, ob sich der Punkt in K befindet (siehe Abb. 12.4). Die relative Häufigkeit hiervon sehen wir als Näherung für $\pi/4$ an:

```
1  #include <stdio.h>
2  #include <stdlib.h>
3
4  int main(int argc, char **argv)
```

```
5  {
6      int    i, cntr=0;
7      double x, y, pi_approx;
8
9      int    N=atoi(argv[1]);
10     long   seed=atol(argv[2]);
11
12     srand48(seed);
13     for (i=0; i<N; i++)
14     {
15         x=drand48();
16         y=drand48();
17         if (x*x+y*y<=1.0)
18             cntr++;
19     }
20     pi_approx=4.0*(double)cntr/N;
21     printf("PI ist ungefaehr: %e\n",pi_approx);
22     return 0;
23 }
```

An der Kommandozeile übergeben wir die Anzahl N der Versuche sowie den *seed*-Wert für die Initialisierung des Zufallszahlengenerators. Testet man das Programm, so erhält man je nach Eingabe von N bzw. des *seed*-Werts folgende Ergebnisse:

N	*seed*	PIapprox
100	1	3.12
	3	3.24
	4	3.16
10000	2	3.14
	5	3.1192
	16	3.154
1000000	7	3.14384
	9	3.141284
	12	3.141472

Die Tabelle in Beispiel 12.10 suggeriert, dass mit wachsender Anzahl N von Versuchen die Näherungswerte immer besser werden. Insofern bestätigt unser simuliertes Zufallsexperiment das *empirische Gesetz der großen Zahlen*, wonach die relative Häufigkeit, mit der ein Ereignis bei einer Reihe von N unabhängigen Versuchen eintritt, mit wachsendem N der Wahrscheinlichkeit dieses Ereignisses zustrebt.

Wir lesen außerdem an den Ergebnissen ab, dass wir scheinbar immer dann eine korrekte Dezimalstelle hinzugewinnen, wenn wir die Anzahl N der Versuche um den Faktor 100 erhöhen. Das ist keine Spezialität dieser Aufgabe, sondern eine Konsequenz aus dem *zentralen Grenzwertsatz* der Wahrscheinlichkeitstheorie, den zu formulieren oder gar zu beweisen den Rahmen dieses Kapitels sprengen würde. Wir sagen nur so viel: Aus diesem wichtigen Satz folgt u.a., dass der Fehler bei einer Monte-Carlo-Methode eine normalverteilte Zufallsvariable ist, deren Streuung sich in der Größenordnung $\mathcal{O}(1/\sqrt{N})$ bewegt. Man beachte hierbei, dass es sich bei der Streuung um einen Durchschnittswert handelt und es deshalb keine hundertprozentige Sicherheit für das Unterschreiten einer Fehlerschranke gibt.

Ein großer Vorteil von Monte-Carlo-Verfahren ist ihre Flexibilität und Einfachheit – verglichen mit vielen anderen numerischen Methoden. Mit relativ wenigen Handgriffen können wir die Einsatzmöglichkeiten des Programms zur Berechnung von π erheblich erweitern:

Beispiel 12.11 (Schwerpunktberechnung). Wir betrachten N Punktmassen, die sich an den Positionen

$$\mathbf{r}_i = (x_i, y_i) \in \mathbb{R}^2 \,, \quad i = 1, \dots, N \,,$$

befinden und jeweils die Masse $\rho_i > 0$ besitzen. Die Formel für den *Schwerpunkt* dieses Systems von Massepunkten ist uns bereits aus Kapitel 8 bekannt:

$$\mathbf{r}_S = \frac{1}{m} \sum_{i=1}^{N} \rho_i \, \mathbf{r}_i \,, \quad m = \sum_{i=1}^{N} \rho_i \,. \tag{12.10}$$

Dabei ist m offensichtlich die *Gesamtmasse*. Als Verallgemeinerung hiervon ist eine kontinuierliche Massenverteilung gegeben durch eine *Massendichtefunktion* $\rho(\mathbf{r})$ in einem Gebiet $\Omega \subset \mathbb{R}^2$. Die Summen in der Definition des Schwerpunkts (12.10) werden dann durch Integrale ersetzt:

$$\mathbf{r}_S = \frac{1}{m} \int_{\Omega} \rho(\mathbf{r}) \, \mathbf{r} \, d\mathbf{r} \,, \quad m = \int_{\Omega} \rho(\mathbf{r}) \, d\mathbf{r} \,. \tag{12.11}$$

Besitzt die Massendichtefunktion bzw. das Gebiet Ω eine hinreichend komplizierte Gestalt, so kann man den Schwerpunkt durch exakte Rechnung meist überhaupt nicht und mit Hilfe von üblichen Näherungsmethoden nur sehr teuer in ausreichender Qualität ermitteln. Statt dessen versuchen wir es mit einer Monte-Carlo-Methode und betrachten dazu die folgende Aufgabe:

Der Viertelkreis K aus Beispiel 12.10 sei von einer Fläche mit Massendichte

$$\rho(x, y) = \frac{1}{1 + x^2 + y^2}$$

ausgefüllt. Gesucht ist ein Näherungswert für den Schwerpunkt $\mathbf{r}_S$ nach (12.11).

Dazu gehen wir analog zur Monte-Carlo-Methode in Beispiel 12.10 vor: Wir erzeugen N zufällige Punkte $\mathbf{r}_i = (x_i, y_i)$ im Einheitsquadrat $\Omega = [0, 1]^2$ und prüfen, ob sie in K liegen. Mit den Punkten, die im Innern des Viertelkreises liegen, berechnen wir empirische Mittelwerte als Näherungen für die Integrale in (12.11). Als stochastische Schätzung für den Wert des Integrals im Zähler verwenden wir

$$\frac{1}{N} \sum_{\substack{i=1 \\ \mathbf{r}_i \in K}}^{N} \rho(x_i, y_i) \mathbf{r}_i \, , \tag{12.12}$$

und die Gesamtmasse M approximieren wir durch

$$\frac{1}{N} \sum_{\substack{i=1 \\ \mathbf{r}_i \in K}}^{N} \rho(x_i, y_i) \, . \tag{12.13}$$

Als Quelltext liest sich diese Methode dann so:

```
1   #include <stdio.h>
2   #include <stdlib.h>
3
4   int main(int argc, char **argv)
5   {
6       int     i;
7       double x, y, rquad;
8       double x_s=0.0, y_s=0.0;
9       double dichte, masse=0.0;;
10
11      int     N=atoi(argv[1]);
12      long    seed=atol(argv[2]);
13
14      srand48(seed);
15
16      for (i=0; i<N; i++)
17      {
18          x=drand48();
19          y=drand48();
20          rquad = x*x+y*y;
21
22          if (rquad<=1.0)
23          {
24              dichte = 1.0/(1+rquad);
25              masse += dichte;
26              x_s += dichte*x;
27              y_s += dichte*y;
```

```
28        }
29      }
30      x_s /= masse;
31      y_s /= masse;
32      printf("Schwerpunkt: (%e,%e)\n",x_s,y_s);
33
34      masse /= N;
35      printf("Masse: %e\n",masse);
36      return 0;
37 }
```

Man beachte besonders die *Zeilen 30 und 31*: Zur Berechnung der Schwerpunktkoordinaten dividieren wir durch die Variable `masse`, da sich der Vorfaktor $1/N$ in den Summen (12.12) und (12.13) wegkürzt.   □

Man kann die Vorgehensweise in Beispiel 12.11 so interpretieren, dass die kontinuierliche Massenverteilung durch ein stochastisches System von diskreten Massepunkten ersetzt wird. Die Bildung empirischer Mittelwerte aus N Versuchsauswertungen ist aber charakteristisch für alle Monte-Carlo-Methoden, weshalb das Verfahren zuweilen auch *Methode der statistischen Versuche* genannt wird.

12.5 Übungsaufgaben zu Kapitel 12

12.1 (Wahrscheinlichkeit und Verteilungsfunktion).

a) Es seien A und B Ereignisse. Zeigen Sie, dass gilt:

$$P(A \setminus B) = P(A) - P(A \cap B), \quad P(A \cup B) = P(A) + P(B) - P(A \cap B).$$

Beweisen Sie außerdem die folgende „Monotonieeigenschaft" der Wahrscheinlichkeit:

$$A \subseteq B \Longrightarrow P(A) \leq P(B).$$

b) Verwenden Sie Teil a) dazu, aus der Definition (12.3) die Gleichung (12.4) abzuleiten. Begründen Sie ferner, warum die Verteilungsfunktion monoton wachsend sein muss.
Hinweis: Wählen Sie geeignete Ereignisse A und B.

12.2 (Erwartungswerte und Varianz).

a) Betrachten Sie die Dichte einer mit Parameter $\tau > 0$ exponentialverteilten Zufallsvariablen

$$p_1(t) = \frac{1}{\tau}e^{-t/\tau}, \quad t \geq 0,$$

und zeigen sie, dass eine derart verteilte Zufallsvariable X_1 den Erwartungswert $E[X_1] = \tau$ besitzt.

b) Rechnen Sie nach, dass für eine normalverteilte Zufallsvariable X_2 mit der Dichte

$$p_2(\xi) = \frac{1}{\sqrt{2\pi}\sigma} e^{-(\xi-\mu)^2/(2\sigma)^2}$$

gilt: Der Erwartungswert von X_2 ist μ und die Standardabweichung $\sigma[X_2]$ ist σ. *Hinweis:* Integrieren Sie partiell und verwenden Sie

$$\int\limits_{-\infty}^{\infty} e^{-\xi^2}\, d\xi = \sqrt{\pi}\,.$$

12.3 (Wieder der schlechte Zufallszahlengenerator).
Das Verhalten des Zufallszahlengenerators aus Beispiel 12.4 lässt sich recht einfach theoretisch nachweisen: Zeigen Sie durch Einsetzen der Gleichungen (12.8) und (12.9), dass für diese spezielle Wahl der Parameter a, b und M gilt:

$$\xi_{k+2} - 6\xi_{k+1} + 9\xi_k \text{ ist ganzzahlig für alle } k = 0, 1, \dots$$

Begründen Sie damit, dass jedes Zahlentripel der Form $(\xi_k, \xi_{k+1}, \xi_{k+2})$ auf einer von 15 Ebenen im Einheitswürfel $[0,1]^3$ liegen muss.

12.4 (Kryptographie mit Pseudozufallszahlen).
Modifizieren Sie das Verschlüsselungs-Verfahren aus Abschnitt 6.3, indem Sie `srand()` und `rand()` verwenden, um die benötigte Schlüsselfolge zu erzeugen. Damit wird dann der verwendete *seed*-Wert zum „Geheimnis".

12.5 (Ziehung der Lottozahlen).
Schreiben sie ein Programm, das die Ziehung der Lottozahlen „6 aus 49" simuliert. Beachten Sie hierbei Bemerkung 12.6 c).

12.6 (Normalverteilte Zufallszahlen).
Schreiben Sie eine Funktion `gauss1D()`, die den Algorithmus aus Beispiel 12.9 zur Erzeugung einer gemäß $F_{\mu,\sigma}$ verteilten Zufallszahl umsetzt.
Testen Sie die Funktion in einem Hauptprogramm, das N derart verteilte Zahlen x_i erzeugt. Lassen Sie den empirischen Mittelwert und die empirische Streuung, definiert durch

$$\bar{x} = \frac{1}{N} \sum_{i=1}^{N} x_i\,, \quad \bar{\sigma} = \frac{1}{\sqrt{N-1}} \sqrt{\sum_{i=1}^{N} (x_i - \bar{x})^2}\,,$$

für die erzeugten Zahlen berechnen und vergleichen Sie diese Werte mit den von Ihnen gewählten Parametern μ und σ.
Hinweis: Rechnen Sie nach, dass gilt:

$$\bar{\sigma} = \frac{1}{\sqrt{N-1}} \sqrt{\sum_{i=1}^{N} x_i^2 - N\bar{x}^2}\,.$$

12.7 (Berechnung von π).
Implementieren Sie eine Version des Programms aus Beispiel 12.10, die die Funktion `hypot()` aus der Mathematikbibliothek verwendet. Welche Variablen kann man auf diese Weise einsparen?

12.8 (Schwerpunktberechnung).

a) Ändern Sie das Programm in Beispiel 12.11 dahingehend, dass der Schwerpunkt jeweils für die Massendichte

$$\rho_0(x,y) \equiv 1, \; \rho_1(x,y) = \frac{1}{1+x^2}, \; \rho_2(x,y) = \frac{1}{1+y^2},$$

berechnet wird. Testen Sie die Programme mit verschiedenen Werten für die Anzahl der Versuche bzw. für den *seed*-Wert.

b) Erweitern Sie die Schwerpunktberechnung auf 3 Dimensionen: Betrachten Sie $\Omega = [0,1]^3 \subset \mathbb{R}^3$,

$$K = \{(x,y,z) : x,y,z \geq 0, \; x^2 + y^2 + z^2 \leq 1\} \subset \Omega$$

und als Massendichte entsprechend:

$$\rho(x,y,z) = \frac{1}{1+x^2+y^2+z^2}.$$

Implementieren und testen Sie eine entsprechende Monte-Carlo-Methode.

13

Programmierprojekte

Zum Abschluss führen wir an zwei Anwendungsbeispielen den in Abb. 1.6 dargestellten Ablauf vom Modell zum Programm vor. Im ersten Beispiel, in dem wir uns mit der Simulation von Warteschlangen befassen, müssen wir das mathematische Modell erst entwickeln. Das ist aber nicht weiter schwierig, da es sich um recht einfache Abläufe handelt.

Bei der Simulation von Planetenbewegungen steht uns das mathematische Modell in Form physikalischer Gesetze bereits zur Verfügung. Daher richten wir unser Hauptaugenmerk auf die Verwendung geeigneter Implementierungstechniken. Wir gehen außerdem darauf ein, wie man die berechneten Daten visualisieren kann.

13.1 Projekt 1: Simulation von Warteschlangen

Sowohl die Warteschlange an der Supermarktkasse, als auch die einer Telefon-Hotline gehorchen den gleichen mathematischen Gesetzen. Wir gehen hier auf den Spezialfall ein, dass die Zeitspanne zwischen zwei ankommenden Kunden, als auch die Dauer, die für einen einzelnen Kunden aufgebracht werden muss, exponentialverteilte Zufallsvariablen sind. Im folgenden werden wir nur noch von der Warteschlange an einer Kasse reden.

13.1.1 Der grundlegende Algorithmus

Kern der Simulation ist ein „Springen auf der Zeitachse", und zwar von einem sogenannten *Ereignis* (engl. *event*) zum nächsten. In diesem Zusammenhang sind dies die Ereignisse „Eintreffen eines neuen Kunden an der Warteschlange" und „Bedienung des aktuellen Kunden abgeschlossen". Die zugehörigen Zeitpunkte sind in folgenden Variablen abgelegt:

- `t_neuer_kunde`
- `t_kunde_fertig_bedient`

Wir entwickeln unsere Simulation, indem wir die Vorgehensweise schrittweise verfeinern. Um uns nicht in technischen Details zu verlieren, formulieren wir unser Verfahren zuerst als *Pseudocode*.

Unsere Simulation soll die zeitliche Entwicklung der Länge der Warteschlange nachbilden. An der Länge der Warteschlange ändert sich nur dann etwas, wenn ein neuer Kunde eintrifft oder die Bedienung eines Kunden abgeschlossen ist.

- Wenn ein Kunde an der Kasse eintrifft, so findet er sie entweder frei vor, oder es steht mindestens ein Kunde vor ihm in der Schlange, dessen Bedienung noch nicht abgeschlossen ist.
  In diesem Fall verlängert sich die Schlange um einen Kunden. Ist er der einzige Kunde in der Schlange, so beginnt seine Bedienung sofort.
- Ist die Bedienung eines Kunden beendet, so wird dieser aus der Schlange entfernt und die Länge der Schlange verringert sich um 1.

Unsere Simulation besteht im Prinzip aus der folgenden Ereignisschleife. Mit der Variablen `jetzt` modellieren wir den Zeitpunkt, zu dem sich der Zustand der Warteschlange ändert.

```
 1  wiederhole:
 2
 3      falls "kein kunde an kasse" oder
 4          t_neuer_kunde < t_kunde_fertig_bedient:
 5
 6          /* neuer kunde trifft ein */
 7
 8          jetzt = t_neuer_kunde
 9
10          "fuege neuen kunden der warteschlange an"
11
12          falls "jetzt nur ein kunde in schlange":
13              t_kunde_fertig_bedient = jetzt + "zufall"
14
15          t_neuer_kunde = jetzt + "zufall"
16
17      ansonsten:
18
19          /* bedienung des aktuellen kunden abgeschlossen */
20
21          jetzt = t_kunde_fertig_bedient
22
23          "entferne den kunden aus warteschlange"
24
25          falls "noch kunden in warteschlange":
26              t_kunde_fertig_bedient = jetzt + "zufall"
```

- Die Schleife bestimmt in jedem Durchlauf, welches das zeitlich nächste Ereignis ist.
  Ist kein Kunde an der Kasse, oder ist die Bedingung in *Zeile 4* erfüllt, so tritt das Ereignis „Eintreffen eines neuen Kunden an der Warteschlange" ein, d.h es werden die *Zeilen 6-15* abgearbeitet.
  Andernfalls (*Zeile 17*) befinden sich Kunden an der Kasse und die Bedienung des aktuellen Kunden ist früher beendet als die Ankunft eines neuen. Die Anweisungen in den *Zeilen 21-26* werden nun ausgeführt.
- Die *Zeilen 8-13* behandeln den Fall, dass sich ein neuer Kunde anstellt. Ist dieser jetzt der einzige Kunde in der Schlange (*Zeilen 12-13*), so wird er umgehend bedient und das Ende des Bedienvorgangs wird in *Zeile 13* festgelegt.
- In jedem Fall wird auch das Eintreffen des nächsten Kunden, d.h. der Wert von `t_neuer_kunde` in *Zeile 15*, neu „ausgewürfelt".
- Zu den *Zeilen 21-26*: Der aktuelle Kunde ist jetzt fertig bedient und wird aus der Warteschlange entfernt. Befindet sich jetzt ein weiterer Kunde in der Warteschlange, so wird dieser umgehend bedient und das Ende des Bedienvorgangs `t_kunde_fertig_bedient` festgelegt.
- Der als „Zufall" bezeichnete Prozess ist jeweils exponentialverteilt. Derartige Zufallsvariablen haben wir bereits in Abschnitt 12.1 kennen gelernt. In den *Zeilen 13* und *26* modelliert der Parameter τ die mittlere Dauer des Bedienvorgangs, in *Zeile 15* dient der Parameter der Verteilung zur Modellierung der mittleren Zeitspanne, die zwischen dem Eintreffen zweier Kunden vergeht.

Als C-Quelltext sieht die Simulation wie folgt aus:

```
1  #include "zufall.h"
2
3  void run(double tau_e, double tau_b, double tmax)
4  {
5      double tn = 0.0f;
6      double tb = 0.0f;
7      double jetzt = 0.0f;
8      int   ws_laenge = 0;
9      int   i;
10
11     while (jetzt <= tmax)
12     {
13         if (ws_laenge == 0 || tn < tb)
14         {
15             jetzt = tn;
16             ws_laenge++;
17             if (ws_laenge==1)
18                 tb = jetzt+exp_random(tau_b);
19             tn = jetzt + exp_random(tau_e);
```

```
20            }
21            else {
22                jetzt = tb;
23                ws_laenge--;
24                if (ws_laenge)
25                    tb = jetzt+exp_random(tau_b);
26            }
27            printf("%f %d\n", jetzt, ws_laenge);
28        }
29 }
```

- Um die Warteschlange an der Kasse zu verwalten, genügt es in unserem
  Fall, ihre Länge zu speichern. Man sieht dies an den *Zeilen 13, 17, 23* und
  24.
- In *Zeile 27* wird die aktuelle Zeit zusammen mit der Länge der Schlange
  ausgegeben. Wir werden dies später benutzen, um ihren zeitlichen Verlauf
  graphisch darzustellen.
- Die Simulation wird beendet, sobald der Zeitpunkt `tmax` (*Zeile 11*) erreicht
  bzw. überschritten wird.

Wir speichern diesen Quelltext in `run_ws.c`. Die zugehörige Headerdatei
`run_ws.h` ist recht einfach:

```
1  void run(double tau_e, double tau_b, double tmax);
```

13.1.2 Der Zufallszahlengenerator

Wir haben bereits in Beispiel 12.8 gelernt, wie man exponentialverteilte Zufallszahlen erzeugt. Für unser Projekt muss eigentlich nur noch die Initialisierung des Zufallszahlengenerators automatisiert werden.

Zunächst deklarieren wir die benötigten Funktionen in der Datei `zufall.h`
wie folgt:

```
1  void init_drand48();
2  double exp_random(double tau);
```

Die Implementierung der zugehörigen Funktionen in `zufall.c` lautet:

```
1  #include <stdlib.h>
2  #include <math.h>
3  #include <sys/time.h>
4
5  void init_drand48()
6  {
7      struct timeval now;
```

```
 8       gettimeofday(&now, NULL);
 9       srand48(now.tv_sec);
10  }
11
12  double exp_random(double tau)
13  {
14       return -tau * log(drand48());
15  }
```

Man beachte die Initialisierung von `drand48()` in den *Zeilen 5–10*. Hier benutzen wir die Systemzeit als Argument für `srand48()`. Die verwendete Struktur `struct timeval` sowie die Funktion `gettimeofday()` kennen wir bereits aus Abschnitt 8.2.1.

13.1.3 Das Hauptprogramm

Wir fügen nun alles im Hauptprogramm `wssimu.c` zusammen:

```
 1  #include <stdlib.h>
 2  #include <stdio.h>
 3
 4  #include "zufall.h"
 5  #include "run_ws.h"
 6
 7  int main(int argc, const char ** argv)
 8  {
 9      if (argc != 4)
10      {
11          printf("\nBitte benutzen Sie dieses Programm wie "
12                  "folgt: \n\n"
13                  "%s tau_eintreff tau_bedien tmax\n\n",
14                  argv[0]);
15          return 0;
16      }
17
18      double tau_e = atof(argv[1]);
19      double tau_b = atof(argv[2]);
20      double tmax  = atof(argv[3]);
21
22      init_drand48();
23      run(tau_e, tau_b, tmax);
24  }
```

Das Hauptprogramm nimmt dabei folgende Werte als Kommandozeilenparameter entgegen:

a) Die mittlere Zeitspanne `tau_e` zwischen dem Eintreffen zweier Kunden.
b) Die mitllere Zeit `tau_b`, die die vollständige Bedienung eines Kunden in Anspruch nimmt.
c) Als drittes und letztes gibt man den Endzeitpunkt der Simulation an.

In jedem Schritt der Simulation gibt das Programm die momentane Länge der Warteschlange aus.

13.1.4 Zwei Beispielrechnungen

Mit Hilfe des folgenden Makefiles können wir nun das Programm `wssimu` bequem erzeugen:

```
1  wssimu: wssimu.o zufall.o run_ws.o
2      gcc wssimu.o zufall.o run_ws.o -o wssimu -lm
3
4  %.o: %.c
5      gcc -c $<
```

Die vom Programm `wssimu` erzeugte Bildschirmausgabe lenken wir mittels > in eine Datei um (siehe Anhang B) und verwenden wieder GNUPLOT zur Visualisierung.

In unserem ersten Test simulieren wir den Fall, dass die Kundenbedienung im Mittel etwas länger dauert als das Eintreffen eines neuen Kunden an der Kasse:

```
$ ./wssimu 10 12 5000 > q1.dat
$ gnuplot


        G N U P L O T
        ...


gnuplot> set terminal x11
Terminal type set to 'x11'

gnuplot> plot 'q1.dat' with lines
```

Wie zu erwarten ist, dominiert die Zunahme an wartenden Kunden (siehe Abb. 13.1) über die hin und wieder auftretenden Verkürzungen der Schlange. Für den zweiten Fall liefert der Aufruf

```
$ ./wssimu 11 10 5000 > q2.dat
```

ein Resultat wie in Abb. 13.2: Die Schlange verkürzt sich immer wieder, zum Teil ist die Kasse sogar frei.

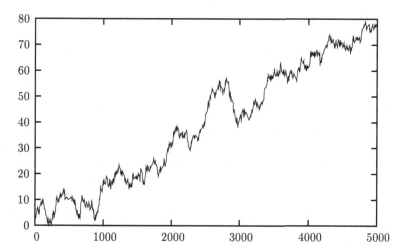

Abb. 13.1. Die Entwicklung der Warteschlangenlänge bis zur Zeit $t = 5000$. Hier ist die mittlere Bediendauer eines Kunden geringfügig länger als die mittlere Zeitspanne zwischen der Ankunft zweier Kunden.

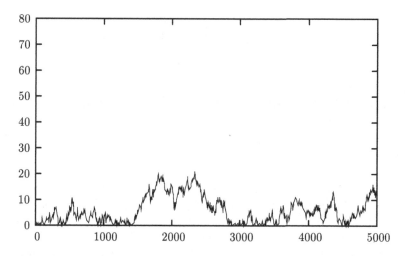

Abb. 13.2. Die Entwicklung der Warteschlangenlänge bis zur Zeit $t = 5000$. Hier ist die mittlere Bediendauer eines Kunden geringfügig kürzer als die mittlere Zeitspanne zwischen der Ankunft zweier Kunden.

13.2 Projekt 2: Planetenbahnen

Unser Ziel bei diesem Projekt ist die Entwicklung einer Bibliothek, die uns die Simulation von Planetenbahnen ermöglicht. Wir belassen es dabei aber nicht bei der Erzeugung von Koordinaten-Listen, sondern zeigen auch, wie man die Ergebnisse visualisieren kann.

13.2.1 Das mathematische Modell: Newtons Gravitationsgesetz

Bevor wir uns die Physik ansehen, die hinter der Planetenbewegung steckt, klären wir einige mathematische Bezeichnungen. Im Folgenden verwenden wir für Vektoren fett gedruckte Buchstaben und einen hochgestellten Punkt für die Ableitung nach der Zeit t. Ist $\mathbf{f}(t) = (f_i(t))_{i=1}^n$ eine vektorwertige Funktion der Zeit, deren Komponenten f_i allesamt differenzierbar sind, so bezeichnet

$$\dot{\mathbf{f}}(t) = \begin{pmatrix} \dot{f}_1(t) \\ \vdots \\ \dot{f}_n(t) \end{pmatrix}$$

die erste Ableitung der Funktion $\mathbf{f}$ an der Stelle t. Analog ist die zweite Ableitung gegeben durch

$$\ddot{\mathbf{f}}(t) = \begin{pmatrix} \ddot{f}_1(t) \\ \vdots \\ \ddot{f}_n(t) \end{pmatrix}$$

Für die Anziehungskraft zweier Massepunkte der Masse m_1 bzw. m_2, die sich an den Positionen $\mathbf{r}_1$ bzw. $\mathbf{r}_2 \in \mathbb{R}^3$ befinden, gilt nach dem Newtonschen Gravitationsgesetz:

$$\mathbf{F}_{1,2} = G\, m_1 m_2 \frac{\mathbf{r}_1 - \mathbf{r}_2}{\|\mathbf{r}_1 - \mathbf{r}_2\|^3}.$$

Dabei ist $G = 6{,}67410^{-11} \text{m}^3/(\text{kg s}^2)$ die so genannte *Gravitationskonstante*. Die Kraft wirkt also entlang des Verbindungsvektors der Punkte $\mathbf{r}_1$ und $\mathbf{r}_2$, wie man am Zähler erkennt. Wie in Abschnitt 1.1 steht $\|\mathbf{r}_1 - \mathbf{r}_2\|$ für den euklidischen Abstand der beiden Punkte $\mathbf{r}_1$ und $\mathbf{r}_2$. Der Betrag der Anziehungskraft nimmt also quadratisch mit der Entfernung der beiden Massepunkte ab.

Hat man es mit mehreren Massepunkten $(\mathbf{r}_i, m_i)$, $i = 1, \ldots, n$, zu tun, so wirkt auf den i-ten Massepunkt die Gesamtkraft

$$\mathbf{F}_i(\mathbf{r}_1, \ldots, \mathbf{r}_n; m_1 \ldots m_n) = \sum_{\substack{j=1 \\ j \neq i}}^n \mathbf{F}_{i,j} = G\, m_i \sum_{\substack{j=1 \\ j \neq i}}^n m_j \frac{\mathbf{r}_i - \mathbf{r}_j}{\|\mathbf{r}_i - \mathbf{r}_j\|^3}.$$

Diese Gesamtkraft auf den Massepunkt $(\mathbf{r}_i, m_i)$ innerhalb unseres Systems $(\mathbf{r}_1, \ldots, \mathbf{r}_n; m_1, \ldots, m_n)$ kürzen wir durch

$$\mathbf{F}_i(\mathbf{r}; \mathbf{m}) = \mathbf{F}_i(\mathbf{r}_1, \ldots, \mathbf{r}_n; m_1, \ldots, m_n), \quad i = 1, \ldots, n,$$

ab. Nach Newton gilt bekanntlich auch, dass die Kraft das Produkt aus Masse und Beschleunigung ist. Da die Beschleunigung nichts anderes als die zweite Ableitung des Ortes nach der Zeit t ist, folgt

$$\mathbf{F}_i = m_i \ddot{\mathbf{r}}_i.$$

Damit erhalten wir ein *System* von n Differentialgleichungen für die zeitliche Entwicklung der Positionen $\mathbf{r}_i$:

$$\ddot{\mathbf{r}}_i(t) = \frac{1}{m_i} \mathbf{F}_i(\mathbf{r}(t); \mathbf{m}), \quad i = 1, \ldots, n,.$$

Gesucht ist die Lösung dieser *Bewegungsgleichung*, d.h. der Bahnenvektor $\mathbf{r}(t) = (\mathbf{r}_i(t))_{i=1}^n$ ist zu bestimmen.

Zur numerischen Lösung von Differentialgleichungen haben wir in Beispiel 1.6 das Euler-Verfahren kennen gelernt. Leider besitzt das obige Differentialgleichungssystem nicht die geeignete Form, denn es taucht jeweils die zweite und nicht die erste Ableitung der gesuchten Funktion $\mathbf{r}_i$ auf. Dies umgehen wir, indem wir für jeden Massepunkt den *Geschwindigkeitsvektor*

$$\mathbf{v}_i = \dot{\mathbf{r}}_i$$

einführen. Damit erhalten wir das folgende System von $2n$ gewöhnlichen Differentialgleichungen:

$$\dot{\mathbf{r}}_i(t) = \mathbf{v}_i(t)$$
$$\dot{\mathbf{v}}_i(t) = \frac{1}{m_i} \mathbf{F}_i(\mathbf{r}(t), \mathbf{m}).$$

Durch Vorgabe von Anfangswerten $\mathbf{r}_i(0)$ und $\mathbf{v}_i(0)$ ($i = 1, \ldots, n$) erhalten wir nun ein Anfangswertproblem, auf das wir das Euler-Verfahren anwenden können: Für eine fest gewählte Zeitschrittweite $\Delta t > 0$ und $n = 0, 1, \ldots$ berechnen wir

$$\mathbf{r}_i((n+1)\Delta t) = \mathbf{r}_i(n\Delta t) + \Delta t \, \mathbf{v}_i(n\Delta t) \tag{13.1}$$
$$\mathbf{v}_i((n+1)\Delta t) = \mathbf{v}_i(n\Delta t) + \Delta t \frac{1}{m_i} \mathbf{F}_i(\mathbf{r}(n\Delta t); \mathbf{m}). \tag{13.2}$$

13.2.2 Grundlegende Datenstrukturen

Um unsere Simulationsergebnisse einfacher graphisch darstellen zu können, betrachten wir von jetzt an die Planetenbewegung in der Ebene $\mathbb{R}^2$.

Zur Beschreibung eines Massepunkts mit Hilfe des vorgestellten mathematischen Modells genügen uns die Größen $\mathbf{r}, \mathbf{v} \in \mathbb{R}^2$ und $m > 0$. Die Implementierung dieser Daten zusammen mit den zugehörigen Funktionen erfolgt in einem eigenen Modul. Wir betrachten zuerst die Datei `massepunkt.h`:

```
1  /* alle einheiten auf kg, m und s basierend */
2  extern const double G;
3  extern const double masse_erde;
4  extern const double masse_sonne;
5  extern const double dist_erde_sonne;
6  extern const double geschwindigkeit_erde;
7
8  struct Massepunkt2D
9  {
10     double x, y, vx, vy, masse;
11 };
12
13 struct Kraft2D
14 {
15     double fx, fy;
16 };
17
18 extern double distanz(struct Massepunkt2D *,
19                       struct Massepunkt2D *);
20
21 extern struct Kraft2D berechne_kraft(struct Massepunkt2D *,
22                             struct Massepunkt2D *);
23
24 extern struct Kraft2D berechne_gesamtkraft(int i, int n,
25                             struct Massepunkt2D[]);
```

- In den *Zeilen 2–6* werden benötigte bzw. nützliche physikalische Konstanten deklariert. Wichtig ist der Kommentar in *Zeile 1*: Er erinnert uns daran, dass die Simulation nur dann funktioniert, wenn die verwendeten Einheiten kompatibel sind. In unserem Fall heißt das, dass alle Einheiten durch die Grundeinheiten $1\,\mathrm{m}, 1\,\mathrm{s}$ und $1\,\mathrm{kg}$ ausgedrückt werden.
- In den *Zeilen 8–11* wird die Struktur struct Massepunkt2D deklariert. Sie fasst die oben genannten relevanten physikalischen Größen zu einer Einheit zusammen.
- Da die Kraft ein vektorielle Größe ist, haben wir in den *Zeilen 13–16* eine entsprechende Struktur deklariert.
- In den *Zeilen 18–25* werden die für uns wichtigen Funktionen zur Handhabung der Massepunktdaten deklariert:
  - distanz() berechnet den euklidischen Abstand zweier Massepunkte,
  - berechne_kraft() berechnet die Anziehungskraft zweier Massepunkte, und
  - berechne_gesamtkraft() berechnet die Anziehungskraft, die ein Massepunkte durch ein System von anderen Massepunkten erfährt. Sie realisiert somit die Berechnung von $\mathbf{F}_i(\mathbf{r};\mathbf{m})$.

Damit die Parameterübergabe ohne aufwendiges Kopieren von Strukturen erfolgt, verwenden wir Argumente vom Typ struct Massepunkt2D *. Die weiteren Details der Implementierung entnehmen wir der Quelldatei massepunkt.c:

```
1  #include <math.h>
2  #include "massepunkt.h"
3
4  /* alle einheiten auf kg, m und s basierend */
5  const double G=6.674e-11;
6  const double masse_erde = 5.9736e24;
7  const double masse_sonne = 1.989e30;
8  const double dist_erde_sonne = 1.4758e11;
9  const double geschwindigkeit_erde = 2*M_PI/365./24/60/60
10                                    *1.52e11;
11
12 double distanz(struct Massepunkt2D *p1,
13                struct Massepunkt2D *p2)
14 {
15     double sum;
16     double dist;
17     dist =p1->x - p2->x;
18     sum = dist*dist;
19     dist =p1->y - p2->y;
20     sum += dist*dist;
21
22     return sqrt(sum);
23 }
24
25 struct Kraft2D berechne_kraft(struct Massepunkt2D *p1,
26                               struct Massepunkt2D *p2)
27 {
28     struct Kraft2D kraft;
29     double dist = distanz(p1, p2);
30     double ex = p2->x - p1->x;
31     double ey = p2->y - p1->y;
32
33     double fac = G*p1->masse*p2->masse/dist/dist/dist;
34     kraft.fx = ex*fac;
35     kraft.fy = ey*fac;
36     return kraft;
37 }
38
```

```
39  struct Kraft2D berechne_gesamtkraft(int i, int n,
40                          struct Massepunkt2D planets[])
41  {
42      struct Kraft2D kraft = {0.0, 0.0};
43      struct Kraft2D temp_kraft;
44      int j;
45      for (j=0; j<n; ++j)
46      {
47          if (i==j) continue;
48          temp_kraft = berechne_kraft(planets+i, planets+j);
49          kraft.fx += temp_kraft.fx;
50          kraft.fy += temp_kraft.fy;
51
52      }
53      return kraft;
54  }
```

In den *Zeilen 4–10* initialisieren wir die bereits deklarierten physikalischen Konstanten, in den *Zeilen 12–23* berechnen wir den Abstand zweier Planeten gemäß der Definition des euklidischen Abstands und die Berechnung der Kraft erfolgt in völliger Übereinstimmung mit dem mathematischen Modell.

13.2.3 Implementierung des Euler-Verfahrens

Durch die Verwendung der Datenstruktur struct Massepunkt2D zusammen mit den bereits vorgestellten Funktionen können wir das Euler-Verfahren aus (13.1) und (13.2) recht elegant implementieren.

Für das Modul zur Umsetzung des Euler-Verfahrens erzeugen wir die Headerdatei euler.h:

```
1  #include "massepunkt.h"
2
3  void euler_step(int n, struct Massepunkt2D punkte[],
4                  double dt);
5
6  typedef void (*CallBack)(int n, struct Massepunkt2D[]);
7
8  void run_euler(int num_punkte, struct Massepunkt2D[],
9                  double dt, double tmax, CallBack fun);
```

Die Funktion euler_step führt einen Schritt $n\Delta t \to (n+1)\Delta t$ des Euler-Verfahrens durch:

```
1  void euler_step(int n, struct Massepunkt2D punkte[],
2                  double dt)
3  {
4      struct Kraft2D temp_kraefte[n];
5      int i;
6      for (i=0; i<n; ++i)
7          temp_kraefte[i]=berechne_gesamtkraft(i,n,punkte);
8
9      for (i=0; i<n; ++i)
10     {
11         punkte[i].x += dt*punkte[i].vx;
12         punkte[i].y += dt*punkte[i].vy;
13     }
14     for (i=0; i<n; ++i)
15     {
16         punkte[i].vx += dt*temp_kraefte[i].fx
17                        /punkte[i].masse;
18         punkte[i].vy += dt*temp_kraefte[i].fy
19                        /punkte[i].masse;
20     }
21 }
```

Da die Größen in `punkte[i]` im Gegensatz zu (13.1) und (13.2) mit sich selbst überschrieben werden, ist die Einhaltung der richtigen Reihenfolge bei den Berechnungen in dieser Funktion und die Benutzung des Feldes `temp_kraefte[]` von großer Bedeutung: $\mathbf{F}_i$ hängt von $\mathbf{r}_i$ ab, $\mathbf{r}_i$ von $\mathbf{v}_i$ und $\mathbf{v}_i$ von $\mathbf{F}_i$. Daher werden zuerst die aktuell wirkenden Kräfte $\mathbf{F}_i(\mathbf{r}; \mathbf{m})$ berechnet. Erst dann aktualisieren wir für alle i die Positionen $\mathbf{r}_i$, gefolgt von den Geschwindigkeiten $\mathbf{v}_i$.

Um eine komplette Simulation laufen zu lassen, betrachten wir:

```
1  void run_euler(int num_punkte, struct Massepunkt2D punkte[],
2                 double dt, double tmax, CallBack logging)
3  {
4      double t=0;
5      int i;
6
7      while (t<tmax)
8      {
9          if (logging)  /* kein NULL zeiger ? */
10             logging(num_punkte, punkte);
11         euler_step(num_punkte, punkte, dt);
12         t += dt;
13     }
14 }
```

Diese Funktion führt die Schritte des Euler-Verfahrens aus, bis die Zeit `tmax` überschritten ist. Wichtig ist hier die Verwendung des *Callbacks* `logging`. Diese Funktion nimmt gemäß der Deklaration in *Zeile 6* von `euler.h` den aktuellen Zustand unserer Simulation entgegen, und kann z.b. benutzt werden, um die Koordinaten der Planeten auszugeben. Die Verwendung dieses Callbacks werden wir später noch öfters sehen. Dadurch können wir das Ausgabeverhalten der Simulation ändern, ohne in unserer Berechnungsbibliothek intern Änderungen vornehmen zu müssen. Im *Software-Engineering* spricht man vom *Open-Closed-Principle*: Eine gut implementierte Funktion ist offen für Erweiterungen und Anpassungen, aber geschlossen gegenüber Modifikationen.

Wir überlassen es an dieser Stelle als Übung, ein `Makefile` zu erzeugen, das aus `massepunkt.c` und `euler.c` eine Bibliothek `libplanetensim.a` erstellt.

13.2.4 Erste Simulation

Wir verwenden jetzt unsere Bibliothek `libplanetensim.a` zur Simulation des Umlaufs der Erde um die Sonne. Unser Programm `erdeumsonne.c` hat die folgende `main`-Funktion:

```
1   int main()
2   {
3       struct Massepunkt2D erde  = { dist_erde_sonne, 0,
4                                     0, geschwindigkeit_erde,
5                                     masse_erde };
6       struct Massepunkt2D sonne = { 0, 0,
7                                     0, 0,
8                                     masse_sonne };
9
10      struct Massepunkt2D koerper[] = {erde, sonne};
11
12      int num_hk=sizeof(koerper)/sizeof(struct Massepunkt2D);
13
14      double tmax = 356*24*3600;  /* 1 jahr */
15      double dt =   1*3600; /* jede  stunde */
16
17      run_euler(num_hk, koerper, dt, tmax, &print_data);
18  }
```

- In den *Zeilen 3–5* wird der Startzustand des Planeten `erde` deklariert: unter Verwendung der Konstanten aus `planet.h` befindet er sich im Punkt
    (`dist_erde_sonne, 0`)
  und hat die Geschwindigkeit
    (`0, geschwindigkeit_erde`)
  sowie die Masse `masse_erde`.

- Die Sonne befindet sich gemäß der *Zeilen 6–8* im Punkt $(0,0)$, hat die Geschwindigkeit $(0,0)$ und die Masse `masse_sonne`.
- Mit dieser Startkonfiguration simulieren wir ein ganzes Jahr mit Schrittweite `dt` von einer Stunde (*Zeilen 10–17*). Man beachte, dass wir die Zeitangaben in Sekunden vornehmen, gemäß der Einheiten der anderen physikalischen Größen.

Offen ist noch die Gestalt der Callback-Funktion `print_data()`:

```
1   void print_data(int n, struct Massepunkt2D himmelskoerper[])
2   {
3       static int counter = 0;
4       int i;
5       if (counter % 24 == 0)
6       {
7           for (i=0; i<n; ++i)
8               printf("%lf %lf ", himmelskoerper[i].x,
9                                  himmelskoerper[i].y);
10          printf("\n");
11      }
12      ++counter;
13  }
```

Mit Hilfe der als `static` deklarierten Variablen `counter` werden bei jedem 24ten Aufruf (das ist in diesem Falle jeden Tag) die Koordinaten aller beteiligten Himmelskörper auf die Standardausgabe geschrieben. Dabei werden pro Zeile alle Koordinaten ausgegeben.

Wir übersetzen jetzt das Programm und erzeugen die Daten mittels Umlenken der Standardausgabe wie folgt:

```
$  gcc erdeumsonne.c -L. -lplanetensim -o erdeumsonne -lm
$  ./erdeumsonne > erdeumsonne.dat
```

An dieser Stelle sollten wir unser bereits erstelltes `Makefile` um den Compileraufruf erweitern und für eine erste Kontrolle einen Blick in `erdeumsonne.dat` werfen. Zur Visualisierung verwenden wir wieder GNUPLOT :

```
$ gnuplot

        G N U P L O T
        . . .

    gnuplot> set terminal x11
    Terminal type set to 'x11'

    gnuplot> plot 'erdeumsonne.dat' using 1:2 with lines
```

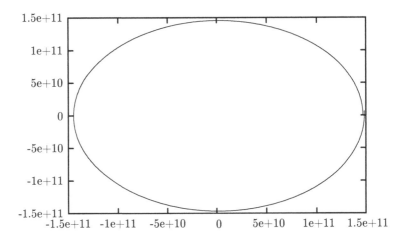

Abb. 13.3. Simulation der Erdbahn um die Sonne mit Hilfe des Euler-Verfahrens. Man beachte den rechten Rand!

Die letzte Zeile lässt die Spalten 1 und 2 aus `erdeumsonne.dat` darstellen, indem die dort angegebenen Punkte mit Linien verbunden werden. Wir erhalten die Darstellung in Abb. 13.3. Wie wir am rechten Rand sehen, haben wir es wirklich nur mit einer Näherung zu tun, denn die Erde scheint sich langsam von der Sonne wegzubewegen. Dies ist allerdings nicht die Schuld unseres mathematischen Modells, sondern des Euler-Verfahrens: In jedem Schritt vergrößert sich der Verfahrensfehler, so dass die Bahnkurve nicht geschlossen ist. Das von uns eingesetzte Euler-Verfahren ist lediglich eine von vielen Approximationsmethoden und nicht umsonst gibt es eine Vielzahl von Literatur über die numerische Lösung von Anfangswertproblemen (siehe z.B. [3] und [14]).

13.2.5 Zweite Simulation

Wir fügen jetzt einen fiktiven Planeten namens `altair` hinzu: Dieser startet an der Position (`.9 * dist_erde_sonne`, `.3 * dist_erde_sonne`) mit der Geschwindigkeit (`0`, `geschwindigkeit_erde`) und besitzt nur 5% der Masse der Erde. Das zugehörige Programm sieht dann wie folgt aus:

```
1  int main()
2  {
3      struct Massepunkt2D erde  = { dist_erde_sonne, 0,
4                                    0, geschwindigkeit_erde,
5                                    masse_erde };
6
7      struct Massepunkt2D altair= {
8                  .9*dist_erde_sonne, .3*dist_erde_sonne,
```

```
 9                        0, +1.0*geschwindigkeit_erde,
10                        .05*masse_erde };
11
12      struct Massepunkt2D sonne = { 0, 0,
13                                    0, 0,
14                                    masse_sonne };
15
16      struct Massepunkt2D koerper[] = {erde, altair, sonne};
17
18      int num_hk=sizeof(koerper)/sizeof(struct Massepunkt2D);
19
20      double tmax = 4*356*24*3600; /* 4 jahre */
21      double dt = 24*3600; /* jeden tag */
22
23      run_euler(num_hk, planets, dt, tmax, &print_data);
24 }
```

Die in der Datei `altair.dat` abgelegten Daten visualisieren wir mit GNU-PLOT durch

```
gnuplot> plot 'altair.dat' using 1:2 w l, \
         'altair.dat' using 3:4 w l 0
```

und erhalten die Darstellung in Abb. 13.4.

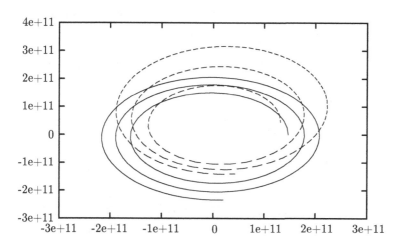

Abb. 13.4. Bahnkurven der Erde (durchgezogene Linie) und des fiktiven Planeten Altair (gestrichelt).

13.2.6 Die Planetenbahnen als Animation

Wir können unsere Simulationsergebnisse auch als Animation darstellen. Voraussetzung ist, dass GRAPHICSMAGICK installiert ist (siehe Anhang A). GRAPHICSMAGICK ist auch Bestandteil der gängigen LINUX-Distributionen. Das Vorhandensein des Programms testet man, indem man an der Kommandozeile

    $ gm

eingibt. Unter CYGWIN sollte man zusätzlich darauf achten, dass der X-Server gestartet ist (siehe Anhang A).

Wir schreiben zuerst eine neue Callback-Funktion, die jeweils zu bestimmten Zeitpunkten die aktuellen Planetenpositionen in eine eigene Datei schreibt. Wir erhalten dadurch eine Folge von Dateien der Form stepXXX.dat, die jeweils nur eine Zeile mit den Koordinaten der Planeten zu diesem Zeitpunkt enthalten.

```
 1  void save_data(int n, struct Massepunkt2D mpunkte[])
 2  {
 3      static int file_counter = 0;
 4      static int call_counter = 0;
 5      char buffer[100];
 6      int i;
 7
 8      if (call_counter % 10 == 0)
 9      {
10          sprintf(buffer, "step%03d.dat", file_counter);
11          FILE *fp = fopen(buffer, "w");
12          for (i=0; i<n; ++i)
13              fprintf(fp, "%lf %lf ", mpunkte[i].x,
14                                      mpunkte[i].y);
15          fprintf(fp, "\n");
16          fclose(fp);
17          file_counter++;
18      }
19      call_counter ++;
20  }
```

- Wir benutzen hier zwei statische Variablen: call_counter zählt den jeweiligen Aufruf der Funktion selbst, während file_counter die Nummer der erzeugten Datei mitzählt.
- Nach *Zeile 8* wird nur zu jedem zehnten Aufruf eine Ausgabe erzeugt.
- Anhand file_counter wird in *Zeile 10* der zugehörige Dateiname erzeugt. Die hier verwendete Funktion sprintf() arbeitet genau so wie printf(), allerdings schreibt sie nicht auf die Standardausgabe, sondern in einen vorher reservierten Speicherbereich. In unserem Fall ist das der String buffer.

Die Formatangabe %03d erzeugt dreistellige ganze Zahlen mit führenden Nullen. So wird die erste Datei den Namen step000.dat tragen, die zweite step001.dat usw.

- In den *Zeilen 11–16* wird dann die jeweilige Datei erzeugt.

Wir gehen jetzt wie folgt vor:

1. Wir erweitern unser Programm um diese Callback-Funktion und ändern den Aufruf von run_euler() in *Zeile 23* unseres Hauptprogramms zu

    run_euler(numPlanets, planets, dt, tmax, &save_data);

2. Wir übersetzen das Programm, führen es aus und erhalten 143 Dateien.

3. Als nächstes erzeugen wir aus jeder dieser Dateien mit GNUPLOT eine einzelne Graphik. Wir bedienen wegen des Aufwands GNUPLOT nicht durch direkte Eingaben, sondern mit Hilfe des folgenden GNUPLOT-Skripts, welches wir unter **planet.script** speichern:

```
set term png
set output 'out.png'
set xrange [-4e11:4e11]
set yrange [-4e11:4e11]
plot 'tempdat.dat' using 1:2 w p pt 7 ps 2, \
     'tempdat.dat' using 3:4 w p pt 7 ps 2, \
     'tempdat.dat' using 5:6 w p pt 6 ps 3
```

4. Die Umwandlung der Datendateien zu den einzelnen Bildern erfolgt dann in der Kommandozeile wie folgt:

```
$   for U in step*.dat; do
>       echo bearbeite $U
>       cp $U tempdat.dat
>       gnuplot planet.script
>       cp out.png $U.png
>   done
```

Diese Anweisungen iterieren über alle Dateien der Form step*.dat, kopieren diese nach tempdat.dat, rufen GNUPLOT auf und kopieren die von GNUPLOT erzeugte Datei out.png nach stepXXX.dat.png.

5. Wenn wir jetzt in der Kommandozeile GRAPHICSMAGICK wie folgt aufrufen sehen wir die gewünschte Animation:

```
$ gm animate step*.png
```

6. Wir können auch ein animiertes GIF anim.gif wie folgt erstellen:

```
$ gm convert step*.png anim.gif
```

Da wir die Animation natürlich nicht in diesem Buch wiedergeben können, haben wir eine solche unter http://www.prog-c-math.de bereit gestellt.

13.3 Übungsaufgaben zu Kapitel 13

*Aufgaben, die mit einem * markiert sind, sind vom Schwierigkeitsgrad etwas anspruchsvoller. Sie können beim ersten Durcharbeiten zurückgestellt werden.*

13.1 (* Warteschlange mit Zusatzkasse).
Erweitern Sie die Programme zur Simulation der Warteschlangen so, dass eine zweite Kasse geöffnet wird, sobald die Länge der Schlange an der ersten Kasse einen Grenzwert überschreitet. Die zweite Kasse wird bei einer leeren Schlange wieder geschlossen. Beim Öffnen der neuen Kasse übernimmt diese die Hälfte der bestehenden Schlange. Neue Kunden wählen immer die kürzere der beiden Schlangen.

13.2 (Makefile für Planetensimulation).
Schreiben Sie zu der Planetensimulation ein Makefile, das aus `massepunkt.c` und `euler.c` eine Bibliothek `libplanetensim.a` erstellt. Darüber hinaus soll das Makefile die angegebenen Hauptprogramme übersetzen.

13.3 (* Schwingungsgleichung).
Wir betrachten die Bewegung einer Masse m an einer Feder ohne den Einfluss äußerer Kräfte. Für die Auslenkung $x(t)$ zur Zeit t gilt dann die *Schwingungsgleichung*

$$m\ddot{x} + b\dot{x} + cx = 0$$

Hierbei bezeichnet der Punkt wieder die Ableitung nach t, b ist die sogenannte *Dämpfungskonstante* und c die *Federkonstante*.

a) Überführen Sie diese Gleichung in ein System von zwei Differentialgleichungen, bei denen nur noch erste Ableitungen auftreten (d.h. Differentialgleichungen *erster Ordnung*).

b) Schreiben Sie ein Programm, das mittels des Euler-Verfahrens diese Gleichung numerisch löst.

c) Testen Sie ihr Programm für $t < 50$s mit den Parametern

$$m = 1.0\,\text{kg}, \ b = 0.02\,\text{Ns/m}, \ c = 0.16\,\text{N/m},$$

sowie den Anfangsbedingungen

$$x(0) = 0.0\,\text{m} \quad \text{und} \quad \dot{x}(0) = 0.1\,\text{m/s}$$

und lassen Sie eine Tabelle mit den t- und x-Werten ausgeben. Stellen Sie diese mit GNUPLOT graphisch dar. Sie sehen dann eine gedämpfte Schwingung.

d) Gehen Sie wie in Teil c) vor, nur dass Sie $b = 0$ Ns/m wählen. Dies entspricht dem Fall einer ungedämpften Schwingung.

e) Den so genannten *Kriechfall* beobachten Sie, wenn Sie $b = 1.0$ Ns/m wählen. Stellen Sie auch diesen Fall graphisch dar.

A

Installation von cygwin

Das CYGWIN-Projekt stellt viele unter LINUX entwickelte Programme auch für WINDOWS zur Verfügung. Darunter befinden sich der in diesem Buch benutzte gcc-Compiler und die bash-Shell, die die Kommandozeile zur Verfügung stellt. Sollten Sie also mit einem WINDOWS-Rechner arbeiten und kein Interesse an einer zusätzlichen LINUX-Installation haben, so sollten Sie CYGWIN installieren, um die Programmbeispiele in diesem Buch problemlos nachvollziehen zu können.

Bevor Sie mit der Installation beginnen, prüfen Sie, ob Sie auf einer Festplatte 400 MB zur freien Verfügung haben. Auf der Website zu CYGWIN (siehe [17]) finden Sie das Installationsprogramm setup.exe. Laden Sie dieses Programm auf Ihren Rechner herunter und starten Sie es. Wir beschreiben im Folgenden die wichtigsten Schritte bei der Installation und Konfiguration der Version, die im November 2006 aktuell war.

1. Wählen Sie 'Install from Internet'
2. Geben Sie als 'Root Directory' das im Vorfeld bestimmte Laufwerk und das Verzeichnis '\CYGWIN' an, also z.B. 'C:\CYGWIN'.
3. Die Vorgabe für 'Local Package Directory' kann in der Regel übernommen werden.
4. Wählen Sie 'Direct' als 'Connection'. Sollten Sie hinter einer schützenden Firewall sitzen, so ziehen Sie hier am besten Ihren Administrator zu Rate.
5. Wählen Sie eine 'Download Site'. Hier gibt es bis auf die Verbindungsgeschwindigkeit keine wesentlichen Unterschiede. Eine mit 'http://' beginnende Quelle sollte bei vorhandener Firewall noch am wenigsten Probleme verursachen.
6. Jetzt können Sie die zu installierenden Programme festlegen.
   a) Öffnen Sie 'Base' und stellen Sie sicher, dass bei 'bash' in der Spalte 'New' die maximale Versionsnummer steht. Ansonsten klicken Sie auf diesen Eintrag solange bis die maximale Versionsnummer erscheint.

b) Öffnen Sie den Punkt 'Devel'. Suchen Sie hier die Einträge 'gcc-Core' und 'g77' und verfahren Sie wie im vorangegangenen Schritt.

c) Wählen Sie unter 'Graphic' das Programm 'gnuplot', am besten Version 4.0 oder höher.

d) Wählen Sie unter 'Graphic' das Programm 'GraphicsMagick'.

e) Als letztes sollten Sie einen Editor festlegen. Diese finden Sie unter 'Editors'. Falls Sie mit keinem der angegebenen Editoren Erfahrung haben sollten, so wählen Sie 'nano' aus, dessen Bedienung leicht zu erlernen ist.

7. Klicken Sie solange 'Weiter' oder 'Fertig stellen' bis die Installation beginnt.

Nach abgeschlossener Installation sollte ein Icon CYGWIN auf Ihrem Desktop erscheinen. Wenn nicht, suchen sie im WINDOWS-Start-Menü nach einem entsprechenden Eintrag unter **Alle Programme**. Um den Erfolg der Installation zu testen, klicken Sie auf dieses Symbol. Es sollte sich ein Fenster mit einer Eingabeaufforderung öffnen:

```
user@rechnername ~ $
```

Geben Sie hinter $ den Befehl 'gnuplot -V' ein und drücken Sie ENTER. Es sollte die Versionummer erscheinen, z.B.

```
$ gnuplot -V
gnuplot 4.0 patchlevel 0
```

Erhalten Sie hier jedoch eine Fehlermeldung, z.B.

```
$ gnuplot -V
bash: gnuplot not found
```

so war die Installation nicht erfolgreich. Sie sollten die oben angegebenen Schritte wiederholen und auf Fehlermeldungen achten.

Testen Sie den Compiler auf die gleiche Weise, indem Sie **gcc -v** eingeben. Hier sind die Ausgaben in der Regel umfangreicher.

Sollten Sie sich bei der Installation für den Editor **nano** entschieden haben, so starten Sie diesen durch Eingabe von 'nano' + ENTER. Ist Ihnen dieser Editor noch unbekannt, so starten Sie am besten mit der eingebauten Hilfestellung indem Sie die Taste **Strg** bzw. **Ctrl** zusammen mit 'G' drücken. Das Zeichen ˆ dient als Abkürzung von **Strg** bzw. **Ctrl**.

Sollten Sie sich für einen anderen Editor entschieden haben, so testen Sie diesen.

Sie sind jetzt in der Lage, die im Buch angegebenen Beispiele nachzuvollziehen. Sollten Sie mit der Kommandozeile von LINUX nicht vertraut sein, so lesen Sie am besten zuerst Anhang B.

B

Die Kommandozeile von LINUX

LINUX bietet neben der von WINDOWS her bekannten Bedienung per graphischer Oberfläche auch die Möglichkeit, den Computer durch die Eingabe von Kommandos mit Hilfe der sogenannten *Shell* zu steuern. Wir geben hier einen kurzen Überblick über die weit verbreitete `bash`-Shell.

Das Kapitel geht nur auf die wesentlichen Befehle ein, als weiterführende Literatur verweisen wir auf [8]. Sollten Sie ausschließlich WINDOWS benutzen, so lesen Sie bitte zuerst Anhang A.

Dateien und Verzeichnisse

Daten werden auf dem Medium in *Dateien* abgespeichert. Die Datei wird mit einem bestimmten *Dateinamen* bezeichnet. Folgendes ist bei Dateinamen zu beachten:

- LINUX unterscheidet zwischen Groß- und Kleinschreibung,
- der Schrägstrich / darf nicht verwendet werden, da er zur Trennung von Verzeichnisnamen verwendet wird (siehe unten),
- Sonderzeichen sollte man nicht verwenden, da einige eine spezielle Bedeutung haben (siehe unten).

Die Endung des Dateinamens impliziert oft auch den Typ der Datei, so werden C-Quelltexte in der Regel mit der Endung `.c` versehen, Objektdateien mit `.o` und Textdateien mit `.txt`. Unter Windows werden ausführbare Programme mit `.exe` versehen, unter LINUX haben diese allerdings keine bestimmte Endung.

Mehrere Dateien können in einem *Verzeichnis* (engl. *directory*) gesammelt werden. In einem Verzeichnis können auch weitere Verzeichnisse enthalten sein. LINUX besitzt daher ein hierarchisches, baumstrukturiertes Dateisystem. Ausgehend von dem Wurzelverzeichnis (*root directory*) / besitzt der Verzeichnisbaum die in Abb. B.1 skizzierte Struktur.

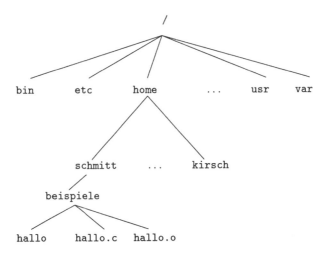

Abb. B.1. Ein Auszug aus dem Verzeichnisbaum unter Linux.

Hier ist `home` ein Unterverzeichnis von `/`, in `home` befindet sich das Verzeichnis `schmitt`, das wiederum das Unterverzeichnis `beispiele` enthält. In diesem Verzeichnis liegen die Dateien `hallo`, `hallo.c` und `hallo.o`.

Die Position einer Datei, bzw. eines Verzeichnisse innerhalb des Dateisystems ist durch den *Pfad* gegeben. Der Pfad gibt an, wie man vom Wurzelverzeichnis zu der gewünschten Datei bzw. dem gewünschten Verzeichnis gelangt. Die Unterverzeichnisnamen im Pfad werden durch den Schrägstrich getrennt.

Im obigen Bild hat die Datei `hallo.c` den Pfad

```
/home/schmitt/beispiele/hallo.c.
```

Pfade, die mit `/` beginnen, heißen *absolute Pfade*. Daneben gibt es die so genannten *relativen Pfade*, die relativ zur aktuellen Position im Verzeichnisbaum interpretiert werden, worauf weiter unten eingegangen wird.

Nachdem Sie sich mit ihrer Benutzerkennung am System angemeldet und die `bash` gestartet haben[1], erscheint ein so genannter *Prompt*, d.h. die Eingabeaufforderung der Kommandozeile. In der einfachsten Variante besitzt die Eingabeaufforderung die folgende Gestalt:

```
$
```

Sie können hinter `$` jetzt Kommandos eingeben[2], z.B. liefert das Kommando `pwd` (*print working directory*) folgende Ausgabe:

```
$ pwd
/home/user
```

---

[1] Bei Cygwin bedeutet dies, dass Sie Cygwin gestartet haben.

[2] Sie sollten dies und die anderen Beispiele auch selbst ausprobieren.

Das bedeutet, dass /home/user das aktuelle Arbeitsverzeichnis (engl. *working directory*) ist. Ausgehend vom Arbeitsverzeichnis kann man dann auch mit relativen Pfadangaben arbeiten:
Existiert eine Datei mit absolutem Pfad /home/user/beispiele/hallo.c und lautet das aktuelle Arbeitsverzeichnis /home/user, so kann man den Pfad von hallo.c auch relativ durch beispiele/hallo.c angeben.

Die folgenden relativen Pfadbezeichner haben eine besondere Bedeutung:

'.' ist die aktuelle Position im Verzeichnisbaum, das Arbeitsverzeichnis,

'..' ist das dem Arbeitsverzeichnis übergeordnete Verzeichnis (engl. *parent directory*).

Die für den Umgang mit dem Rechner über die Kommandozeile wichtigsten Befehle werden hier kurz vorgestellt. Optionale Parameter zu den Kommandos setzen wir in eckige Klammern [ ].

man [*Optionen*] *Begriff* : Hilfe zur Selbsthilfe: Die man-Anweisung zeigt eine Dokumentation (*Manpage*) zu dem angegebenen Begriff an, z.B. man ls, oder sogar man man. Hat man den Namen eines Befehls nicht parat, so kann man mit der Option -k nach Schlüsselworten suchen, so sollte

    man -k compiler

unter anderem den gcc auflisten.

cd *Pfad* : cd ist die Abkürzung für *change directory* und wechselt das Arbeitsverzeichnis. Gibt man nur cd ein, so wechselt man in das sogenannte *Heimatverzeichnis* (engl. *home directory*), das ist das nach dem Anmelden aktuelle Arbeitsverzeichnis. Ansonsten kann man hinter cd relative und absolute Pfade angeben, z.B.:

    cd /home/user/beispiele
    cd ..
    cd beispiele

ls [*Optionen*] *Pfad*: Dieser Befehl zeigt ohne Pfadangabe den Inhalt des aktuellen Verzeichnisses an, ansonsten den des angebebenen Pfades. Interessant ist die Option -l, die zusätzliche Informationen über die Dateien und Verzeichnisse ausgibt:

```
$ ls -l
total 20
-rwxr-xr-x  1 schmitt user  13854 Feb 20 14:44 beispiel01
-rw-r--r--  1 schmitt user    125 Feb 20 14:43 beispiel01.c
-rw-r--r--  1 schmitt user     33 Feb 20 14:43 beispiel02.c
```

In der letzten Spalte stehen die Namen der Dateien, davor stehen spaltenweise die folgende Informationen:

• Die sogenannten Zugriffsrechte: Das dreifache x in der ersten Zeile bedeutet, dass es sich bei beispiel01 um ein ausführbares Programm handelt. Weitere Infos zu den Rechten erhält man durch die Manpage des Befehls chmod.

- Die Anzahl der sog. *Hardlinks*, die wir aber nicht weiter erläutern.
- In der dritten Spalte steht der Eigentümer der Datei, also der Benutzer `schmitt`.
- In der vierten Spalte steht im allgemeinen die Gruppenzugehörigkeit des Eigentümers.
- In der fünften Spalte folgt die Größe der Datei in Bytes.
- Schließlich die Datums- und Zeitangabe der letzten Modifikation der jeweiligen Datei.

`mkdir` *Pfad* : Hiermit erzeugt man ein Verzeichnis mit Namen *Pfad*.

`rmdir` *Pfad* : Hiermit wird das Verzeichnis *Pfad* gelöscht, sofern es leer ist. Andernfalls muss man erst mit `rm` (siehe weiter unten) und `rmdir` zuerst alle Dateien und Unterverzeichnisse löschen, oder man benutzt gleich
`rm -r` *Pfad*.

`cp` [*Optionen*] *Datei Zielpfad* : Hiermit kopiert man die Datei *Datei* nach *Zielpfad*. Das Ziel kann sowohl ein Verzeichnis als auch eine Datei sein. Im ersten Fall wird die Datei unter dem gleichen Namen kopiert, im zweiten Fall wird der Name entsprechend der Pfadangabe geändert. Die Option `-R` erlaubt es, ganze Verzeichnisse rekursiv zu kopieren.
Beispiele:

```
$ cp beispiel02.c beispiel02_sicherung.c
$ cp beispiel01.c ..
$ cp -R . /tmp
```

`mv` *Pfad1 Pfad2* : `mv` steht für *move* und verschiebt *Pfad1* nach *Pfad2*. Der Befehl kann auch dazu benutzt werden, um den Namen einer Datei zu ändern.
Beispiele:

```
$ mv beispiel01.c beispiel_eins.c
$ mv beispiel01.c ..
```

`rm` [*Optionen*] *Pfad* : Mit diesem Befehl löscht man die Datei *Pfad*. Der Befehl kann auch zum Löschen ganzer Verzeichnisse samt Unterverzeichnissen verwendet werden. Dazu muss man die Option `-r` angeben (rekursives Löschen). Je nach System fragt dieser Befehl für jede Datei nach, ob wirklich gelöscht werden soll. Die Option `-f` (für *force*) schaltet dieses Verhalten ab.

`cat` *Pfad* : Zeigt den Inhalt der Datei *Pfad* auf dem Bildschirm an.

`more` *Pfad* : Zeigt den Inhalt der Datei *Pfad* seitenweise am Bildschirm an.

Umlenken der Standardein- und -ausgabe, Pipelines

LINUX bietet die Möglichkeit, Ein- und Ausgaben umzulenken. Will man eine Ausgabe umlenken, so muss man dem ensprechenden Befehl > *ZielDatei* anhängen. Existiert *ZielDatei* noch nicht, so wird die Datei neu erzeugt, andernfalls überschrieben. Hierzu ein Beispiel:

```
$ ls -l > liste
$ cat liste
total 20
-rwxr-xr-x  1 schmitt user  13854 Feb 20 14:44 beispiel01
-rw-r--r--  1 schmitt user    125 Feb 20 14:43 beispiel01.c
-rw-r--r--  1 schmitt user     33 Feb 20 14:43 beispiel02.c
```

Benutzt man >> *Datei* anstelle von > *Datei*, so wird die Ausgabe am Ende einer bereits existierenden Zieldatei angehängt.

Nützlich ist auch das sogenannte *Pipelining*. Hier wird die Ausgabe eines Befehls zur Eingabe eines weiteren Befehls umgelenkt. Dies erreicht man durch

```
Befehl1 | Befehl2
```

Gibt man z.b.

```
$ ls -R /
```

ein, so wird die Ausgabe für einige Minuten den Bildschirm füllen. Abhilfe schafft die folgende Pipe:

```
$ ls -R / | more
```

Hier wird die Ausgabe von ls als Eingabe für den Befehl more benutzt, der wiederum seine Ausgabe seitenweise aufteilt. Auf diese Weise kann man die Ausgabe von ls vollständig betrachten.

Bequemes Arbeiten mit der Kommandozeile

Die Kommandozeile bietet einige Funktionalitäten, die den Umgang mit ihr vereinfachen. Ein solches Konzept ist die als *History* bezeichnete Liste der bereits getätigten Benutzereingaben. So kann man z.b. mit den Tasten CURSOR-UP und CURSOR-DOWN in dieser Liste navigieren. Wenn man z.b. den C-Compiler mit einer längeren Parameterliste wiederholt aufrufen muss, aber nicht auf ein Makefile (siehe Kapitel 11) zurückgreifen will, vermeidet man auf diese Weise Tipparbeit und auch Tippfehler.

Den Inhalt der History inklusive einer Nummerierung gibt das Kommando history aus, allerdings ist diese normalerweise sehr umfangreich. Eine übersichtlichere Ausgabe erhält man durch

```
$ history | tail -20
```

Diese Pipe liefert nur die letzten zwanzig Einträge. Will man eine Zeile aus der History aufrufen, so geht dies entweder mit !nnn, also einem Ausrufezeichen, gefolgt von der Nummer dieser Zeile, oder mit einem Textfragment der Form !xxx. Im letzten Fall wird die aktuellste Zeile gefunden, welche mit xxx beginnt. So erleichtert

```
$ !gcc
```

in vielen Fällen die Arbeit mit dem Compiler. Wichtig ist, dass sich zwischen
! und dem Rest kein Leerzeichen befinden darf.

Ein weiteres wichtiges Konzept ist die sogenannte *automatische Vervoll-
ständigung* mit Hilfe der TAB-Taste. Drückt man nach Eingabe von

```
$ ls beisp
```

diese Taste, so versucht die `bash`, diese Zeile zu vervollständigen. Ist z.B.
`beispiel01.c` die einzige Datei im Verzeichnis, die mit `beisp` beginnt, so
steht nach Drücken von TAB

```
$ ls beispiel01.c
```

in der Kommandozeile. Gibt es mehrere Möglichkeiten, so liefert ein erneutes
Drücken von TAB die Liste der möglichen Ergänzungen.

C

Kurze Einführung in gnuplot

GNUPLOT ist ein flexibles und recht einfach zu bedienendes Programm zur graphischen Darstellung von Daten. Es hat den zusätzlichen Vorteil, für alle gängigen PC-Betriebssysteme verfügbar zu sein. Unter LINUX wird es in der Shell einfach mit

```
$ gnuplot
```

aufgerufen.

Vorbereitende Schritte unter CYGWIN

Um GNUPLOT unter CYGWIN zu nutzen, müssen Sie zuerst den sogenannten *X-Server* starten und konfigurieren:

1. Öffnen Sie ein neues CYGWIN-Fenster und geben Sie auf der Kommandozeile

   ```
   $ startxwin.sh
   ```

   ein, um den X-Server zu starten. Sie dürfen dieses Fenster während Ihrer Arbeit mit GNUPLOT nicht schließen. Da in diesem Fenster aber auch immer wieder Statusmeldungen des X-Servers ausgegeben werden, empfiehlt es sich, das Fenster zu minimieren.
2. Es sollte sich ein weiteres Fenster mit dem Logo des X-Servers, einem „X" öffnen. Geben Sie hier

   ```
   $ xhost localhost
   ```

   ein. Sie können dieses Fenster dann schließen.
3. Öffnen Sie ein CYGWIN-Fenster, und geben Sie folgendes ein:

   ```
   $ export DISPLAY=localhost:0
   ```

Eine Beispielsitzung

Starten Sie GNUPLOT wie folgt:

```
$ gnuplot
```

```
              G  N  U  P  L  O  T
              Version 4.0 patchlevel 0

                    . . . .
```

```
gnuplot> plot sin(x)
```

Wenn Sie jetzt ein Fenster mit einer eingezeichneten Sinus-Kurve sehen, dann
ist die Installation und Konfiguration von GNUPLOT in Ordnung.

Die Eingabe von

```
gnuplot> plot sin(x), cos(x) with points
```

plottet beide Funktionen im selben Fenster. Die cos-Funktion wird allerdings
nicht mit Linien sondern punktweise dargestellt.

Bisher wurde die Darstellungsbereiche automatisch ermittelt, sie können
diese wie folgt selbst bestimmen:

```
gnuplot> set xrange [-pi:pi]
gnuplot> set yrange [0:1]
```

Geben Sie jetzt

```
gnuplot> replot
```

ein und vergleichen Sie die Ausgabe mit der vorherigen.

Plotten von Daten

Wichtig bei der numerischen Programmierung ist die Möglichkeit, Rechener-
gebnisse graphisch darzustellen. Gerade wenn man es mit größeren Datenmen-
gen zu tun hat, ist die direkte Untersuchung der Zahlenwerte sehr aufwendig
bzw. gar nicht machbar. Am einfachsten schreibt man daher Ergebnisse in
Dateien und stellt sie wie im Folgenden beschrieben graphisch dar.

Für x-y-Diagramme benutzt man das plot-Kommando in der folgenden
Form:

```
gnuplot> plot "werte.dat"
```

Der Inhalt dieser Datei wird wie folgt interpretiert:

- Enthält die Datei nur eine Zahl pro Zeile, so werden die Werte dort als
  Funktionswerte $f[i]$ mit $i = 1, 2, \ldots$ interpretiert.

- Bei zwei Werten pro Zeile wird die erste Spalte als x-Koordinate und die zweite als Funktionswert aufgefasst. Dies ist auch die Standardeinstellung bei mehr als zwei Spalten.
- Bei mehr als zwei Werten pro Zeile wählt man die entsprechenden Spaltenpaare mit der Option `using`. Die beiden Spaltennummmern werden durch einen Doppelpunkt : getrennt, und die erste als Liste der x- die zweite als Liste der y-Werte interpretiert. Verwendet man `using` mit nur einer Spaltennummer, so wird wie bei einspaltigen Daten verfahren. So werden z.B. durch den Aufruf

```
gnuplot> plot "mehrere.dat" using 1:3
```

die Daten der dritten Spalte in der Datei `mehrere.dat` gegen die in Spalte 1 eingetragenen Werte geplottet

Standardmäßig werden die Daten als Punkte in der (x, y)-Ebene dargestellt. Man kann jedoch mit Hilfe von `w(ith)` ein andere Darstellungsform wählen:

Kurzform	ausführl. Form	Darstellung
`w p`	`with points`	Punkte (Standard)
`w l`	`with lines`	Linie
`w lp`	`with linespoints`	Punkte mit Linien verbunden
`w i`	`with impulses`	vertikale Linien

Beispiel:
Die Datei `wertetab.dat` enthalte die Wertetabelle einer Funktion. Ein approximierter Funktionsgraph wird durch den Aufruf

```
gnuplot> plot "wertetab.dat" w l
```

gezeichnet.
Die Datei `daten` enthalte mehrere Spalten. Um die Daten in der dritten Spalte mit vertikalen Linien zu zeichnen, verwendet man:

```
gnuplot> plot "daten" using 3 w i
```

Natürlich kann man auch Daten und mathematische Funktionen gleichzeitig darstellen, indem man die entsprechenden Ausdrücke durch Kommata trennt:

```
gnuplot> plot "wertetab.dat" w l, "daten" using 3 w i
```

□

Ausgabe in Dateien

Diagramme können auch in Dateien gespeichert statt auf dem Bildschirm ausgegeben werden. Die Kommandos

```
gnuplot> set term gif
gnuplot> set output "bild.gif"
```

führen dazu, dass das nächste plot-Kommando die Ausgabe nicht auf dem Bildschirm vornimmt, sondern die Datei bild.gif erzeugt. Sie können nach den beiden Kommandos auch replot benutzen, um eine bereits vorhandene Graphik in eine Datei zu speichern. Es stehen auch andere Graphikformate zur Verfügung, wie z.B. PNG.

Weitere Informationen gibt es unter [18]. Sie finden dort auch weitere ausführliche Anleitungen. Darüber hinaus können Sie GNUPLOT mittels

```
gnuplot> help
```

besser kennen lernen.

D

Reservierte Wörter und Operatoren in C

Reservierte Wörter. In C gibt es 32 reservierte Worte, die feste Elemente der Programmiersprache sind und daher nicht als Bezeichner benutzt werden dürfen:

auto	Speicherklasse automatischer Variablen (Standardklasse).
break	Abbruch von Schleifen, siehe Kapitel 2.
case	Teil der switch-Anweisung, siehe Kapitel 2.
char	Datentyp für Zeichen, siehe Kapitel 6
const	Speicherattribut, siehe Kapitel 2.
continue	Springt zum Ende eines Schleifenkörpers, siehe Kapitel 2.
default	Teil der switch-Anweisung, siehe Kapitel 2.
double	Doppelt genauer Gleitpunkt-Datentyp, siehe Kapitel 2.
do	Schleifenanweisung, siehe Kapitel 2.
else	Teil von if-then-else, siehe Kapitel 2.
enum	Aufgezählter Typ, siehe Kapitel 8.
extern	Deklariert externe Funktionen und Variablen, siehe Kapitel 11.
float	Einfach genauer Gleitpunkt-Datentyp, siehe Kapitel 2.
for	Schleifenanweisung, siehe Kapitel 2.
goto	Sprunganweisung, wird in diesem Buch nicht behandelt.
if	Verzweigungsanweisung, siehe Kapitel 2.
int	Ganzzahliger Datentyp, siehe Kapitel 2.
long	Modifiziert ganzzahlige Datentypen, siehe Kapitel 2.
register	Speicherklasse, wird in diesem Buch nicht behandelt.
return	Beendet Funktionsausführung, siehe Kapitel 3.
short	Modifiziert ganzzahlige Typen, siehe Kapitel 2.
signed	Modifiziert ganzzahlige Typen, siehe Kapitel 2.
sizeof	Bestimmt Größe von Datenobjekten, siehe Kapitel 4.
static	Speicherklasse, siehe Kapitel 3.
struct	Deklariert Strukturen, siehe Kapitel 8.

switch	Verzweigungsanweisung, siehe Kapitel 2.
typedef	Gibt Typen neuen Namen, siehe Kapitel 8.
union	Verbunddatentyp, siehe Kapitel 8.
unsigned	Modifiziert ganzzahlige Datentypen, siehe Kapitel 2.
void	Leerer Datentyp, siehe Kapitel 3.
volatile	Speicherattribut, wird in diesem Buch nicht behandelt.
while	Schleifenanweisung, siehe Kapitel 2.

Operatoren und ihre Rangfolge. Die folgende Tabelle listet die Operatoren in C in absteigender Rangfolge auf. Operatoren gleicher Stufe sind von gleichem Rang und werden ihrer Assoziativität gemäß angewendet, sofern man nicht durch Klammerung etwas anderes vorgibt.

Operator	Name/Bedeutung	Assoziativität
Stufe 1		*linksassoziativ*
()	Klammern	
[]	Array-Element	
->	Zeiger auf Strukturelement	
.	Struktur- oder Unionelement	
Stufe 2		*rechtsassoziativ*
!	Logische Negation	
~	Einerkomplement	
++	Inkrement	
--	Dekrement	
-	Unäres Minus	
+	Unäres Plus	
&	Adresse	
*	Dereferenzierung	
sizeof	Größe in Bytes	
(type)	Typumwandlung (*Cast*)	
Stufe 3		*linksassoziativ*
*	Multiplikation	
/	Division	
%	Rest einer Division	
Stufe 4		*linksassoziativ*
+	Addition	
-	Subtraktion	
Stufe 5		*linksassoziativ*
«	bitweises Linksschieben	
»	bitweises Rechtsschieben	

Operator	Bedeutung/Name	Assoziativität
Stufe 6		*linksassoziativ*
<	kleiner als	
<=	kleiner oder gleich	
>	größer als	
>=	größer oder gleich	
Stufe 7		*linksassoziativ*
==	gleich	
!=	ungleich	
Stufe 8		*linksassoziativ*
&	Bitweises UND	
Stufe 9		*linksassoziativ*
^	Bitweises EXKLUSIV-ODER	
Stufe 10		*linksassoziativ*
|	Bitweises ODER	
Stufe 11		*linksassoziativ*
&&	Logisches UND	
Stufe 12		*linksassoziativ*
||	Logisches ODER	
Stufe 13		*rechtsassoziativ*
?:	bedingter Ausdruck	
Stufe 14		*rechtsassoziativ*
=	Zuweisung	
*=, /=, %=, +=, -=	arith. Zuweisungsoperatoren	
<<=, >>=, &=, ^=, |=	bitweise Zuweisungsoperatoren	
Stufe 15		*linksassoziativ*
,	Komma-Operator	

E

Lösungen zu den Kontrollfragen

Kapitel 1

1.1 c), **1.2** d), **1.3** a), **1.4** b), **1.5** e), **1.6** a).

Kapitel 2

2.1 c), **2.2** d), **2.3** b), **2.4** b), **2.5** c), **2.6** e), **2.7** c), **2.8** a), **2.9** c), **2.10** a), **2.11** c), **2.12** c), **2.13** c), **2.14** c), **2.15** a), **2.16** d), **2.17** d), **2.18** d), **2.19** b), **2.20** b), **2.21** c).

Kapitel 3

3.1 d), **3.2** d), **3.3** a) und b), **3.4** b), **3.5** c), **3.6** b), **3.7** c), **3.8** b), **3.9** b), **3.10** e), **3.11** c).

Kapitel 4

4.1 c), **4.2** d), **4.3** b), **4.4** b), **4.5** e), **4.6** c), **4.7** e), **4.8** d), **4.9** d), **4.10** a), **4.11** b), **4.12** b) und c), **4.13** d),
4.14 v wird intern überschrieben, die Kopie wird mit Nullen gefüllt.

Kapitel 5

5.1 b), **5.2** c), **5.3** c), **5.4** b), **5.5** a), **5.6** b) und c).

Kapitel 6

6.1 b), **6.2** d), **6.3** a), **6.4** b).

Kapitel 7

7.1 c), **7.2** b) und e), **7.3** a) und d), **7.4** c) und e).

Kapitel 8

8.1 c), **8.2** b) und f), **8.3** e), **8.4** b), **8.5** c), **8.6** b).

Kapitel 9

9.1 d), **9.2** c), **9.3** a), **9.4** b), **9.5** b).

Kapitel 10

10.1 e), **10.2** d), **10.3** c), **10.4** d), **10.5** b), **10.6** a) und d).

Kapitel 11

11.1 c) und e), **11.2** b) und c) **11.3** c), **11.4** c), **11.5** a) und d), **11.6** a) und e), **11.7** b) und c).

Literaturverzeichnis

1. P. Bundschuh: *Einführung in die Zahlentheorie*, 5. Auflage, Springer (2002)
2. P. Deuflhard, A. Hohmann: *Numerische Mathematik 1*, 3. Auflage, Walter de-Gruyter (2002)
3. M. Hermann: *Numerik gewöhnlicher Differentialgleichungen. Anfangs- und Randwertprobleme*, 1. Auflage, Oldenburg (2004)
4. J. Herzberger (Hrsg.): *Wissenschaftliches Rechnen – Eine Einführung in das Scientific Computing*, Akademie Verlag (1995)
5. H. Heuser: *Gewöhnliche Differentialgleichungen – Einführung in Lehre und Gebrauch*, 4. Auflage, Teubner (2004)
6. B. W. Kernighan, D. M. Ritchie: *Programmieren in C – Zweite Ausg. ANSI C*, Hanser (1990)
7. M. Köcher: *Lineare Algebra und analytische Geometrie*, 4. Auflage, Springer (1997)
8. M. Kofler: *Linux – Installation, Konfiguration, Anwendung*, Addison-Wesley (2006)
9. Donald E. Knuth: *The Art of Computer Programming – Vol. 2: Seminumerical Algorithms*, 3rd edition, Addison-Wesley (1998)
10. Donald E. Knuth: *The Art of Computer Programming – Vol. 3: Sorting and Searching*, 2nd edition, Addison-Wesley (1998)
11. R. Mecklenburg: *GNU make*, O'Reilly (2005)
12. W. H. Press, S. A. Teukolsky, W. T. Vetterling, B. P. Flannery: *Numerical Recipes in C – The Art of Scientific Computing*, 2nd edition, Cambridge University Press (1992)
13. J. Stoer: *Numerische Mathematik 1*, 9. Auflage, Springer (2004)
14. J. Stoer, R. Bulirsch: *Numerische Mathematik 2*, 5. Auflage, Springer (2005)
15. W. Walter: *Analysis 1*, 7. Auflage, Springer (2004)
16. W. Walter: *Gewöhnliche Differentialgleichungen*, 7. Auflage, Springer (2000)

Links im World Wide Web

17. http://www.cygwin.com
18. http://www.gnuplot.info
19. http://www.netlib.org
20. http://valgrind.org

Sachverzeichnis

Printed in the United States
By Bookmasters